国际电气工程先进技术译丛

模拟电路设计—— 鲁棒性设计、Sigma-Delta 转换器、射频识别技术

［比利时］赫尔曼·卡西耶（Herman Casier）

［比利时］米歇尔·斯泰亚特（Michiel Steyaert） 主编

［荷兰］阿瑟·范·罗蒙德（Arthur H. M. van Roermund）

娄尧林 吴晨曦 沈 洋 译

机械工业出版社

本书收录了第19届高级模拟电路研讨会上18位演讲者的发言稿，每一个部分都讨论了有关模拟电路设计特定领域的最新主题与极富价值的设计理念。每一部分内容的发言稿都由本领域内的六位专家来陈述，并负责分享当前最新的技术资讯。本书主要内容包括鲁棒性设计、Sigma-Delta转换器以及射频识别技术。

　　对于投身于模拟电路设计领域且希望跟踪本领域最新技术的研究人员而言，本书是一本不错的参考文献。本书所涵盖的内容也适用于高级电路设计课程。

译 者 序

模拟电路设计广泛应用于电力、交通、工业控制、信息技术、军事航空等领域，已成为电子技术类大中专学生的基本教学内容之一。本书并不是严格意义上的专业书籍，它是由赫尔曼·卡西耶（Herman Casier）、米歇尔·斯泰亚特（Michiel Steyaert）、阿瑟·范·罗蒙德（Arthur H. M. van Roermund）三位专家将第19届高级模拟电路研讨会上的论文进行统稿出版。各章节的作者均为来自模拟电路领域内的顶级专家和资深工程师，与读者一同分享模拟电路领域内当前最新的工艺、技术。

本书涵盖三大主题，分别为鲁棒性设计、Sigma-Delta 转换器以及射频识别技术。本书理论讲述深入浅出，内容精炼、信息量大、行文风格简练平实，围绕这三大主题向读者深入介绍了当前最新的研究成果。其中，第 1 部分深入讨论了在辐射以及传导性电磁兼容性的背景下，在纳米技术中以及高温高电压环境下的电路鲁棒性问题。第 2 部分则主要讨论了 Sigma-Delta 转换器的最新进展，不仅包括了连续时间拓扑技术中的采样数据，还涵盖了诸如对基于压控振荡器（VCO）与比较器的拓扑技术分析。第 3 部分有关射频识别技术的介绍是从历史、市场、应用、标准、隐私问题和规则等不同角度来进行的。

虽然我们生活在数字处理技术越来越普及的现实世界，但是在数字世界中，某些子系统的设计必须以对应的模拟系统为基础。为了提升人们对模拟电路设计发展热点的重视程度，本书的及时引进、翻译与出版相信能够为广大读者提供一个了解国外模拟电路设计发展的窗口。在此感谢原书作者精辟的论述，感谢机械工业出版社慧眼识书，同时感谢为本书的顺利成稿而付出辛勤工作的朋友们！本书在翻译过程中，图形符号均遵照原书，未按我国标准统一修订。由于模拟电路设计领域相关的理论、技术发展迅速，加之译者水平和时间有限，译文中的错误和不妥之处在所难免，敬请广大读者批评指正。

译 者

原 书 前 言

　　本书包含了在第19届高级模拟电路研讨会上各位演讲者的发言稿，该研讨会由来自格拉茨技术大学的沃尔夫冈·普里比尔组织发起，于2010年3月23日~25日在格拉茨技术大学的大礼堂举行。

　　本书包括三个部分，共18篇论文。每个部分都涵盖了有关模拟电路设计时下热门的讨论。每一篇论文都由本领域内的专家来陈述，并分享当前最新的工艺技术水平。

　　第19届高级模拟电路研讨会的议题为：

1）鲁棒性设计；

2）Sigma-Delta转换器；

3）射频识别技术（RFID）。

　　研讨会的目的是将模拟电路设计领域的专家级设计人员汇聚在一起，共同研究、讨论本领域内新的技术可能性以及未来的发展。对于那些在模拟电路设计领域且想跟踪本领域最新技术的人员而言，本书是一本不错的参考文献。

　　我们真诚地期望本书能够为模拟电路设计领域带来有价值的贡献。

Herman Casier

贡 献 者

Massimo Abrate
地址：Centro Ricerche FIAT S. C. p. A. , Strada Torino 50 , 10043 Orbassano, Torino, Italy

Nick A. J. M. van Aerle
地址：Polymer Vision, Eindhoven, The NetherlandsASML, Veldhoven, The Netherlands

A. Asenov，格拉斯哥大学电子电气工程系
地址：Glasgow G12 0LT, UK

Raymond Barnett
地址：Texas Instruments, Texas, USA

Henri Barthel
地址：GS1 Global Office, Brussels, Belgium

Andrea Baschirotto
地址：Department of Physics "G. Occhialini", University of Milano Bicocca, Milano, Italy
电邮：andrea. baschirotto@ unimib. it

Monique J. Beenhakkers
地址：Polymer Vision, Eindhoven, The Netherlands

Treror C. Caldwell
地址：Analog Devices, University of Toronto, Toronto, Canada

B. Cheng
地址：Glasgow G12 0LT, UK

Wolfgang Clemens
地址：PolyIC GmbH & Co. KG, Tucherstraße 2, 90763 Fürth, Germany

Vittorio Colonna
地址：Marvell, Pavia, Italy
电邮：vcolonna@ marvell. com

Nicolas Cordero

地址：Tyndall National Institute, Lee Maltings, Prospect Row, Cork, Ireland

Koen Cornelissens

地址：ESAT-MICAS, K. U. Leuven, Kasteelpark Arenberg 10, 3001Leuven, Belgium

Paolo Del Croce

地址：Infineon Technologies AG, Siemensstrasse 2, 9500 Villach, Austria

电邮：paolo. delcroce@ infineon. com

Wim Dehaene

地址 1：IMEC, Leuven, Belgium

地址 2：Katholieke Universiteit Leuven, Leuven, Belgium

Bernd Deutschmann

地址：Infineon Technologies AG, Am Campeon 1-12, 85579 Neubiberg, Germany

电邮：bernd. deutschmann@ infineon. com

V. Dhanasekaran

地址：Electrical and Computer Engineering, Analog and Mixed-Signal Center, Texas A&M University, College Station, TX, USA

Federico Faccio

地址：PH dept. , CERN, 1211 Geneva 23, Switzerland

Francois Furthner

地址：TNO Science and Industry, Eindhoven, The Netherlands

Harald Gall

地址：austriamicrosystems AG, Tobelbaderstrasse 30, 8141 Unterpremstaetten, Austria

M. Gambhir

地址：Electrical and Computer Engineering, Analog and Mixed-SignalCenter, Texas A&M University, College Station, TX, USA

Gabriele Gandolfi

地址：Marvell, Pavia, Italy

电邮：gabriele@ marvell. com

Gerwin H. Gelinck
地址: TNO Science and Industry, Eindhoven, The Netherlands

Georges Gielen
地址: IMEC, Leuven, Belgium;
Katholieke Hogeschool Limburg, Diepenbeek, Belgium

Jan Genoe
地址: ESAT-MICAS, Katholieke Universiteit Leuven, Leuven, Belgium
电邮: gielen@ esat. kuleuven. be

Paul Heremans
地址: Katholieke Universiteit Leuven, Leuven, Belgium IMEC, Leuven, Belgium

Günter Hofer
地址: Infineon Technologies Austria AG, Graz, Austria

Mamun Jamal
地址: Tyndall National Institute, Lee Maltings, Prospect Row, Cork, Ireland

Reiner John
地址: Infineon Technologies AG, Am Campeon 1-12, 85579 Neubiberg, Germany

Jürger Krumm
地址: PolyIC GmbH & Co. KG, Tucherstraße 2, 90763 Fürth, Germany

Jan Kubik
地址: Tyndall National Institute, Lee Maltings, Prospect Row, Cork, Ireland

Edgard Laes
地址: ON Semiconductor Belgium BVBA, Senneberg, J. Monnetlaan, 1804 Vilvoorde, Belgium

Kyehyung Lee
地址: Conexant Systems, Newport Beach, CA 92660, USA

Lanny L. Lewyn
地址: Lewyn Consulting Inc. , Laguna Beach, CA, USA
电邮: lanny@ pacbell. net

Q. Y. Lu

地址：Electrical and Computer Engineering, Analog and Mixed-Signal Center, Texas A&M University, College Station, TX, USA

Elie Maricau

地址：ESAT-MICAS, Katholieke Universiteit Leuven, Leuven, Belgium

Albert Missoni

地址：Infineon Technologies Austria AG, Graz, Austria;
Graz University of Technology Institute of Electronics, Graz, Austria

Kris Myny

地址：IMEC, Leuven, Belgium;
Katholieke Hogeschool Limburg, Diepenbeek, Belgium;
Katholieke Universiteit Leuven, Leuven, Belgium

Marco Ottella

地址：Centro Ricerche FIAT S. C. p. A. , Strada Torino 50, 10043 Orbassano, Torino, Italy

M. Onabajo

地址：Electrical and Computer Engineering, Analog and Mixed-Signal Center, Texas A&M University, College Station, TX, USA

Michael H. Perrott

地址：SiTime Corporation, Sunnyvale, USA
电邮：mhperrott@ gmail. com

Wolfgang Pribyl

地址：Graz University of Technology Institute of Electronics, Graz, Austria

Bas van der Putten

地址：TNO Science and Industry, Eindhoven, The Netherlands

J. Silva-Martinez

地址：Electrical and Computer Engineering, Analog and Mixed-Signal Center, Texas A&M University, College Station, TX, USA

Kafil M. Razeeb

地址：Tyndall National Institute, Lee Maltings, Prospect Row, Cork, Ireland

F. Silva-Rivas
地址：Electrical and Computer Engineering, Analog and Mixed-Signal Center, Texas A&M University, College Station, TX, USA

Steve Smout
地址：IMEC, Leuven, Belgium

Soeren Steudel
地址：IMEC, Leuven, Belgium

Michiel Steyaert
地 址：Dept. Elektrotechniek, ESAT-MICAS, K. U. Leuven, KardinaalMercierlaan 94, B-3001 Heverlee, Belgium
电邮：michiel. steyaert@ esat. kuleuven. ac. be

Gabor C. Temes
地址：Oregon State University, Corvallis, OR 97331, USA

Ashutosh K. Tripathi
地址：TNO Science and Industry, Eindhoven, The Netherlands

Mitsuo Usami
地址：Central Research Laboratory, Hitachi Ltd. , 1-280 Higashi-Koigakubo, Kokubunji-shi, 185-8601 Tokyo, Japan
电邮：mitsuo. usami. fc@ hitachi. com

Jan Vcelak
地址：Tyndall National Institute, Lee Maltings, Prospect Row, Cork, Ireland

Ovidiu Vermesan
地址：SINTEF, Forskningsvn. 1, P. O. Box 124 Blindern, 0314 Oslo, Norway

Peter Vicca
地址：IMEC, Leuven, Belgium

Pieter De Wit
地址：ESAT-MICAS, KatholiekeUniversiteit Leuven, Leuven, Belgiu

目　　录

第3部分　射频识别技术

第 1 部分　鲁棒性设计

在奥地利格拉茨举办的高级模拟电路研讨会（AACD）上，与会专家第一天就讨论了电路鲁棒性设计的最新进展。这个话题早在 2003 年的 AACD 项目中就被提到过，地点恰恰也在格拉茨。该项目主要关注三个议题：①模拟智能电源以及射频应用中的静电放电问题。②汽车应用领域中的电磁兼容性问题。③衬底耦合问题。而 2010 年的会议项目深入讨论了：①在高温高压环境下；②在纳米技术中；③在辐射以及传导性电磁兼容性的背景下的电路鲁棒性问题。

上面提到的前三个议题，主要解决的是纳米电路技术中鲁棒性设计问题中的三个不同方面。第一个议题着重利用分析工具和设计手段解决在纳米级 CMOS 模拟电路技术中出现的变异性和可靠性问题。通过一种工具来评估退化对于电路功能表现的影响，并识别发现不可靠的节点。这种方式也展示了数字技术如何协助模拟电路设计，并提升模拟电路对变异性和电路退化的抵抗力。

第二个议题则将重点放在纳米级 CMOS 电路的统计变异性上。该议题讨论了电子和粒子的不连续性、原子尺度的不均匀性和物质的粒度，描述了这些性质对晶体管参数以及在亚-45nm 技术中使用的 SRAM 单元（对变异性敏感）的预期影响。实验表面一个七参数的统计 BSIM 模型可以实现对物理模拟装置的特性进行精确拟合。

第三个议题则选择研究物理学因素的影响，例如其对亚-100nmCMOS 模拟设计的负面影响，并提出了削弱或者解决这一影响的具体方法。这些方法证明，在鲁棒性设计中既要求在电路设计层面中设置限制，又要求在物理学设计上对布局设计进行限制。以往的那种电路设计与物理学设计上无法弥合的差异必须用一种更为紧密的理论结合来取代。

第一段提到的后三个议题，则试图解决在不同的恶劣不利条件下的鲁棒性设计问题。第一个议题着重关注在电动和氢能源电动车辆电源系统中的高温高电压电力部件。而这个架构的便携性（涉及半导体、产品包装和材料技术）、对于自身的热-电模拟以及对可靠性的计算考量，是智能电源模块鲁棒性设计的三个最主要问题。

第二个议题则主要涉及现代深亚微米 CMOS 技术中设计辐射硬化和辐射影响问题。议题同时讨论了累积事件和单一事件的影响。依赖于 CMOS 具备辐射耐受性的天然属性，针对两种影响，本议题详细叙述了设计硬化技术。这些技术可以取代专门的辐射硬化技术，并成功地应用于对强辐射耐受性有要求的商用级尖端 CMOS 技术的鲁棒性设计当中。

最后一个议题则展示了标准化的直接功率注入测量工作台被应用于模拟环境的方法，并预测智能电源电路的电磁兼容免疫性强弱。基于引脚阻抗控制技术，该模拟环境可以用来优化高压智能电源开关的鲁棒性设计。实验的测量结果证明了这一方法的可靠性和准确性。

Herman Caiser

第 1 章 纳米 CMOS 技术中模拟集成电路的可靠性建模与设计

Georges Gielen，Elie Maricau 和 Pieter De Wit

1.1 引言

纳米 CMOS 技术不断地向更小尺度演进（90nm、65nm、45nm 甚至更小）[1]，为片上复杂系统（SoC）的设计注入了无尽动力，比如在商用市场上电信和多媒体行业等领域的应用。这些集成系统越来越多地被设计为混合信号系统，在一片芯片上承载高性能模拟或混合信号模块，高灵敏度射频前端以及复杂的数字电路（多核处理器、逻辑门、大型存储模块）。即使在研发异构系统级封装（SiP）时，在数字电路的架构上依然会集成一些模拟模块。

而纳米 CMOS 技术的运用也为现实的电路设计（无论模拟或数字）带来了诸多前所未有的重要挑战。这些难题包括[2]：

1）受市场影响不断缩减的设计时间与设计质量间的矛盾。这个问题需要引入合理的电子设计自动化（EDA）方法和工具来提高设计者的设计效率（比如使用模拟综合工具），对于混合信号系统设计也基于同理。

2）不断变化的技术细节及参数，使之不再适配并产生相关问题。

3）一些退化机制（比如 NBTI 效应、热载子效应等）的进一步激化，以及受制于 EMC/EMI 规则造成的可靠性下降问题。

本章重点叙述如何利用分析工具以及相应设计手段来解决在模拟电路中出现的变异性和可靠性问题。在描述了退化现象后，本章将提出一些工具对涉及的模拟电路进行详尽分析并找出可靠性问题之所在。另外本章对模拟电路动态重构相关的一些电路技术进行了描述，这些技术可以让电路具备抵抗退化的性能。本章主要内容如下：1.2 节简要叙述变异性和可靠性引起的电路性能退化。1.3 节概述了一个针对模拟电路的可靠性分析以及可靠性薄弱点侦测的方法，此外，还对变异性效应进行了详尽的延伸扩展。1.4 则呈现了动态电路的自适应技术，使得电路具备抵抗退化的能力。这一概念用了一个使用设计范例来加以说明。最后 1.5 节进行总结。

1.2 变异性和可靠性引起的电路性能退化

模拟电路中出现的许多问题，都来源于电路安装过程中的随机误差和系统误差。这些误差代表了电路中的时不变可靠性问题。虽然随机误差在设计工程中无法预知，但这些误差可以在电路制造过程中得到充分补偿，经调试消除。另一方面时变退化则来源于晶体管随时间的退化，造成电路性能的不断变化，最终可能使得具备完善功能的电路完全丧失效力。同时，一些干扰源，诸如电磁干扰、衬底噪声耦合等，也会使健康电路完全失效，但是这种失效不是永久性的，所以本章暂不讨论这些失效因素。接下来我们将详细地描述变异性和可靠性带来的影响。

1.2.1 变异性和失谐

随机误差，通常也称为变异性，是物理过程中的随机性特征造成的，通常发生在集成电路的安装制造过程，比如线边缘粗糙度和随机掺杂波动。而模拟电路设备与理论模型的失谐是制约其性能精确性的重要因素。比如，理想晶体管间一阶阈值电压失谐值 ΔV_{T} 与动态范围 WL 之间的关系可记为[3,4]

$$\sigma^2(\Delta V_{\mathrm{T}}) = \frac{A_{\mathrm{VT}}^2}{WL} + S_{\mathrm{VT}}^2 D^2 \tag{1.1}$$

这里 A_{VT} 和 S_{VT} 为过程依赖常数，D 为部件间距。不巧的是，由式（1.1）可知，失谐的程度与部件的面积呈负相关的关系，只能是将器件做大，随之而来的是相同运算能力下占用更大的片上体积和更高的能耗。

另外，如图 1.1 所示，Tuinhout 发现虽然一直以来人们都利用缩放技术来改善失谐，但是在栅氧化层厚度小于 10nm 时，这种方案似乎遇到了瓶颈，并意味着该方法无法进一步提高电路的性能。这将削弱缩放技术在模拟集成电路当中的应用优势。

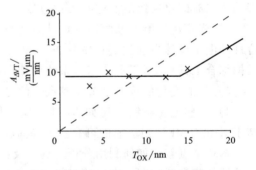

1.2.2 时变退化

随着时间的变化，时变退化会改变晶体管的参数（V_{T}，β，r_{o} 是关于时间的函数），从而使健康的电路失去甚

图 1.1　阈值电压失谐参数与栅氧化层函数关系的变化曲线（$A_{\Delta \mathrm{VT}}$ 为式（1.1）中描述阈值电压失谐的参数），数据来自参考文献 [5]

至彻底丧失正常功能[6]。这类退化往往与器件的荷载有关，比如施加在晶体管上的电压与电流，或晶体管尺寸和温度。图 1.2 展现了这些情况在任意时间内对 MOS 器件 I_{ds}-V_{ds} 关系的影响。一些最主要的退化机制会在下面进行更详尽的讨论。

1.2.2.1 时变介质击穿

在超大规模 MOSFET 中，强电场会穿过栅氧化层使得氧化层遭到破坏并导致介质击穿，比如氧化层绝缘性能的下降。介质击穿现象发生在一个非常局部的位置：额外的电流会穿过栅氧化层的一片小型区域。在氧化层发生击穿之前，通常会出现一个介质退化过程，并在氧化层内部和界面处随机产生陷阱。在这个退化平台上会产生应力诱生漏电流。如果介质退化加剧，陷阱密度会达到临界值，此时就会发生介质击穿[7,8]。基于这个过程，时间与介质击穿的关系可以用 Weibull 概率分布模型进行描述。显然，这种击穿现象会日渐影响电路的性能，最后导致电路失效。

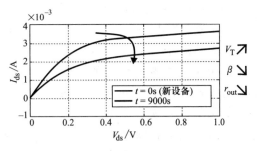

图 1.2　热载子效应以及 NBTI 效应背景下的晶体管特性时变变化曲线图

1.2.2.2　热载子注入（HCI）

第二种退化现象就是热载子注入效应（HCI），它会造成阈值电压变化，载流子迁移率下降以及输出阻抗的变化[9, 10]。热载子应力作用，包括在饱和状态下晶体管漏极附近的大电场，催生出了热载子。这些载流子会引入氧化层和界面层陷阱（漏极附近）以及衬层电流。由于空穴相对电子没有那么"热"，实验证明在 nMOS 管中热载子效应比在 pMOS 管中更明显[11]。应力的消除会减少界面层陷阱的产生，一定程度上性能可以恢复一些。但由于这类陷阱只存在于晶体管的漏极，在比较 NBTI 造成的影响后（见 1.2.2.3 节），这种恢复基本可以忽略。

HCI 退化通常可以使用一个关于应力作用时间 t 的指数函数来表示[10]。比如随时间变化的阈值电压 V_T 可以记为

$$\Delta V_T = A(V_{GS}, V_{DS}, T, W, L, \cdots) t^n \tag{1.2}$$

式中，函数 A 与施加的电压、温度、晶体管的长度 L 与宽度 W 有关。在 HCI 模型中，指数 n 大约为 0.45。更详尽的公式可见参考文献 [12]。由于热载子退化，晶体管性能会随着时间的流逝而退化。所以，人们应当开发工具来分析这个难题，并在电路失效之前找到电路中可能的可靠性薄弱点的位置。这些内容在之后 1.3 节中进行叙述。而电路技术也应得到相应的发展，用以解决这类退化问题，这个内容将在 1.4 节中叙述。

1.2.2.3　负偏压温度不稳定（NBTI）

负偏压温度不稳定（Negative Bias Temperature Instability，NBTI）现象会对纳米级 CMOS 产生非常大的负面影响[13]。NBTI 通常表现为在 pMOS 管栅极施加负偏压后温度上升，阈值电压发生变化，因此主要影响 pMOS 管的工作[14]。通常在该效应下也会出现载流子迁移率下降的现象。NBTI 效应通常也可以用一个关于应力作用时间 t 的指数函数来表示，类似式（1.2），但是这里 n 一般为 0.18 左右，并且关于 A 的函数不同。与之对应的发生在 nMOS 管中的 PBTI 效应没有该效应这么显著。

NBTI 效应的一个显著特性就是在耐受电压减小后，退化现象也会立即减

阴[15]。这种特性使得对 NBTI 的检测评估、建模以及对所造成影响的判断带来了很大的难题。在电路分析方面，对于 NBTI 效应的完整模型解释至今都没有实现。

因为热载子效应和负偏压温度不稳定都会影响晶体管的参数（V_B、β、r_o），我们可以将电路网络中的晶体管置换为一个支路来进行建模，可见图 1.3。由式（1.2），利用外加源模拟 V_B、β、r_o 三个参数，一些本征器件，如伯克利短沟道绝缘栅场效应晶体管（BSIM）可以用来模拟真实的晶体管。因此我们可以利用标准的 SPICE 模拟软件来实现对退化电路的模拟，只需要再添加一个额外的脚本，根据式（1.2）来更新额外源的数据即可。

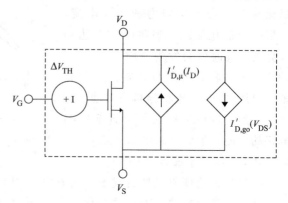

图 1.3　模拟热载子效应和 NBTI 效应所造成的退化进行，对电路中的晶体管做了等效替换

1.3　模拟集成电路可靠性分析

由于退化对集成电路的影响，对 HCI 和 NBTI 之于电路性能和寿命的影响进行定量分析，以及发现电路设计过程中潜在的可靠性问题就变得十分必要，这样修改后的电路设计才能满足对产品的电路整个寿命周期内功能和性能的要求。所以对于模拟电路，准确合理的可靠性模拟和分析工具就显得非常重要。

参考文献［16］提出了一个针对电子电路可靠性模拟的有效方法。它利用一个极短时间内的瞬态模拟来提供每个节点承载的准确信息，而对退化的识别判断快速地得到了模拟结果。图 1.4 给出了该可靠性模拟算法的基本结构。算法输入为一个未承载的全新网络。在 T_{tr} 时刻对输入网络进行步进时间为 T_{tr} 的瞬态模拟。电路以周期 T_{in} 输入一个周期时变信号 $V_{in}(t)$。这里倘若输入一个完全随机的信号（无周期性），则只能在这个电路运行期间运用瞬态分析来计算。由于大部分电子系统在运行时都是基于周期性的算法执行（比如 MPEG 编码），这里输入周期性信号并不会限制和掩盖该算法的性能。当每个晶体管节点的应力模式都经最开始的算法被求解出来时，这些参数都被提取并代入式（1.2）的退化模型，最终得到在期望的运行时间内晶体管退化的程度。最后，算法输出该网络的退化版本，对每个晶体管个体采用图 1.3 所示的等效代换模型。电路开发者可以使用这个输出的退化网络来研究电路性能退化所造成的影响和侦测电路在可靠性上的薄弱点。

参考文献［17］提出的模拟方法也是经拓展之后对器件的各参数变化进行考

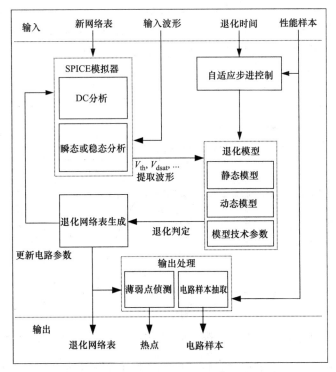

图 1.4　模拟电路退化分析的算法流程图

量。最初的方法是利用蒙特卡罗模拟方法，之后以实验设计方法（DOE）取而代之，从而在相同的模拟精度前提下，较标准蒙特卡罗法将模拟速度提高了 4 倍。为了得到准线性的计算复杂度，需要进行一次筛查，去掉一些不重要的参数，并利用一系列回归设计来构建一个响应曲面模型，用于进行实际的统计分析。

1.3.1　电路案例说明

为了说明对变化感知的可靠性模拟方法，我们可以分析一下图 1.5 所示的 LC-VCO[17]。该模型包含了 HCI 和 NBTI 两种退化形式。这个案例使用一个 90nm 级 CMOS 进行模拟。在交叉耦合晶体管对的漏极施加大电压会使这些晶体管出现 HCI 退化。图 1.6 显示了这种退化效应对于振荡频率和输

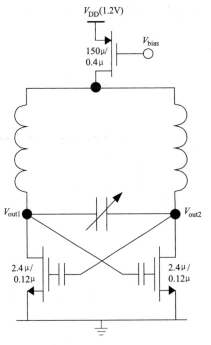

图 1.5　LC-VCO 电路结构图

出动态范围的影响（相较于额定设计参数值，无统计涨落）。可见 *LC* 振荡器的频率并不受退化效应的影响；输出动态变化范围则随时间的增长迅速减小。在此设定（轻微超负荷）下，以 $V_{out}<0.6\text{V}$ 作为器件出现缺陷为前提，该电路在使用 6 个月后失效。

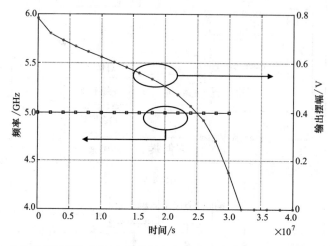

图 1.6　在 HCI 影响下 LC-VCO 振荡频率与输出动态范围随时间变化的函数图线

　　现在我们来考虑一下过程变异性。图 1.7 显示了由于晶体管参数局部和全局误差所造成的振荡器失效时间的散点图。很显然失效时间存在很大的散布。虽然对于额定电路（不包含变异性）的可靠性模拟表明失效时间为 6 个月（见图 1.6），但

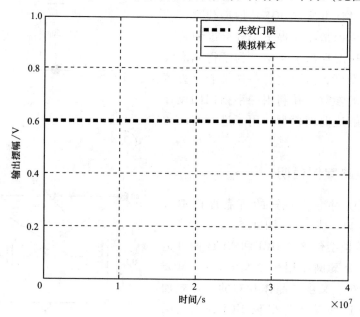

图 1.7　由变异性造成的 LC-VCO 失效时间变化的散点图

通过运行变异性感知的可靠性模拟可知，20%的电路在 4 个月的时间内就失效了。

1.4　具备抵抗变异性和可靠性的电路技术

在 1.2 节中提到的几种退化机制，在纳米 CMOS 电路中会严重影响电路表现，并产生可靠性问题。传统的经典方法，比如利用极端状况进行超安全设计，或利用冗余设计来增强电路自身的鲁棒性，都无法满足现今对于电路能耗的体积的要求。利用纳米技术，为了得到高效和可靠的系统，需要一套虚拟电路设计技术来解决变异性和时变退化的问题。下面我们将简要地讨论其中的一些内容。

1.4.1　处理变异性的手段

虽然在电路安装之前失配性从某种意义上说只能是概率发生，但当全部安装完毕后，失配性就在电路中确定下来了。所以，所有这些静态的非时变误差在很大程度上都可以利用预安装的方式得到补偿。参考文献［18］提出并验证了关于这类补偿调试的一个方法，并将该方法运用于一个 14bit、200MHz 电流导引数-模转换器（DAC）上。通过利用开关序列后校准技术，动态重组一元 MSB 电流源的开关序列，来实现较高的精度。由于是在芯片安装之后（比如动态调试）再运用该项技术，故一些随机误差就可以得到清除。因此，需要采用较大器件面积来减少失配的方法，不再受制于 INL 特性（INL< 0.5LSB）的约束，可以将面积减小至一般DAC 的 6%[19]。唯一需要额外配置的模拟构件是一个精准的电流比较器。芯片的照片如图 1.8 所示。芯片总面积为 $3mm^2$；其中模拟部分只有 $0.28mm^2$，而数字部分则依然占据很大空间（主要是调试控制器），不过这个问题将在之后的研发中慢慢得到解决。

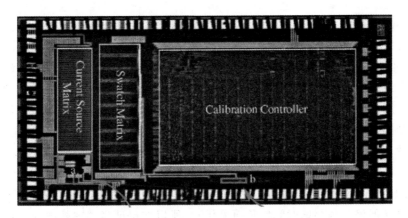

图 1.8　电流导引 DAC 芯片以及调试控制器的显微照片

这类偏重数字部分的模拟电路是数字辅助模拟电路的一个典型范例[20]，其中模拟部分为满足性能要求尽可能的缩减尺寸，而数字电路则通过重构或调试来减少误差或者其他不理想的问题出现。

1.4.2 时变退化的解决手段

通常利用监测器和旋钮来解决时变退化的问题[22]。解决的手段主要是通过连续监测系统或电路的运行，并进行动态补偿来抵消变异性和可靠性差错。如果能够在设计期间通过分析和设计工具对电路进行合理地预测排查，就可以保证电路随时随刻正常健康地运行，详情可见 1.3 节。如图 1.9 所示的系统，该系统有三部分组成，检测器负责测量系统的实际性能表现。简单的测量电路就可以完成这项工作。旋钮则为具备可调谐性的电路模块，能够改变系统的运行设置。最后，基于不同监测器给出的不同输入，控制算法选择最佳的旋钮配置，所以即便系统性能会随着时间而变化，也能满足系统的需要。这个控制环可以以非常有限的功率损失和位置占用为代价，通过数字硬件来实现。这个控制环概念既可以用于模拟电路，也可以用于数字电路。

在系统中使用监测器和旋钮有如下优势：

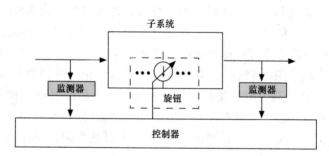

图 1.9 监测器和旋钮的概念原理框架，可以用于克服退化效应及电路失效

1）可以得到一个自适应系统。它可以在退化以及变异发生时进行补偿，从而保证系统在最优状况下运行。

2）不再需要超安全设计。对于给定的电路，在设计参数上可以容易许多，因为在一个系统中可能会有多种运行模式。而且这样做可以减少整个系统的功率消耗和位置占用。虽然在切换到另一个模式时会有轻微的功耗上升，但可以保证系统在任何时刻都健康运行，对于一些对安全性要求极好、追求绝对可靠性的应用场合，这是一种合理的权衡。

举个例子，图 1.10 展示了一个高压行激励电路。因为施加了高电压，在纳米 CMOS 中输出晶体管会出现退化。因为行激励器的功率效率与输出晶体管导通电阻直接相关（但该参数会随时间增长而退化），所以在保证高功率效率的前提下必须找到保证电路可靠工作的办法。如图 1.11 所示，我们可以通过构建一个可重构电路来解决这个问题[23]。额外需添加子晶体管模块 P_i 和 N_i，以及监测电路和控制器。将电路的抵抗能力大小定义为系统能够侦测并修正的最小效率损失的大小。如果电路超过了临界限制，比如效率低于设置的最低值时，电路就将进行重构、自愈，并重新提高效率。为此，额外的子晶体管（见图 1.11）加在输出晶体管上。这些子晶体管可以通过数字控制通断。监测电路则施加在行激励器之上，对输出晶体管的实际退化程度进行监测。它们都将这些信息反馈给控制器，用来决定外加的子晶体管是通是断。

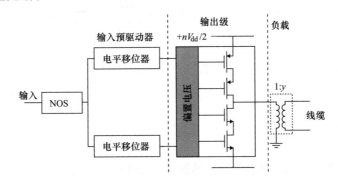

图 1.10　高压行激励电路结构示意图

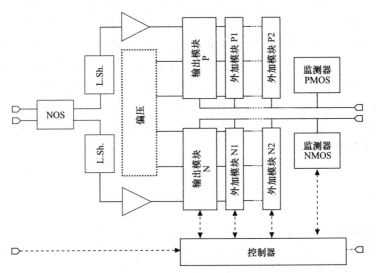

图 1.11　经过完善修改的高压行激励器的输出端，外加了平行的子晶体管，
使电路具备了抵抗退化的能力

显然，上述方法会占用额外的片上位置。而从系统层面上对外加子晶体管的粒度、电路抵抗能力以及额外的片上位置占用开销三者之间的权衡，在参考文献 [23] 中有细致论述。图 1.12 显示了功率效率波动 $\Delta\eta$ 和位置占用之间的函数关系。可见功率效率只是至多下降几个百分点，但电路却可以实现抵抗退化效应，同时额外面积的开销只增多 4%~5%。与按照最恶劣情况下的超安全设计方式相比，

本方法更可行，而且也改善了功耗。

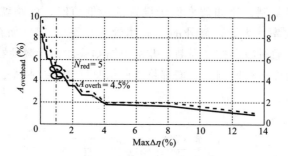

图 1.12   位置占用开销与外加子晶体管之间的权衡，直接与功率效率波动 $\Delta\eta$ 直接相关[23]

1.5   结论

CMOS 技术一直在向纳米领域不断挺进，使若干完整系统得以集成在一起，这其中很大一部分是混合信号系统。本章主要论述一些针对在纳米 CMOS 领域出现的变异性和可靠性问题提出的手段和方案。对于时变性能退化，描述了 HCI 和 NBTI 现象以及相关模型。之后描述了能够有效地在模拟电路中分析和侦测可靠性问题的一项工具。该工具可以找到潜在的电路老化问题。同时也提出了一种有效分析可靠性变异的方法。最后论述了动态电路适应/重构技术，可以使电路能够抵抗退化并自我修复。这些技术方向都与现今的数字辅助模拟电路的发展方向相一致。所有的这些理论都可以用一些已有的设计案例来说明。

声明：本章作者声明本章中不同部分的研究资金支持来自于 FWO、IWT SBO Elixir 和欧盟 FP7 组织。

参考文献

1. ITRS 2008 technology roadmap. http://public.itrs.net/
2. G. Gielen, W. Dehaene, Analog and digital circuit design in 65 nm CMOS: end of the road?, in *Proceedings DATE Conference*, March 2005, vol. 1, pp. 37–42
3. K. Lakshmikumar et al., Characterisation and modeling of mismatch in MOS transistors for precision analog design. IEEE J. Solid-State Circ. **21**(6), 1057–1066 (1986)
4. M. Pelgrom et al., Matching properties of MOS transistors. IEEE J. Solid-State Circ. **24**(5), 1433–1439 (1989)
5. H. Tuinhout, Impact of parametric mismatch and fluctuations on performance and yield of deep-submicron CMOS technologies, in *Proceedings ESSDERC*, 2002
6. G. Gielen et al., Emerging yield and reliability challenges in nanometer CMOS technologies, in *Proceedings DATE Conference*, 2008, pp. 1322–1327
7. J. Stathis, Physical and predictive models of ultrathin oxide reliability in CMOS devices and circuits. IEEE Trans. Dev. Mater. Reliab. **1**, 43 (2001)

8. B. Kaczer et al., Analysis and modeling of a digital CMOS circuit operation and reliability after gate oxide breakdown: a case study. Microelectron. Reliab. **42**, 555 (2002)

9. I. Kurachi et al., Physical model of drain conductance, gd, degradation of NMOSFET's due to interface state generation by hot carrier injection. IEEE Trans. Electron. Dev. **41**, 1618 (1994)

10. W. Wang et al., Compact modeling and simulation of circuit reliability for 65 nm CMOS technology. IEEE Trans. Dev. Mater. Reliab. **7**(4) 509–517 (2007)

11. C. Hu et al., Hot-electron-induced MOSFET degradation—model, monitor, and improvement. IEEE Trans. Electron. Dev. **ED-32**, 375–384 (1985)

12. E. Maricau, P. De Wit, G. Gielen, An analytical model for hot carrier degradation in nanoscale CMOS suitable for the simulation of degradation in analog IC applications. Microelectron. Reliab. **48**(8–9), 1576–1580 (2008)

13. D. Schroder et al., Negative bias temperature instability: road to cross in deep submicron silicon semiconductor manufacturing. J. Appl. Phys. **94**, 1 (2003)

14. J. Stathis et al., The negative bias temperature instability in MOS devices: a review. Microelectron. Reliab. **46**, 270–286 (2006)

15. G. Chen et al., Dynamic NBTI of PMOS transistors and its impact on device lifetime, in *Proceedings Reliability Physics Symposium*, 2003

16. E. Maricau, G. Gielen, Reliability simulation of analog ICs under time-varying stress in nanoscale CMOS, in *Proceedings DRV Workshop*, 2008

17. E. Maricau, G. Gielen, A quasi-linear deterministic variation-aware circuit reliability simulation methodology, in *Proceedings DATE Conference*, 2010

18. T. Chen, G. Gielen, A 14-bit 200-MHz current-steering DAC with switching-sequence post-adjustment calibration. IEEE J. Solid-State Circ. **42**, 2386–2394 (2007)

19. G. Van der Plas, et al., A 14-bit intrinsic accuracy Q^2 random walk high-speed CMOS DAC. IEEE J. Solid-State Circ. **34**(12), 1708–1718 (1999)

20. B. Murmann, Digitally assisted analog circuits. IEEE Micro. **26**(2), 38–47 (2006)

21. A. Papanikolaou, Reliability issues in deep deep submicron technologies: time-dependent variability and its impact on embedded system design. 13th IEEE International On-Line Testing Symposium (IOLTS 2007)

22. B. Dierickx, Designing with unreliable components, invited presentation at the 2007 IET-FSA meeting, 14-15 May 2007, Paris

23. P. De Wit, G. Gielen, System-level design of a self-healing, reconfigurable output driver, in *Proceedings DRV Workshop*, 2008

第2章 纳米 CMOS 技术中的统计变异性建模和模拟

A. Asenov 和 B. Cheng

2.1 引言

半导体行业在技术以及器件层面所面对的最基本挑战将深深地影响下一代集成电路与系统的设计。CMOS 晶体管的不断减小的尺寸，实现更快的运算和更密集的片上布置，都为半导体行业的辉煌发展注入了动力，正如摩尔定理所预测的那样[1]。硅技术已经踏入了纳米 CMOS 的时代，在 45nm 级技术背景下，35nm 的 MOSFET 实现了大规模的生产。然而，人们广泛地认识到，器件特性不断恶化的变异性成为了现在以及未来纳米 CMOS 晶体管和电路技术领域尺寸与集成度发展更迭的主要障碍。晶体管的统计变异性，这个之前只在模拟设计领域主要考虑的问题，现在成为了 CMOS 晶体管小型化与集成度最关切的事宜[2,3]。它的存在已经严重影响到了 SRAM 的小型化发展[4]，并使数字逻辑电路出现泄漏和时序问题。

在 2.2 节中，我们将重点放在 4~5nm 级技术以来的最新技术，回顾在纳米 CMOS 电路中统计变异性的主要来源。2.3 节中我们利用先进的三维物理统计模拟来预测当代和未来 CMOS 器件的统计变异程度。2.4 节则概括了在优良压缩模型中，如 BSIM、PSP 等，用于捕获统计变异性的压缩模型策略。2.5 节描述了一些采用 2.4 节提到的压缩模型策略，有关统计 SRAM 电路模拟的案例。最后，2.6 节进行总结。

2.2 统计变异性的来源

对于现代 CMOS 工艺晶体管，在安装过程中，往往不可避免地要遇到电子和粒子的不连续性、原子尺度的不均匀性和物质的粒度等问题，这也就引入了统计变异性。

当栅极的特征尺寸和不规则尺寸与晶体管尺寸可以比拟时，粒度成为变异性产生的重要因素。对于常规的基极 MOSFETs，作为 CMOS 技术中的主力军，其中的随机离散掺杂（RDD）是统计变异性的主要来源[6]。离子注入过程会大量引入随机掺杂，并在高温退火时重新分布。图 2.1 中展示了掺杂的分布情况，结果来自 Synopsys 的原子过程模拟器 DADOS。除了硅晶格与掺杂分布的特殊相关性，可能还存在着在扩散过程中因库仑相互作用产生的相关性。线边缘粗糙度（LER）缘起于光阻材料的分子结构和光粒子性，如图 2.2 所示。现今高分子化学实现的 193nm 平板印刷工艺，才刚刚在近几代的技术中开始使用，已经可以将电流 LER 逼近至大约 5nm[7]。在有多晶硅栅极的晶体管中（见图 2.3），多晶硅栅极粒度是变异性的又一主要来源。由于沿着漏极边界的快速扩散造成的掺杂不均匀，相关表面钉扎势集中于漏极边界[3]。

图 2.1　RDD 的 KMC 模拟（DADOS，Synopsys）

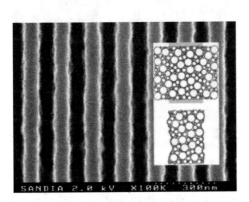

图 2.2　光阻材料中典型的线边
缘粗糙（Sandia 实验室）

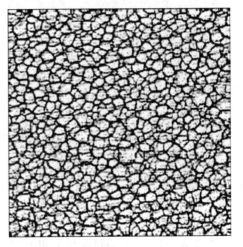

图 2.3　从底面方向，典型 PSG
的 SEM 显微照片

高 k/金属栅极技术的引入会使得因 RDD 引起的变异性进一步加重，该变异性与等效氧化层厚度（EOT）呈负相关关系。原因在于耗尽区的减小，以及由于栅极极高浓度的载流子，对 RDD 引起的沟道潜在涨落起伏进行较好的过滤筛除。金属栅极也可以减少由 PGG 所引发的变异性影响。同时，它也会引入高 k 粒度，如图 2.4 所示。由于功函数变化造成的变异与金属栅极粒度的关系如图 2.5[8] 所示。图 2.6 展示了在极小尺度的晶体管中原子尺度的沟道交界面粗糙度[9]，相应的氧化层厚度和体厚度变化[10] 会成为统计变异性的重要来源。

2.3　先进 CMOS 期间的统计变异性

本章所展示的模拟结果，是利用 Glasgow 统计三维器件模拟器得到的。它根据密度梯度（DG）量子修正理论，运用漂移扩散近似解出了载流子方程[11]。模拟过程中，在 S/D 装置和沟道中，由掺杂粒子与硅原子浓度的比例决定概率分布，将掺杂原子 RDD 置于硅晶格中，由连续掺杂分布产生。由于硅晶格的基层为 0.543nm，而 0.5nm 的网格正好可以保证高掺杂原子溶解率。然而，如果在经典模拟中，不考虑势阱中量子力学的限制，这样的优质网格会发生载流子捕获效应，这种效应由电离的离散随机掺杂产生。为了去除这一效应，人们尝试了 DG 方法作为对电子和空穴的量子力学修正[11]。

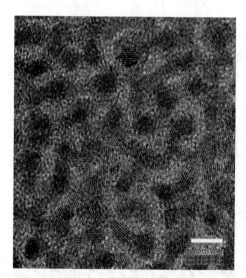

图 2.4　HfON 高 k 介质的粒度（Sematech）

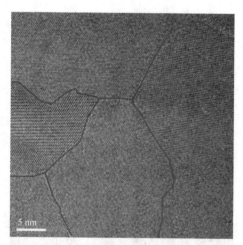

图 2.5　金属粒度造成栅极功函数的变化

图 2.4 中的 LER 通过一维傅里叶综合法引入。随机栅极边缘由一个高斯自相关函数线型的功率谱产生[9]，其典型的相关长度 $\Lambda = 30nm$，方均根幅度为 $\Delta = 1.3nm$，这也是电流光刻技术所能实现的精度等级。文献中引用的 LER 值为 3Δ。模拟 PGG 过程的步骤主要包括在整个栅极区的多晶粒随机生成[3]：图 2.6 顶部显示的是多晶硅晶粒的原子力图像，将其作为一个模版，根据平均晶粒直径（在后面的模拟中可知为 65nm），对该图片进行缩放。之后模拟器沿晶粒边缘按被模拟器

件的栅极直径随机输入模版晶粒图片的一部分，通过将费米能级固定在硅能隙一个确定的位置，改变多晶硅中的栅极势。在最恶劣的状况下，一般把费米能级固定在硅能隙的中间位置。而对多晶硅晶粒边界变异对器件性能特性的影响，我们通过在多晶硅栅极中沿晶粒边界进行势钉扎来模拟。在典型的 35nm MOSFET 中，RDD、LER、PSG 三者对势分布单独造成的影响分别如图 2.7、图 2.8、图 2.9 所示。

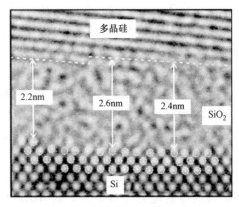

图 2.6　交界面粗糙度（IBM）

　　为了证实上述模拟方法的可行性，我们通过量测 45nm 低功率 CMOS 晶体管的数据进行了比较，可见参考文献［12］。通过调整有效质量参数和移动性模型参数，模拟器与经过仔细调试的 TCAD 设备产生的模拟结果精确匹配。

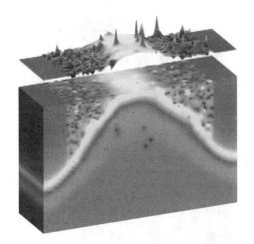

图 2.7　RDD 存在情况下，35nm
MOSFET 中的势分布

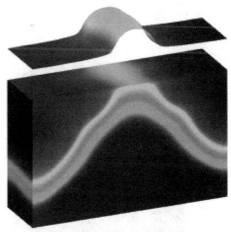

图 2.8　LER 存在情况下，35nm
MOSFET 中的势分布

　　图 2.7 显示了 n 沟道和 p 沟道晶体管的势分布；图 2.10 则展示了在栅极电压等于阈值电压、漏极电压 50mV 时的势分布。人们认为在 n 沟道晶体管中 RDD、LER 和 PSG 三种效应同时出现，而在 p 沟道晶体管中，只有 RDD 和 LER 会出现。两种晶体管在界面层的电子浓度可以参见势分布图像上方的图形。比如在 n-MOSFET 沟道中的受体会对靠近界面层的电子产生很强的局部势垒作用，而对衬层中的空穴产生势阱作用。同时给体则在源极区和漏极区对电子产生很强的势阱作用。

　　模拟结果中的阈值电压标准差 σV_T 与实测值的比较结果可见表 2.1，该标准差的出现是由于单一或混合变异源的作用。对于 n 沟道 MOSFET，如果希望能够得到准确可复现的实验测量结果，那么除了 RDD 和 LER，我们还必须考虑 PSG 造成的变异影响。当假设将 n 型多晶硅栅极晶粒边缘的费米能级钉扎在能隙的上半部分时（大约 0.35eV，低于硅的导带），我们得到了非常好的吻合结果。

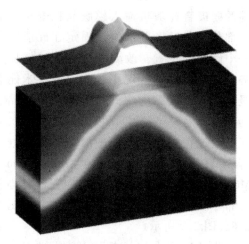

图 2.9　PSG 存在情况下，35nm MOSFET 中的势分布

然而，对于 p 沟道 MOSFET，要想获得准确的可复现实验结果，考虑 RDD 和 LER 的综合影响就显得十分重要。原因在于其在能隙的上半部分有受体型交界面状态存在（在 n 型多晶硅中该状态钉扎了费米能级），同时在能隙下半部分又缺少相应的给体型交界面状态，使得在 p 型多晶硅中无法钉扎费米能级[13]。

nMOSFET

pMOSFET

图 2.10　顶部：电子（左图）和空穴（右图）在界面层的浓度分布；底部：势分布

为了能够预见将来期望出现的统计变异程度，我们分别对 RDD、LER 和 PSG 三种现象各自对晶体管造成的单独影响进行了研究，实验对象是 35nm、25nm、18nm、13nm 和 9nm 栅极长度的 MOSFET。同时我们又在同一器件上对比了三类现象同时作用时的统计变异结果。对于被模拟器件的缩放尺度参考了东芝公司的 35nm MOSFET[14]，与我们之前的细致调试也大相径庭。针对等效氧化层厚度、结

深、掺杂、电源电压等参数的缩放原紧密围绕国际半导体技术蓝图（ITRS）的规定。这样做的初衷是为了保留参考 35nm MOSFET 的主要特性，特别是保证交界面的掺杂浓度尽可能地低。图 2.11 显示了经过缩放后的交界面掺杂浓度。更多关于缩放方法和缩放器件特性的信息可以参见参考文献 [11]。

表 2.1　单一或混合变异源作用时的 σV_T 值

	n-沟道 MOSFET		p-沟道 MOSFET	
	σV_T/mV ($V_{DS} = 0.05V$)	σV_T/mV ($V_{DS} = 1.1V$)	σV_T/mV ($V_{DS} = 0.05V$)	σV_T/mV ($V_{DS} = 1.1V$)
RDD	50	52	51	54
LER	20	33	13	22
PSG	30	26	—	—
混合	62	69	53	59
试验	62	67	54	57

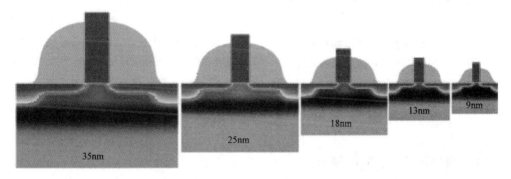

图 2.11　依照 ITRS 对 90nm、65nm、45nm、32nm、22nm 技术的要求，基于 35nm 模版器件进行缩放后的常规 MOSFET 示意图

图 2.12 显示了在费米能级钉扎、随机掺杂、线边缘粗糙和多晶硅晶粒等作用下，沟道长度和 σV_T 之间的关系。在这个沟道长度中，多晶硅晶粒的平均尺寸保持在 40nm 左右。模拟中我们考虑了针对 LER 程度的两种情形。在第一种情形中，LER 的值随着沟道长度的减小而减小，结果符合了 ITRS—2003 针对 35nm、25nm、18nm 和 13nm 级沟道长度晶体管对应提出的 1.2nm、1.0nm、0.75nm、0.5nm 的长度规范。对于此情形，随机离散掺杂成为了在整个沟道长度中变异性出现的决定性因素。对于 35nm 和 25nmMOSFET 而言，由多晶硅晶粒粒度造成的变异与由随机离散掺杂引起的变异效果上差不多，但随机离散掺杂影响的沟道长度更短。变异性三个来源共同作用时的沟道长度-σV_T 关系如图 2.12 所示。在第二种情形中，LER 成为一个常数，约等于 4nm（$\Delta = 1.33mm$）。35nm 和 25nm MOSFET 的实验结果与 LER 经缩放产生的结果十分相似。但是对于小于 25nm 沟道长度的 MOSFET，LER 便成为了变异的主要源头。

图 2.13 与图 2.12 类似，显示了氧化层厚度与 σV_T 的关系图线，在该情形下很

难在对氧化层厚度做进一步缩放。对于 LER 的缩放遵循了上述 ITRS 的要求。但即使是引入高 k 栅极叠层，依然无法跨越 1nm 的瓶颈。这也预示着，对于物理沟道长度小于 25nm 的晶体管，我们可以探索阈值电压对于变异性的作用。

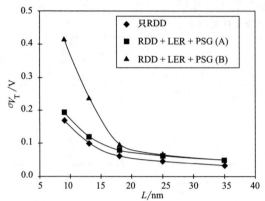

图 2.12　LER 和多晶硅晶粒粒度作
用下，沟道长度和 σV_{T} 的关系图线
（A）—根据 ITRS 准则缩
放的 LER　（B）—LER = 4nm

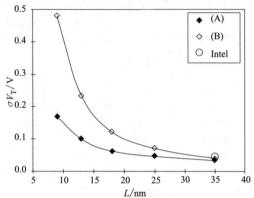

图 2.13　随机掺杂、LER、多晶硅晶粒粒度
三者作用下，氧化层厚度和 σV_{T} 的关系图线
（A）—根据 ITRS 准则缩放的氧
化层厚度 t_{ox}　（B）—t_{ox} = 1nm

2.4　统计压缩模型策略

在统计压缩模型中，对于模拟或测量得到的统计变异的捕获显得尤为重要，因为只是设计者获得此类信息的唯一方式[15]。之前对于统计压缩模型识别的研究主要集中在与传统过程变异性相关的变异上，对临界尺寸、层厚度以及掺杂这些与压缩模型息息相关的具体参数的不当控制，催生了这种变异[16]。

不幸的是，如今的一些优秀压缩模型，并没有完全包含可以用于描述与 RDD、LER、PGG 及其他相关变异源产生之变异的特性参数，尽管业界在捕获因电荷、粒子离散性引起的统计变异方面，对如何识别并提取统计压缩模型参数做出了一些努力，该领域现在仍然是一个热点研究话题[16,17]。图 2.14 展示了 I_D-V_G 关系的散布图，数据来自原子力模拟器，其中 RDD、LER、PGG 三种效应共同作用。

在全三维物理变异性模拟中，我们使用标准 BSIM4 压缩模型来获取统计变异性信息。压缩模型参数的统计提取分两步走[17]。

第一步，从一个内含不同沟道长度和宽度的器件统一集合（连续掺杂，无RDD、LER、PGG 作用，器件生产工艺流程与 35nm 晶体管相同）的 I-V 特性中提取一批 BSIM4 完整参数（见图 2.15）；对器件整个运行范围的电流-电压特性进行模拟，所应用的参数提取策略包含组提取和局部优化。图 2.16 对 BSIM4 生成的

35nm 晶体管 *I-V* 特性曲线和利用原子模拟器得到的最初的器件特性曲线进行了比较，方均根误差为 2.8%。

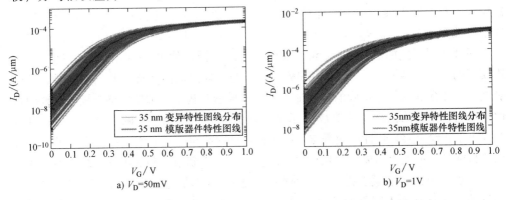

a) V_D=50mV

b) V_D=1V

图 2.14　200 枚 25nm 正方形（长度等于宽度）n 沟道 MOSFET 的电流-电压关系散点图

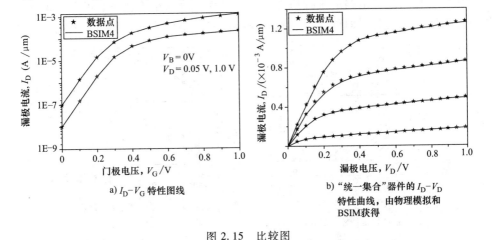

a) I_D-V_G 特性图线

b) "统一集合"器件的 I_D-V_D 特性曲线，由物理模拟和 BSIM 获得

图 2.15　比较图

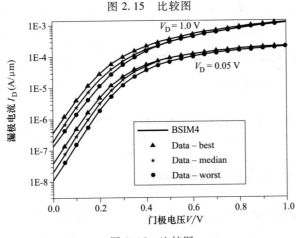

图 2.16　比较图

第二步，从统计总体中每一器件（样本间只有极细微差异）的物理方法模拟特性参数中，我们重新提取了一个 BSIM4 模型参数子集。在这个步骤中，将低漏极偏置下和高漏极偏置下的转移特性（I_D-V_G）做为提取的目标量。这 7 个重提取模型参数如下：L_{pe0}，R_{dswmin}，N_{factor}，V_{off}，A_1，A_2，D_{sub}。

图 2.16 将处在最差、最优和一般典型状态下器件的 BSIM4 结果同通过物理方法模拟的器件特性进行了比较。BSIM 的结果与物理模拟器件特性的完美吻合，说明对这 7 个参数的选择是正确的，它证明了压缩模型对物理模拟器件整个统计范围的特性能够进行精确的仿真。图 2.17 展示了 200 份 BSIM4 模拟结果的误差分布图；其分布取决于描绘 I_D-V_G 特性的数据点密度，该特性曲线也正是我们在统计压缩模型中提取的目标量。可见不需要很多抽样数据点，就可以得到很精确的统计压缩模型参数。

上述的统计压缩模型提取和三维物理器件仿真都是基于最小尺寸正方形器件来进行的，其具有最大程度的统计变异。然而在实际的电路中，多数器件都有不同的长宽比值。针对这类电路的统计仿真，为了复现正确的结果，我们可以从统计压缩模型库中随机选取若干器件，通过平行连接这些最小尺寸器件来构建更宽的器件。

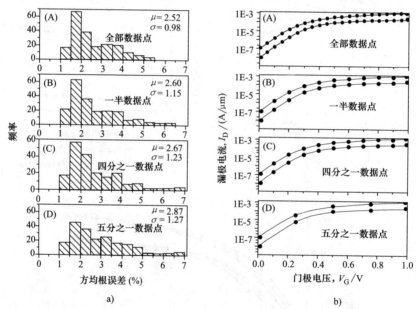

a)　　　　　　　　　　　b)

图 2.17　统计误差模型提取中 I_D-V_G 特性统计误差分布与不同采样数据点数量之间的关系图

2.5　统计变异对 SRAM 的影响

静态随机存取存储器（SRAM）设计领域，往往存在数字技术设计与模拟技术设计的交叉融汇。尤其是 SRAM 单元，对于统计变异极端敏感。前面章节论述的电路统计模拟仿真方法，可以将从三维器件统计仿真获得的信息传递给电路仿真。

这里可以利用这种方法来研究 RDF 对 6 管（6T）和 8 管（8T）SRAM 稳定性的影响，为未来体硅 CMOS 的三次发展注入动力。

现如今，6T SRAM 在系统级芯片（SoC）和微处理器领域成为了主流的 SRAM 单元架构。然而在读访问时，数据保持单元中的位线干扰会使得 6T 单元受到统计变异的影响，并反过来严重影响 6T SRAM 的扩展性。SRAM 的工作性能由静态噪声容限（SNM）和写噪声容限（WNM）两者决定，前者是能够改变单元状态的最小直流电压，后者是在写过程中导致单元状态无法改变时施加的最大电压。SNM 和 WNM 的含义如图 2.18 所示。图 2.19 则展现了在晶体管统计变异出现时，SNM 和 WNM 的统计特性。

WNM 的大小主要由 6T 结构（见图 2.20）中的负载晶体管和存取晶体管决定。由于它们两者是 SRAM 单元中最小的晶体管，WNM 的变化比 SNM 的要大。然而，WNM 的均值也比 SNM 的要大得多。前人的研究[18]认为在正常环境下，对于体硅 CMOS 正常运行的主要限制因素是 SNM。

图 2.20 显示了针对 6T SRAM（单元比例为 2）中 SNM 分布的电路统计仿真结果；6T SRAM 开始进行写操作时的偏压布置可见图中插图；单元比例则定义为激励晶体管与接入电阻通道宽度之比。对于 13nm 的晶体管，即使在理想环境下，2% 左右的 SRAM 单元拥有等于 2 的单元比例也是不太可能出现的，因为它们的 SNM 是负值。SNM 的标准差 σ，经 SNM 平均值 μ 归一化，从 25nm 仿真到 18nm 仿真中，由 13% 增至 19%，并在 13nm 仿真中达到 45%。作为指导原则，要求 $\mu\text{-}6\sigma$ 大于 4% 的供电电压，从而使得 SRAM 的性能输出达到 90%。尽管在单元比例等于 2 时，25nm 仿真的 SNM 波动表现要比 13nm 仿真好三倍，但其依然在输出上无法满足 "$\mu\text{-}6\sigma$" 的条件。

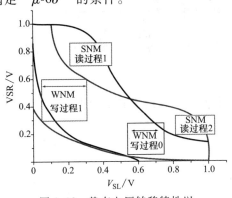

图 2.18　静态电压转移特性以
及对 SNM 及 WNM 的定义

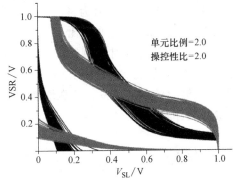

图 2.19　在 RDD 作用下 SNM 与
WNM 的统计表现，数据取自由 25nm
体硅 MOSFET 制成的 SRAM

增加单元比例是提高 SRAM 单元 SNM 性能的最直接方式[19]。在不同 SRAM 单元比例下的均值 μ 和标准差 σ 可见于图 2.21，显然更大的单元比例占优。对于

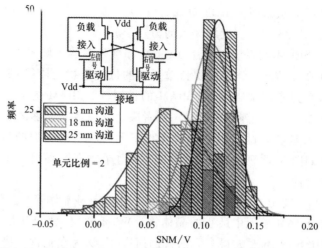

图 2.20　6T SRAM 的 SNM 分布图线，数据取自由 25nm、18nm、13nm MOSFET 制成 SRAM，样本容量都为 200

25nm 晶体管，当单元比例从 2 增至 4 时，SNM 进步效果的归一化标准差增加近两倍，且当单元比例等于 3 时满足了 "μ-6σ" 的条件。虽然对于 18nm 级和 13nm 级也遵循相同的趋势，为了得到令人满意的输出，需要使单元比例达到 4。对于 13 级，当单元比例为 4 时只能达到 18nm 级在单元比例为 2 时的效能。同时，单元比例的增加会削弱 WNM。所

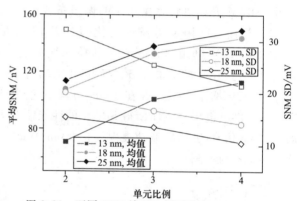

图 2.21　不同 SNM 单元比例下的 6T SRAM SNM 的均值和 SD

以即使从输出的角度出发，单靠增加单元比例的方法逐渐失去了吸引力，特别是那些经过极致缩小的器件。

2.6　结论

由于电荷与粒子的离散性造成的统计变异性已经成为半导体行业关注的主要课题。为实现减小随机不变形的目标，未来还将会出现更多的策略、技术与方法。从统计变异角度上看，只有当人们能够将线边缘粗糙度和等效氧化层厚度成功地缩减到需要的值时，才能使低于 20nm 级的体硅 MOSFET 继续得到发展。就统计变异来说，基于最小沟道宽度晶体管制成的 SRAM 是集成系统中最为敏感的部分，需要特别细心以及创造性的

设计手段才能在未来的技术换代中从其尺度上获得最大的效用。

参考文献

1. G.E. Moore, Progress in Digital Electronics, in *Technical Digest of the Int'l Electron Devices Meeting*. Washington DC, Dec 1975, p. 13

2. K. Bernstein, D.J. Frank, A.E. Gattiker, W. Haensch, B.L. Ji, S.R. Nassif, E.J. Nowak, D.J. Pearson, N.J. Rohrer, IBM J. Res. Dev. **50**, 433 (2006)

3. A.R. Brown, G. Roy, A. Asenov, Poly-Si gate related variability in decananometre MOSFETs with conventional architecture. IEEE Trans. Electron. Dev. **54**, 3056 (2007)

4. B.-J. Cheng, S. Roy, A. Asenov, The impact of random dopant effects on SRAM cells, in *Proc. 30th European Solid-State Circuits Conference (ESSCIRC)*, Leuven, 2004, p. 219

5. A. Agarwal, K. Chopra, V. Zolotov, D. Blaauw, Circuit optimization using statistical static timing analysis, in *Proc. 42nd Design Automation Conference*, Anaheim, 2005, p. 321

6. A. Asenov, Random dopant induced threshold voltage lowering and fluctuations in sub 0.1 micron MOSFETs: A 3D 'atomistic' simulation study. IEEE Trans. Electron. Dev. **45**, 2505 (1998)

7. A. Asenov, S. Kaya, A.R. Brown, Intrinsic parameter fluctuations in decananometre MOS-FETs introduced by gate line edge roughness. IEEE Trans. Electron. Dev. **50**, 1254 (2003)

8. J.R. Watling, A.R. Brown, G. Ferrari, J.R. Babiker, G. Bersuker, P. Zeitzoff, A. Asenov, Impact of High-k on transport and variability in nano-CMOS devices. J. Comput. Theo. Nanosci. **5**(6), 1072 (2008)

9. A. Asenov, S. Kaya, J.H. Davies, Intrinsic threshold voltage fluctuations in decanano MOS-FETs due to local oxide thickness variations. IEEE Trans. Electron. Dev. **49**, 112 (2002)

10. A.R. Brown, J.R. Watling, A. Asenov, A 3-D atomistic study of archetypal double gate MOS-FET structures. J. Comput. Electron. **1**, 165 (2002)

11. G. Roy, A.R. Brown, F. Adamu-Lema, S. Roy, A. Asenov, Simulation study of individual and combined sources of intrinsic parameter fluctuations in Conventional Nano-MOSFETs. IEEE Trans. Electron. Dev. **52**, 3063–3070 (2006)

12. A. Cathignol, B. Cheng, D. Chanemougame, A.R. Brown, K. Rochereau, G. Ghibaudo, A. Asenov, Quantitative evaluation of statistical variability sources in a 45 nm technological node LP N-MOSFET. IEEE Electron. Dev. Lett. **29**, 609 (2008)

13. A. Asenov, A. Cathignol, B. Cheng, K.P. McKenna, A.R. Brown, A.L. Shluger, D. Chanemougame, K. Rochereau, G. Ghibaudo, Origin of the asymmetry in the magnitude of the statistical variability of n- and p-Channel poly-Si gate bulk MOSFETs. IEEE Electron. Dev. Lett. **29**, 913–915 (2008)

14. S. Inaba, K. Okano, S. Matsuda, M. Fujiwara, A. Hokazono, K. Adachi, K. Ohuchi, H. Suto, H. Fukui, T. Shimizu, S. Mori, H. Oguma, A. Murakoshi, T. Itani, T. Iinuma, T. Kudo, H. Shibata, S. Taniguchi, M. Takayanagi, A. Azuma, H. Oyamatsu, K. Suguro, Y. Katsumata, Y. Toyoshima, H. Ishiuchi, High performance 35 nm gate length CMOS with NO oxynitride gate dielectric and Ni salicide. IEEE Trans. Electron. Dev. **49**, 2263 (2002)

15. M. Denais, V. Huard, C. Parthasarathy, G. Ribes, F. Perrier, N. Revil, A. Bravaix, Interface trap generation and hole trapping under NBTI and PBTI in advanced CMOS technology with a 2-nm gate oxide. IEEE Trans. Dev. Mater. Reliab. **4**, 715 (2004)

16. C.C. McAndrew, Efficient statistical modeling for circuit simulation, in *Design of Systems on a Chip: Devices and Components*, ed. by R. Reis, J. Jess (Kluwer, Dordrecht, 2004), p. 97. ISBN 978-1-4020-7929-0

17. K. Takeuchi, M. Hane, Statistical compact model parameter extraction by direct fitting to. IEEE Trans. Electron. Dev. **55**, 1487 (2008)
18. B. Cheng, S. Roy, G. Roy, F. Adamu-Lema, A. Asenov, Impact of intrinsic parameter fluctuations in decanano MOSFETs on yield and functionality of SRAM cells. Solid-State Electron. **49**, 740 (2005)
19. B. Cheng, S. Roy, A. Asenov, CMOS 6-T SRAM cell design subject to 'atomistic' fluctuations. Solid-State Electron. **51**, 565 (2007)

第 3 章　纳米尺度模拟 CMOS 的高级物理设计

Lanny L. Lewyn

3.1　引言

在 45nm 技术这个节点上，实现高性能模拟电路的生产化已然成为一个日趋重要的课题。在纳米技术出现以前，后布线电路模拟中的版图原理图对比（LVS）检查，以及物理设计中的设计规则检验（DRC）都是设计过程中必备的检验步骤。现如今，光刻图形保真度、机械应力与电气应力、过程变异、布线寄生效应和其他许多已知的效应，都在缩减 45nm 电路的性能冗余。不幸的是，即使把上述的后布线电路设计检验步骤都做一遍，依然无法规避这些效应。在送交制造方之前，原来需要两星期完成的物理设计验证环节，现在往往需要两个月甚至更长时间。

虽然许多对模拟电路性能影响很大的物理效应都可以通过半导体工艺模拟以及器件模拟工具（TCAD）来建模，但是它却从未应用于模拟 CMOS 设计领域。半导体行业追赶摩尔定律的驱动力，靠的是在推进工艺发展和主要设备的大量资金投入，这也使得工艺技术赶超到了电路与物理设计验证工具发展的前面。在 100nm 级技术诞生的时候，这种发展上的差距称之为"可靠性代差"。这个代差也代表了电路可靠性与 DRC 物理设计之间的差距[2]。人们关心的问题在于较短的电迁移（EM）受限寿命。

EM 验证工具是现在常用的一款工具，具有不错的精度。然而该工具只能用在设计的后布线提取阶段。每次技术节点的进步，都会使 EM 系数和线宽减小。其结果是技术节点最小特征尺寸（F）与线电流容限呈二阶反比关系[3]。在该趋势的推动下，我们需要在 32nm 以及更小尺度的技术节点中针对器件设计和内部物理设计引入不同的策略与方法。由于人们在 22nm 节点一直使用 193nm 深紫外光（DUV），光刻图形保真度（会影响栅极长度和宽度）的问题就日益凸显出来，需要我们在模拟物理设计中做出一些改变。更详细地来说，图形保真度与相邻结构或器件的间距有很大关系。应力工程在增强深纳米器件的流动性的同时，也增强了模拟器件间匹配的变异性，同时会影响单个逻辑门的性能，这些逻辑门距离邻近器件定义氧化区图形太远，有很大的变异。

电子设计自动化（EDA）行业一直在追赶工艺技术的进步，CMOS 集成电路（IC）验证工具也在其中发现了大量原先电路设计以及物理设计中的缺陷。由于EDA 工具已经有了长足的进步，原先在后布线验证中出现的问题需要额外花大量时间来重新设计和布局。电路和布局上的重新设计对于半导体行业来说浪费了许多宝贵的时间与产品。

由于电子迁移效应、图形保真度的限制、工艺变异以及互连寄生等对 32nm 节点甚至更小尺度器件电路性能（DFP）、可靠性（DFR）以及生产性（DFM）的严重影响，主流 IC 设计公司急需来自电路设计工程师在物理设计上的更多帮助与参与。比如，有的电路中的特定器件在宽度上有很大的不一致性，这会造成光刻图形不规则及互连金属层组合多样等情况，并由于局部应力梯度不规则影响器件性能。

不幸的是，由于基本设计规则数量翻了一番，电路设计工程师在物理设计上的参与变得越来越难。而同时备选的以及推荐性的设计规则数量相较于纳米技术以前已经整整增长了一个数量级。本章的一个论点，就是找到纳米模拟电路物理设计中的有害因素。然而我们更为主要的一个论点，是提出能够减少甚至解决物理设计问题的方法，这样才能为深纳米模拟 CMOS 技术开拓一片更广阔的未来。方法中的关键，就是在器件设计过程中设立明确的限制，并增强布局物理设计中的规则性。

3.2 预布局模拟

在对 45nm 节点或者更小尺度节点器件的预布局模拟中，器件有效长度 L、宽度 W、V_t 和 g_m 这些值都可以经过若干几何相关参数进行改变。在纳米技术以前，对于器件节点和一些互连寄生的模拟都是必要的步骤。在 100nm 技术节点中，到阱边缘距离（近阱效应，WEP Effect[4]）需要调节器件参数 V_t。从栅极到浅沟槽隔离边缘的平均距离（STI Effect）[5] 则需要调节 V_t 和流动性，用以解释应力效应。而增加全局和特定的局部互连寄生容值和阻值也是常见的方法。

在 45nm 节点或者更小尺度节点器件中，额外应力和图形效应也被加入用以改变器件的 W 和 L。这些长度包括定义氧化区间距和栅极间距。还有许多与几何相关的因数对小信号模拟电路设计和 I/O 驱动设计十分重要，比如覆盖金属的间距，还没有被建模（即使在后布局模拟中也没有）。随着几何相关因数数量的增多，另外的难题出现了，如果这些参数的预设值不够完备以至于无法获得很好的仿真结果，那么就需要我们手动输入正确的数值，或者开发出新的自动化的方法。

在一个电路中尝试引入多种器件尺寸，比如器件栅极宽度不一，会使定义氧化分离间距值（沿 W 的方向）与布局有很大的相关性，从而其在电路设计的预布局阶段中很难进行预测。限制器件 W 数值上的不规则性，用改变器件 M 值取而代之，是在双极工艺中常用的一种方法，可以增强模拟 CMOS 设计中的图形规则度。对于一个单一器件限制栅极引脚数量（F）等于 2，可以使 STI 参数中 SA 和 SB 的值十分接近于预布局仿真所得到的值。限制器件设计图形种类使定义氧化区与多晶间隔更具规则度的方法，以及利用其他电路物理设计技术（比如削弱 WPE 效应）会在 3.6 节详细叙述。

3.3　后布局模拟

在纳米技术之前的时代，后布局设计中最重要的验证环节之一就是电磁（EM）验证。EM 也被认为是在纳米技术中对集成电路性能影响最大的因素之一。EM-受限最小线宽以及对载流性能的影响极大地限制了纳米模拟器件的几何布局。

在 45nm 节点以及更小尺度技术中，设计者不应再忽视 EM 对器件设计的限制作用。如果物理设计者希望将器件做得更小，同时并联更多的器件数量（M）或者引脚（F），来实现合理的排线布局，那么前文所述的预布局模拟对于电路的仿真结果预测可能不再适用。

随着后布局验证工具的不断发展，对电路参数的预测能力，如多晶角圆化（L 修正）、定义氧化区圆化（W 修正）等会提高仿真结果的进度，并增强电路的制造能力。然而如前文所述，若在设计流程中只能在后面的验证过程中才能发现对电路性能有严重影响的物理效应，这种情况又恰恰是需要避免的。因此，设计师必须逐渐明白，物理效应是电路设计选择造就的结果。为此，需要在设计流程中的验证阶段加入时间进度表，为重新设计创造时间。前面说到，针对预布局仿真的准确性，对器件设计加入限制条件、在物理设计中实现规则性是避免在后布局验证阶段产生意外后果的主要方式。

然而，许多会严重影响图案保真度的光学临近效应，依然无法使用非 TACD 后布局验证工具进行建模。一些减小光刻保真度的简单方法，例如大幅增大模拟器件栅极外延、获得比较好的节距规则度等，会在 3.6 节中详述。需要注意的是，由于在 22nm 节点以及更小尺度上使用的掩膜曝光波长都在 193nm（DUV），栅极圆化以及栅极到定义氧化区层误差效应对纳米级模拟 CMOS 系统匹配误差会产生越来越大的影响。

3.4　工艺变异性

在纳米技术之前，总参数变异是使用低速的、典型的、快工艺角电路仿真模型来模拟的。总参数变异，一般都来自于跨芯片间的、晶源到晶源间的或批次与批次间的参数变异。而局部变异（一个电路内部）则成为全局总变异的一部分。在小尺度工艺节点中，局部参数变异逐渐成为全局变异中的一个重要组成部分。许多技术因素都会使局部变异增强。这些因素包括：器件应力、植入深度、曝光变化（曝光宽容度）、焦点变化（焦点深度）、掩膜特征尺寸变化以及掩膜误差。而对于设计者更糟糕的是，由于网线分辨率增强技术的使用，原先用以校正光学临近效应（OPC）的技术，现在使得掩膜的几何外形不再与物理布局相一致，如图 3.1 所示[6]。在应用 OPC 技术后，栅极层图案（45nm 多晶）获得了更高的临界尺寸

（CD）准确率，可见图 3.2 中右边的电路板。

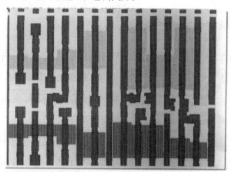

图 3.1 在使用了 OPC 技术之后，可见网线图案不再与物理布局 1∶1 对应

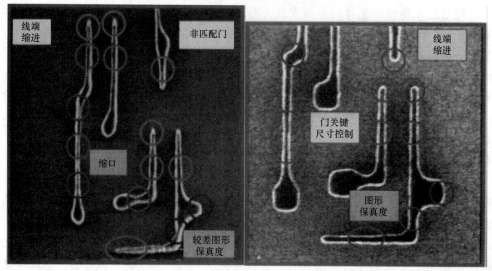

图 3.2 在网线上使用 OPC 技术之后，多晶层图案获得了更高的临界尺寸精度（见右边的电路板）

光刻效应会增加某一部件的局部工艺变异，而应力及反应离子刻蚀效应一直是降低 CMOS DAC（C-DAC）精度的重要因素。这些效应以及相应的减弱方法会在本章 3.7 节详述。

3.5 削弱局部失配误差

局部失配误差，是指在短距离内发生的（例如相邻器件间）误差。这类误差包括在短距离内的量子边缘或厚度效应以及工艺变异。物理设计误差也会引起系统性失配，比如高频模拟器件中栅极与衬层之间，并呈现非对称性。

3.5.1 量子效应失配误差

许多学者都认为，在小尺度器件中，氧化层厚度、边缘粗糙度、耗尽区载流子浓度都是失配误差的主要来源。纳米 CMOS 中的最小面积器件（最小的 *W* 和 *L*）会遭受这类失配所带来的影响。然而设计者并不使用最小面积器件来实现良好的匹配精度。在相对低失调电压（小于 10mV）以及器件面积较大的情况下，量子失配效应并不是误差的主要来源。

3.5.2　应力引起的失配因素

在 65nm 节点低电压阈值 PMOS 中阈值电压匹配系数 A (V_t) 一般不会好于 2.5mV/μm 的工业平均值。需要说明的是①低阈值器件具有比较低的体植入掺杂，从而在匹配精度上高于标准器件要 10%；②高阈值器件中增加的植入掺杂使其在匹配精度上比标准器件要差；③NMOS 相较于 PMOS 在匹配精度上要差些；④栅极驱动电压取较大值时（V_{gs}-V_t），饱和电流匹配常量 A (I_{dsat}) 会取代 A (V_t)。

在 45nm 及更小尺度的器件中，其他工艺变异因素会使得 A 的取值增大。这些因素包括工艺变量中的一些随机参数，比如植入范围（深度）、金属覆层不规则以及在局部（小于 2μm）应力场下相邻器件图案引起的应力等。现在还有一些应力产生因素，包括 STI 和一些用来克服由高沟道掺杂引起的载流子流动性减小的方法，包络在 PMOS 栅极覆盖覆层以及在升高 S-D 结构中的 Ge 植入掺杂，如图 3.3 所示[1]。而天线效应可能会比前面提到的一些源头造成更为严重的失配误差。但是这种误差源头可以利用在栅极加入反馈偏压二极管并辅以金属布线来轻松克服。

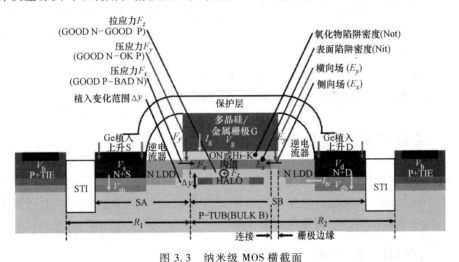

图 3.3　纳米级 MOS 横截面

3.5.3　高频器件匹配

纳米级高频（HF）放大器可以实现大于 10GHz 的增益带宽。对于高频放大器和比较器器件，额外的一个与匹配性相关的因素就是各器件与相邻衬层黏结层之间的距离。这个量必须得到精准的适配。增加到衬层黏结层的距离会增加管（体型）

屯阻 R_1 和 R_2（见图 3.3）。这些电阻会将器件 MOS 模型衬层节点从器件支电路（符号为 Vb 的节点）中分离出来，并恶化高频性能。

3.5.4 器件小尺度化背景下的匹配策略

伴随着制造工艺向小尺度化的不断发展，在保持器件长宽比不变的情况下，以每一代缩小到原来的一半大小的趋势，器件的面积不断减小。由于 V_t 是关于器件面积二次方根的反函数，即便 A 保持不变，每经过两代工艺发展，失配效应就会乘以 2。所以在维持面积不变情况下的小尺度化，可以防止匹配迅速恶化。但是增益带宽（GBW）的限制使得这种方法只适用于低频电流反射镜或电流偏置器件中。若希望电路中小尺度化器件能够同时保证增益带宽和匹配性，可以通过将 W 和 L 尺寸标定为 $F^{1/2}$ 而非 F（见图 3.4），但这也会损失一部分性能。

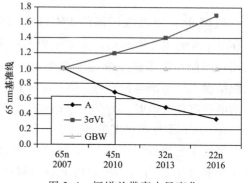

图 3.4　恒增益带宽小尺度化

图 3.3 中既显示了 NMOS 掺杂极性，有显示了典型的 PMOS 覆层，除了覆层中的拉应力以及 Ge 源/漏极离子植入，源极沟道边界至相邻 STI（SA 和 SB）的距离、至相邻器件定义氧化层距离以及局部应力场中金属覆层，都会引起横向和纵向（Fx 和 Fz）的应力。

器件面积 A 随 F 线性减小。因为将 W 和 L 值同时按 $F^{-1/2}$ 进行缩放，W/L 长宽比为一个常数，故器件电流为一个常数。可见 V_t 逐渐稳步增长。

3.6　高频模拟器件物理设计

对于 NMOS 和 PMOS 的物理设计，如前面叙述的那样，许多引起局部失配误差的因素都可以用统一化设计来削弱。限制器件宽度值 W 的取值范围和不同值的数量，可以增强模拟电路中器件图案的规则度。

3.6.1 限制栅极引脚数

在单个器件中限制栅极引脚数（F）为 2 会有很多益处。除了可以使 STI 参数 SA 和 SB 十分接近设置的预布局仿真值，它还可以保证栅极到衬层黏结层之间较短的距离。它也可以减小局部管（体型）电阻 RSUB 的分量 R_1 和 R_2，如图 3.3 所示。

表 3.1 显示了在一个典型的 100nm HF CMOS 器件中，2、4、6 引脚数量对体

电阻的减小程度。比较 2 引脚和 6 引脚，可见体电阻相差 2 倍。这种差异在直流偏置器件中并不明显。然而，如果是为了获得尽可能高的 GBW 的话，那么即使 RSUB 有较小的减小，也会对增大带宽大有裨益。

表 3.1　100nm 器件的 TCAD 仿真结果

$W = 0.8\mu m$ 器件基本结构	性能	设备沟道与沟道间宽度/μm	对漏极中心的 R_{SUB} 值/Ω
2 引脚 NMOS(M2)	最小粘连宽度	1.3	1250
4 引脚 NMOS(M4)	最小粘连宽度	2.3	1667
4 引脚 NMOS(M4)	两倍粘连宽度	2.3	1613
6 引脚 NMOS(M6)	两倍粘连宽度	3.3	2083
2 引脚 NMOS(M2)	提取的结构	1.3	1316

注：表中显示了 R_{SUB}（R_1 和 R_2）值随引脚数的变化情况。注意比较 2 引脚和 6 引脚，可见体电阻相差 2 倍。这种差异对于高频 COMS 的物理设计至关重要。

3.6.2　器件最佳电流密度 $I_{ds}/(W/L)$

如果能够明白漏极电流 I_{ds} 与 squares 之间的关系，那么与 MOS 器件电路设计的一些相关的概念就变得很好理解。它们之间的关系可以用一个复合量 $I_{ds}(W/S)$ 来概括，单位为 $\mu A/sq$。此处 W、L 取图样上的取值，便于计算。

从前纳米时代到深度纳米时代的不断工艺演进中，对于高 GBW、大 V_{dsat} 值（>300mV）需求的 NMOS，电流密度 I_{ds}（W/S）可取 $15\mu A/sq$；对于中等 GBW、V_{dsat} 值，电流密度通常取 $10\mu A/sq$；对于极低 GBW、V_{dsat} 值（<200mV），比如电流偏置反射镜，可取 $5\mu A/sq$。相对应的，相同场合下 PMOS 则可取 $5\mu A/sq$、$3\mu A/sq$、$2\mu A/sq$。需要说明的是，低功率工艺相较于高功率工艺，通常 V_{dsat} 和 GBW 性能都要差一些。

在高频器件设计中，为了减小器件的电容，设计者通常都会使用共漏极技术。由于 EM 物理设计的限制，针对器件连接必须使用更多的金属层，多层金属漏-源极电容（如 S-D-S-D-S-D-S 结构）所带来的有害作用就凸显出来了。相反，S-D-S、S-D-S 结构中源极电极数量相同，但是漏极更少。S-D-S 结构如图 3.5 所示。

3.6.3　由 EM 受限催生的多层金属层应用

在 CMOS 高频放大器应用中，设计者受到 EM 限制不得不在器件漏极使用多层金属层，究其原因，是因为低电容共漏极器件设计中的不断增加的电流密度。共漏极器件中电流密度是其他器件的两倍。一个共漏极高频 NMOS 器件，其电流密度为 $20\mu A/sq$ 而一个一般非共漏极器件只有 $10\mu A/sq$。利用 TCAD 仿真，我们可以发现当漏极金属层数量增加时，漏-栅极寄生电容（C_{dg}）的增速会急剧减小。

在 22nm 技术节点中，漏极金属图案中 W 的取值必须增至高于最小宽度值，使

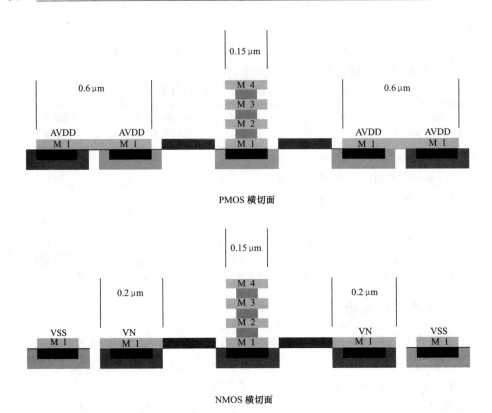

PMOS 横切面

NMOS 横切面

图 3.5 一个使用 S-D-S 结构的高频器件横截面结构图
（注意衬层黏结层位置的对称性与相邻的距离）

之能够匹配 $20\mu A/sq$ 的要求。漏极电流如图 3.6 所示。更宽的金属层会带来更大的栅极与栅极间的间距以及更大的漏极面积。而增大的漏极节点电容并不明显，栅极与栅极间距的增加还可以防止更多的 VIA。在 32nm 节点中，对于高频放大器，VIA 电流密度限制条件对漏极形状的影响比 EM 所造成的限制更大。

计算中以 65nm 节点作为基准，以短线路（$1mA/\mu m$）为前提假设了平均工业 EM 电流限制。可见当最大器件宽度 W 小于两漏极连接所要求的最小宽度（$W \approx 5.5F$，最小值限为图 3.6 中水平线）时，需要增加额外的一层金属层[3]。

3.6.4 器件的良好图案保真度设计

为了在器件设计中获得良好的图案保真度，设计者必须仔细考虑下列

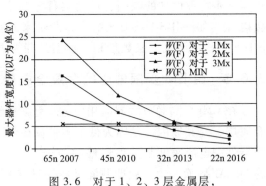

图 3.6 对于 1、2、3 层金属层，
最大器件宽度 W（以 F 为单位）的变化情况

参数：栅极间距规则度、受限栅极长度和引脚数量、方向均一性、定义氧化规则度、金属通路的布置。图 3.7 中所示的器件设计，满足了许多在纳米级 CMOS 高频放大器设计中涉及的要求。在图 3.7 所示器件中，由 SA-SB 平均值决定的 STI 间距值，或者十分接近于代工厂的默认模型值，或者足够均一，使之在输入仿真模型中时可以作为一个全局参数。

在深度纳米技术中，设计者可能会对最小长度器件的 SA-SB 平均间距进行调整，从而使 g_m 获得接近模型默认值的最优值。在这种情形下，对于具有两脚栅极的器件就会有性能优势。施加 2 脚栅极这个限制条件并不会显著增加栅极-衬层的电容。器件栅极电容会使栅极 M1 线路 X 方向上的互连寄生电容增大一个数量级。所以额外的 X 方向阵列宽度并不会显著的减小 GBW。

如果施加了最大引脚数量 $F=2$ 的条件限制，会牺牲一部分器件的面积效率，然而这种妥协可以换得定义氧化层图案间距数值上的高度一致。如图 3.8 所示，这种一致性在预布局仿真中设置 *X/Y* 向定义氧化层间距值时会带来极大便利。图中上层金属层和 PMOS 阱的图案都已经去除，便于清晰展示。通过在 PMOS 器件宽度上实现一致性，并水平地将图案延伸至相邻单元，WPE 效应得到消除。

图 3.8 显示了在实用高频放大器设计中使用均一尺寸器件的案例。这使得沟道隔离具备了规则的图形。如果在使用一部分二引脚栅极的同时还使用 4 引脚或者 6 引脚栅极器件，这种图案规则度就很难实现。很明显图案规则度的提升也提高了金属线路布设的规则度。对于器件引脚距的均一性对提高精密电路精度的优势作用，可详见 3.7 节。

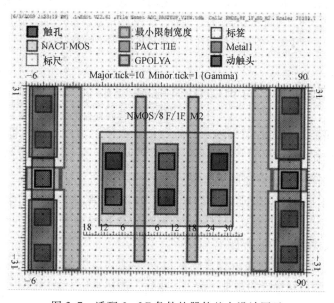

图 3.7　适配 *L*=2*F* 条件的器件基本设计图示

器件有着紧凑的布局得以获得良好的高频性能。在垂直连接分支之间空置栅极与金属 Vss 相连，用以获得栅极图案的规整。在 32nm 节点中用无量纲量 GAMMA（Γ）来表示 1Γ=0.1μm。在 45nm 及更小尺度的技术中，最大栅极延展为 12Γ，可以避免栅极端圆化效应

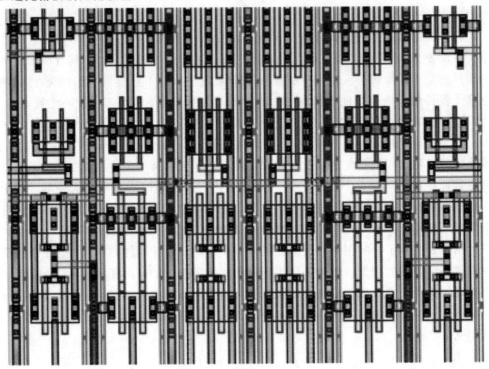

图 3.8　高频放大器中统一使用二引脚 MOS 器件单元的结构图
（统一的器件使用使得定义氧化层间距十分规整）

3.7　精密电路中削弱长距离失配误差的方法

在 50μm 间距上由光刻图案的不一致性引起的工艺梯度和变异性会对精密电容器阵列产生有害的影响[17]。一阶（线性）工艺梯度会影响模-数转换器（ADC）多晶之间以及金属-绝缘体-金属（MIM）电容器之间的介质厚度。二次光刻误差则主要来自反应离子腐蚀（RIE），并影响多晶/MIM/边际电容器的边缘图案均一性。纳米级制造工艺已经大大提高了精密电容器的定义边缘精度，但是仍不能很好地减小 50μm RIE 效应作用的临界距离。

虽然围绕着一个二维精密电容器阵列布置 1~2 列空置电容器是一种常见的做法，但是如果空置电容器布置的间距大于数十微米时，面积利用率就不高了。在一个应用于空间成像技术、未经调试的 16 位 ADC 中，工艺梯度误差可以利用放大器、电容器和开

关阵列的一维（X 向）均一性来削弱[8]。图 3.9 显示了一个 ADC MSB 多晶电容的一部分（有单位电容器组成的 C-DAC，沿 X 方向）。与添加更多控制电容器阵列的做法不同，这里将 CMOS 器件都添置于所有放大器中，将偏压电路置于 C-DAC 阵列之上；在阵列之下，比较器和逻辑门有着均匀统一的间距，并在 X 方向上与电容器引脚距离匹配得当。在 Y 方向上的均一性梯度不会对匹配产生很恶劣的影响。

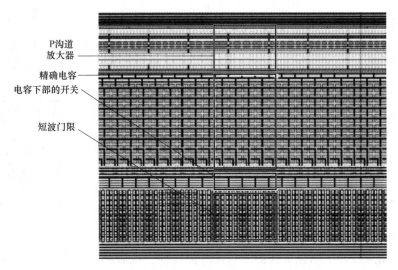

图 3.9 一个未经调试 16 位 ADC 电路的一部分结构图（大约占 X 方向上的 20%，在 2009 年 5 月的 SM-4 哈勃服役计划任务中，该 ADC 被用于替换哈勃高级观测摄影机上的 ADC[8]）。

3.8 互连物理设计

主流的制造企业都在先进技术节点中运用最小设计原则空间分布，除非该方法能够有效地弥补潜在的产能下降损失。在 100mm 制程以下，局部和长距离内部连接所产生的寄生电容 C_p 和阻抗 R_p 会急剧增大，因为此时介电层与金属层的厚度变得更小更薄。在 45nm 制程通常预布局和后布局模拟所得到的带宽结果会有 20% 的误差。

3.8.1 时钟与屏蔽模拟信号分布物理设计

图 3.10 对 100nm 和 45nm 节点的屏蔽互连做了一个比较。在此案例中，时钟信号置于 M2，屏蔽层置于 M4 和多晶体的上一层与下一层。图中也显示了导体宽度金属层间绝缘体厚度之间的相对大小。所以在相同的布线通道比例下，利用 TCAD 进行仿真，在 45nm 节点下的 $C_p/\mu m$ 值会比 100nm 节点大上 3 倍。

3.8.2 密集金属互联物理设计

由于相邻金属图案间距上越来越小，金属互连更为密集，由颈缩效应、挤压效

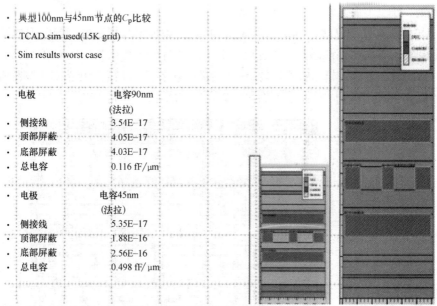

- 典型100nm与45nm节点的C_p比较
- TCAD sim used(15K grid)
- Sim results worst case

电极	电容90nm (法拉)
侧接线	3.54E-17
顶部屏蔽	4.05E-17
底部屏蔽	4.03E-17
总电容	0.116 fF/μm
电极	电容45nm (法拉)
侧接线	5.35E-17
顶部屏蔽	1.88E-16
底部屏蔽	2.56E-16
总电容	0.498 fF/μm

图 3.10　100nm 和 45nm 节点的多晶-M2-M3 互连尺寸比较（C_p 值由 TCAD 模拟得到）

应、电桥效应引起的可靠性问题变得愈发严重。为了削弱这类问题造成的影响，我们可以在物理设计中增强金属图案的尺寸规则度，从而获得引脚间距的均一性，同时在宽度设置上要求其大于最小宽度和间距。

在 45nm 节点中，一些集成电路设计公司会利用标准化设计方法来设计金属互连。图 3.11 显示了一个具有代表性的样本，通过对一片 45nm Intel 逻辑芯片进行

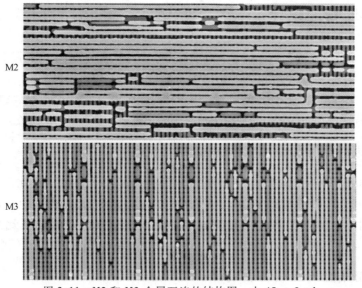

图 3.11　M2 和 M3 金属互连的结构图，由 45nm Intel
逻辑芯片逆向工程得到（图片经 D. James CICC 09 授权使用）

逆向工程开发，得到了该样本[9]。该样本中通过在每层中沿一个方向布置金属图案（在本例中为 M2 和 M3），获得了比较好图案保真度。

3.9　总结与结论

随着业界步入纳米级模拟 CMOS 设计的时代，对物理设计中的一些影响因素进行更深入的理解显得越来越主要。而这种理解往往通过电路设计的质量来得到充分体现。不合理的器件 W/L 取值，会使器件在常用的模拟高频放大器电流密度下无法满足物理布局中的 EM 限制条件。这是因为，在深度纳米技术节点中，EM 限制条件会制约高频器件最大宽度 W 的取值。而器件物理设计中的均一性，可以大大保证图案的保真度，并简化预布局 STI、WPE 以及定义氧化层间距模拟参数的尺寸设计。对由相邻器件图案和局部布线产生的应力也逐渐成为物理设计中主要的考虑因素。

在 45nm 以及更小尺度的节点中，在电路设计与物理设计间，必然存在着更为广泛而紧密的交流与互动，只有这样才能保证集成电路的可生产性，从而避免在以后布局设计验证环节中不断陷入返工的循环。在片上系统（SoC）中，高性能模拟电路是一个重要的组成部分，这也使得领衔业内的集成电路设计公司要求电路设计人员能够与物理设计团队更紧密地进行合作，甚至直接让电路设计人员进行物理电路布局工作。曾经存在于电路设计和物理设计之间的代沟，也在物理设计人员不断地投入到电路设计、模拟、验证环节的过程中不断消弭。

在纳米技术节点中，模拟电路设计所面临的诸如电压限制以及一些物理设计局限似乎总是难以解决。但是随着硅铸造工艺的不断进步，以及相关设计工程师不断追随摩尔定律的脚步，这些问题都会慢慢得到解决。在项目开始时，虽然一些物理设计策略的运营以及器件图案的标准化设计会花费一些额外的时间，但是这些设计策略都已经成功地应用在了之前的集成电路设计项目中。而这额外花费的时间，与因为在验证阶段检测出的物理设计缺陷导致的设计返工所浪费的时间相比，已经可以忽略不计了。

参考文献

1. S. Saxena, C. Hess, H. Karbasi, et al., Variation in transistor performance and leakage in nanometer-scale technologies. IEEE Trans. Electron Devices **55**(1), 131–144 (2008)
2. M. Campbell, V. Gerousis, J. Hogan, J. Kibarian, L. Lanza, W. Ng, D. Pramanik, A. Strojwas, M. Templeton, When IC yield missed the target, who is at fault? Panel Session, in *Proceedings ACE IEEE DAC*, 2004, p. 80
3. L. Lewyn, T. Ytterdal, C. Wulff, K.K. Martin, Analog circuit design in nanoscale CMOS technologies, Proc. IEEE **97**(10), 1687–1714 (2009)
4. Y.-M. Sheu, et al., Modeling the well-edge proximity effect in highly scaled MOS-FETs. IEEE Trans. Electron Devices **53**(11), 2792–2798 (2006)
5. C.-Y. Chan, Y.-S. Lin, Y.-C. Huang, S. Hsu, Y.-Z. Juang, Impact of STI effect on flicker noise in 0.13-μm RF nMOSFETs. IEEE Trans. Electron Devices **54**(12), 3383–3392 (2007)

6. R. Kloin, Overview of process variability, in *Proceedings ISSCC 2008 Microprocessor Forum F6: Transistor Variability in Nanometer-Scale Technologies*, Feb. 7, 2008, pp. A1–A24

7. M. McNutt, S. LeMarquis, J. Dunkley, Systematic capacitance matching errors and corrective layout procedures. IEEE J. Solid-State Circuits **29**(5), 611–616 (1994)

8. L. Lewyn, M. Loose, A 1.5 mW 16b ADC with improved segmentation and centroiding algorithms and litho-friendly physical design, in *Proceedings IEEE CICC*, 2009, pp. 169, 170

9. D. James, Design-for-manufacturing features in nanometer logic processes—a reverse engineering perspective, in *Proceedings IEEE CICC*, 2009, pp. 207–210

第4章 高温高压应用环境下的健壮性设计

Ovidiu Vermesan，Edgard Laes，Marco Ottella，Mamun Jamal，Jan Kubik，Kafil M. Razeeb，Reiner John，Harald Gall，Massimo Abrate，Nicolas Cordero 和 Jan Vcelak

4.1 引言

现如今，电动汽车的市场占有率越来越大，其市场划分可定义为三个级别：微型/个人用车（μ级：10~20kW）、小型个人/家庭用车（A级：15~30kW）、家庭用车（B级：25~50kW）[1,2]。更高车辆等级的出现则需要在电池系统进一步发展，有望在2020~2025年投放市场，届时商用厢型车、卡车、小型客车、城市客车以及电动摩托车、滑板车都会抢占巨大的市场份额，特别是在远东地区，电动两轮车辆市场已经超越了内燃机（ICE）车辆，成为老大。μ、A、B成为了纳米电子技术、功率电子器件、电路级模组等领域的重要关键词。通过将高温功率电子学技术和超高功率密度机械电子学技术应用于智能集成功率电子模组当中，就可以实现产业的跨越式发展。

对于电动车辆/混合动力车辆总体器件的结构、功率模块、运算处理器、嵌入式系统、算法、机械电力模块、机械模块，可以总结为以下5个方面的功能[3]：

1）能源（电池、超级电容、里程增程、电力并网）；

2）动力（功率转换、电机-发电机）；

3）功率与信号布局（缆线和限速布置、车辆内部通信）；

4）车架（转向、刹车、悬挂以及相关功能）；

5）车身及仪表板控制（人机接口、车载娱乐设施、导航、车辆间（V2V）通信及车对物（V2I）通信）。

针对上述功能，功率电子技术、器件、电路、模块等的发展方向可以涵盖下面的4个方面：

1）功率转换——交流-直流、直流-交流、大功率模块；

2）功率与能源管理：智能电池管理、超级电容、可变电源、e-电网总和集成（包含功率转换）；

3）功率分布网络：功率开关、大电流传感器、安全失效模式开关；

4）智能动态监控——基于硅基传感器的信息系统和反馈环。

在不远的未来，对于电动车辆，业界将遭遇的主要挑战有：

1）合理的车辆行驶里程（行驶英里数取决于行程中的地形状况和导航情况）；

2）需要满足车辆安全性的要求；

3）电池系统的小型化、轻量化；

4）合理的系统运行开销；

5）合理的部件寿命（电动汽车较之于内燃机车有着先天的寿命优势，并且电动机健壮性好，易于更换）；

6）电池快速充电。

在电动/混动汽车应用中，业界对于智能集成功率电力模块的需求与日俱增。这类模块配备一系列不同作用的传感器，具有执行功能，可以被直接装载进汽车，减少了线缆布设开销[4]，见图 4.1。

上述的这些技术手段可以用来产生传感器信号，驱动执行器，并进一步减少能源消耗，驾驶员介入，使驾驶更加舒适。而业界对于功率电子模块和混合信号功率集成电路的需求也在日益增大，这些器件一般都集成了数字和模拟电路信号处理功能和功率开关。电动汽车中的电池监测系统也以智能功率系统来进行设计。

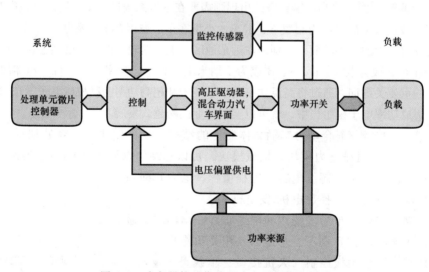

图 4.1　功率器件工作流程中各功能参与过程

由于需要工作在高温条件下（比如 200℃），并且有着苛刻的工作质量，现有的工业产品的设计规则与方法已经无法满足车辆所有工作环境下零出错的要求，业界需要更高级的设计工具来辅助电路设计者，从而实现更好的电路健壮性。比如业内用到的热力学仿真工具，可以判定在各种工作环境下电路各部件的温度，从而能够验证电路的工作性能，保证在寿命期限内各参数稳定良好。

在电动/混动汽车应用中，半导体器件的工作可靠性是一个十分重要的议题，因为这些器件都工作在极端恶劣的环境下，比如高温、高湿、振动等。将多种功能集成在一片芯片上可以显著提高器件可靠性，然而由于芯片上复杂的互连、接头以及安装工艺，其功能性依然会受到可靠性的影响。

在本节中，功率电子学可以在多个方面提升电路的效率和节能性能：

1）通过部件优化技术或电路技术提升功率电子器件、模块、系统的效率，比如逆变器或者功率输出装置。

2）通过应用功率电子学技术，从系统层面提升能效，比如在电动/混动车辆中引入可变速度驾驶、增加能量回收装置或电力驱动恢复装置等。

3）利用智能功率电子技术节约能效，获得更好的市场承认与竞争力。其要求能够将功率电子学同机械电子学有机结合，与传感器技术、信息及通信技术一道，应用于车载系统当中。

4）更好的耐高温性能，安装小型化更出色，增强系统的可靠性和健壮性。

针对汽车工业电动/混动汽车的新发展对功率半导体器件提出了特殊的要求。其工作环境温度范围为 85~175℃，这就要求功率半导体器件在最大电流负荷下能够在节点温度 175~200℃ 范围内稳定工作。另外行业标准还规定电子器件必须在−40℃ 环境下工作，同时满足极低温工况和极高温工况，这也对可靠性提出了要求。而对于物理尺寸形状的小型化要求，温度和功率管理是车辆功率与控制电子学最为关键的议题。

为了最大限度减小对冷却的需求，设计者有必要提高节点的最高可承受温度。对于 600V 的绝缘栅双极型晶体管（IGBT），节点可承受温度已经提高了 25~150℃，在全年达到了 175℃ 的上限。这种耐高温性可以被设计者充分利用，因为传导损耗几乎不受高温影响，即使开关损耗也只是受到温度的轻微影响。在短电路测试的开关过程中，IGBT 在结温 200℃ 上下时表现出了良好的健壮性。

表 4.1　高温电子技术的要求

	传感器和低功率器件	液压阀和小型电机	电机	电动汽车驱动器
电流载荷/A	<0.5	2~5	20~50	100~400
功率损失/W	<2	5~15	20~100	>100
环境温度/℃	130~180	130	100	80
集成技术	单片		多片	
封装	低损耗		功率模组	
发展趋势	芯片到环境热阻参数减少到 2~10kW^{-1}		在功率器件中集成进保护和诊断功能，将驱动器集成电路加入功率模块	

高温智能功率产品的一些发展要点可见于表 4.1[4] 和表 4.2[1]，表中展示了对于高温电子技术提出的要求。对于多片功率模块的封装，通过将功率器件安装在合理的载体上，可以使节点得到较小的热阻（kW^{-1}），从而使得器件能够工作在 175℃ 的环境下。

而芯片可承受温度的提高（至 200℃）可以简化设计工作，通过减少冷却手段的需求来减少系统开销。如此一来，系统封装成本就更低，功率模块易于制造。半导体器件芯片面积也可以更小。

表 4.2　电动/混动汽车中对功率半导体器件提出的要求

模　块	峰值功率/kW	器件	电流/A	电压/V	开关频率/kHz
推进逆变器	10~100	IGBTs 管	100~600	200~1200	10~25
增程转置逆变器	40~100	IGBTs 管	400~600	200~1200	10~25
电池直流-直流升压转换器	10~100	IGBTs 管	100~600	100~1200	10~25
制热通风空调转换器	2~4	IGBT-MOSFETs 管	10~20	100~400	10~25
14V 外接电源直流-直流转换器	1~2	MOSFETs 管	20~40	200~400	50~200

　　智能功率应用的工作电压范围极广。在其他运输系统中，诸如汽车、飞机、卫星、甚至铁路系统中，对于高温功率电子技术都提出了相似的要求。对于高温高压器件的市场需求，也从汽车低压应用（60V）、电网连接（110-220-380V），延伸至到动力牵引牵引（400V 以上）等方面。

4.2　电动/混动汽车应用中功率器件的纳米电子半导体技术

　　伴随着电力驱动技术到来的浪潮，高温功率电子技术成为了重要的应用技术。

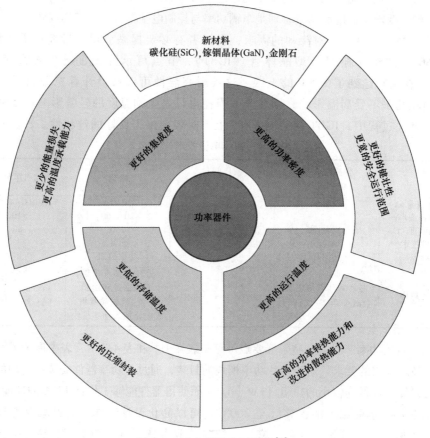

图 4.2　功率器件发展趋势[1]

在电动/混动车辆中，双向功率逆变器（直流-交流）和直流-直流逆变器需要在功率损耗 3%~8% 的量级下，转化数千伏安的功率，这些损耗的电能转化为数百瓦（甚至上千）的废热。

在电动/混动汽车中，功率 MOSFET 一般用于小于 100V 直流的应用场合，而IGBT 则用于高于 200V 直流的场合。另外在一些介于 100~200V 直流的场合，MOSFET 依旧用于低功率区间，而 IGBT 则应用于大电流场合。汽车应用领域并不使用像达林顿功率晶体管、MOS 控制晶闸管这类的半导体器件。功率器件的发展趋势可见图 4.2。

IGBT 模块在功率承载能力上的不断发展极大地促进了系统向小型化的迈进。对于硅器件和新封装技术的优化组合，可以为各级模块提供最经济的方案与手段。

碳化硅单极器件（MOSFET）在多个应用领域中都有取代两级 IGBT 的潜力，包括汽车动力电子技术和超高压系统。但是目前仍旧存在一些主要障碍，比如改进晶源尺寸和质量和器件运行障碍等等。

4.3　健壮性、可靠性

在车辆推进系统中，由于车辆存在频繁加减速工况，功率器件会在短时间内承受较强的热应力。类似的应力也会出现在其他电机以及直流-直流逆变器应用中。

功率器件及其封装必须具备非常高的可靠性：部件必须满足美国汽车电子委员会（AEC）颁布的 AEC-Q101 工业标准，比如功率分离元件和功率集成电路。

功率半导体器件必须通过 175℃ "高反向向偏压" 和 175℃ "高温栅极偏压" 两项测试。实验中需要将温度加至 200℃，保证半导体器件的健壮性和可靠性，特别是针对晶源生产过程中产生的潜在硅缺陷。

为保证可靠性，我们应该从技术、系统、应力线型角度对参数进行评估，比如从运行中的特定电动汽车模块中获取应力参数。基于系统描述和系统仿真（对热力和工艺角），我们可以从数据结果中获得可靠性风险评估，同时还可以开发出新的测试方法，用以评估在特殊车辆使用环境下特定电力模块的状况。图 4.3 展示了这个概念的细节。

对于电动/混动车辆上的智能集成功率模块，还存在如下难题与挑战：

1）提高功率效率和降低损耗；

2）接口及标准化方法；

3）开销较小的封装方法；

4）最高的可靠性以及优化设计；

5）提升热性能；

6）改进热循环性能；

7）更高的功率密度；

0）尽可能小的封装。

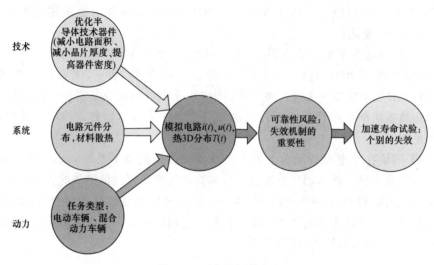

图 4.3　可靠性评估方法

对于功率电子系统，我们要求其模块对系统开销具备高效性，并兼顾小体积。为了达到上述的两个目标，在设计时应遵循下面几个原则：

1）使用未封装的组件（裸多芯片模块）；

2）将电气连接长度缩减到最小；

3）使内部连接产生的电感最小；

4）对组件冷却进行优化（冷却剂温度区间为 $-40 \sim 125℃$；正常工作温度 90℃）；

5）只使用一个整体密封外壳。

而对于电动/混动汽车的电子模块设计，可以遵循下面几个步骤：

1）对电器拓扑的进行定义；

2）组件与相关压缩模型（如 Spice 等）的选择；

3）确定电气内部连接的最小几何布置；

4）计算组件损耗；

5）冷却系统布局（热通路）；

6）热力学模拟以及确定器件承受的最大温度应力；

7）EMC 分析；

8）电路演示/原型的制作。

下列因素是在设计过程中需要考虑的：

1）材料：热传导性，热膨胀系数 CTE，机加工特性；

2）有源器件与无源器件：功率损耗；安全工作区（SOA）；

3）连接：

——焊锡（焊点、蠕变特性、浸润；加工温度）

——金线键合（截面；损耗）

——内部互连（截面；损耗）；

4）冷却装置：在特定流速下的制冷能力；

5）传感器：电流、电压、温度测量；

6）任务剖面：由牵引环导致的牵引应力会影响系统。这里重要的输入参数是荷载要求下的电流通路。

利用失效模型，可以对电气模块的可靠性缺陷进行判别，其主要分析下面 4 个方面：

1）组件；

2）电路连接；

3）封装；

4）运行（电动/混动汽车）。

而对于模块功能失效的评估可以按照如下三个标准：

1）事件发生；

2）重要性；

3）可发现性。

在许多案例中，电气系统失效的最常见原因都是来自不同材料间相异的热膨胀系数。

为了研究电动/混动汽车电气系统背后的物理学原理，我们需要进行不同种类的试验。加速试验法是针对特点失效机制进行推导验证的必备方法。比如，针对金线键合进行高强度加速试验。失效机制有两个因素：金线键合与金属化之间热膨胀系数的差异、焊锡上自然产生的氧化层。

系统可靠性，可以定义为系统可以完美地完成所交付任务的能力，其可以通过下面的几个量来评价：

1）可靠性：在一定条件下，一个时间段内系统或组件实现所要求的功能的能力；

2）可用性：系统处于正常工作状态的时间比例；

3）安全性：对于防范系统对自身产生不可接受的物理损伤，或者对人的健康产生危害（直接或间接，比如对财产或者环境的危害）的能力。

对于电动/混动汽车中的电气模块中的失效，一般认为是系统交付其的任务与实际其实现的服务之间出现偏差。这类误差是系统的其中一种状态，它将导致失效的发生，而出现的错误是该失效作用显现的结果。而对于描述半导体器件可靠性指标最常用的参数就是失效率（λ）。计算失效率，是将观测到的失效数量，除以器件数量与工作小时数的乘积，一般表示为每一千小时数的失效百分比，或者表示为每十亿器件一小时中的失效数量（FITS）。

半导体工业利用高强度加速试验手段来评估半导体的可靠性。加速试验中，在短时间内对器件施加高于正常情况的应力组合，就可以模拟正常情况下的失效机制。温度、相对湿度、电压是在加速试验中最为常用的几个应力量。比如在接近其最大节点温度时对器件进行测试，用以进行温度加速实验验证。这种试验可以对最易出现的失效状况进行预计，但是对失效出现的时机无法进行推断。最后，利用ad-hoc 试验对最有可能出现的失效机制进行测试，并结合组合模型一起，对失效率进行预计。

为了设计一个可靠的系统，下述的一系列技术是电器模块设计中需要考虑的：

1）错误避免，防止错误在设计中出现。

2）错误移除，通过对出现的错误进行检测验证来减少错误发生数量。错误注入技术是该方法的核心。

3）错误容差，即即使错误出现，此技术也能对其进行侦测并恢复器件正常功能的技术。

4）错误回避，对错误的出现、产生以及后果进行评估预测，并采取预见性措施防止错误发生。

5）错误消除，在系统中错误发生时，能够尽可能地减轻或消除错误带来的影响。

只有运用了上述的一系列技术，才能保证设计出的系统具备可靠性。

在电动/混动汽车的电气模块中，由于其系统的复杂性，需要从系统层面寻找方法，才能满足各方面的需要，并对可靠性和成本实现均衡。另外，只有在系统中采用各种技术，才能得到一个完善可靠的设计。在这个背景下，我们有必要减少在错误侦测和修正两方面的开销，把重点从系统出现的错误转移到失效机制上。

对于电动/混动汽车的电气模块，采用模拟软件进行可靠性分析、各抽象层错误注入技术、软硬件保护技术搭配选择，可以针对其高温高电压运行场景建立一套提升错误健壮性的方法。这里健壮性的含义，可以认为是模块在其子系统或组件中出现错误的情况下，依旧能够继续实现其功能的能力，即使性能会受到一些影响，但依旧可以可靠工作，直到错误被消除。

而健壮性设计的目标，就是能够使设计的电路特性不受半导体器件生产工艺偏差和运行条件变化的影响，始终保证满足设计需求。

上面提到的电路特性，是指任何可以在电路上测得的真实量。电路的运行条件是条件受限的（比如温度、供电电压等等），而这种限制其实在设计者开始设计之前就已经存在了。而集成电路生产过程中的偏差，会出现在生产厂的组装过程中。我们把重点放在利用工艺角模型呈现的电路元素偏差上。对于 CMOS 工艺，通常有如下几个工艺角：最差 1（WO）、最差 0（WZ）、最差功率（WP）、最差速度（WS）和典型平均（TM）。对于电阻、电容、IGBT 也可以有相应的工艺角模型。

为了得到一个健壮的电路，还有额外的一个步骤，即采用统计性或确定性中心设计技术。

对于集成电路设计者，其设计都基于一个假设：电路特性在极端运行条件和工艺偏差下，其特性参数表现出极值。对于电路健壮性的检验，就是通过将其置于极端运行条件和工艺偏差下进行模拟而实现的。只有电路特性在运行条件和工艺角模型参数的变化区间内为这两者的单调函数，这个假设才成立。

4.3.1　安全运行区（SOA）

针对电动/混动车辆的电气模块，其总的安全运行区包含：

1）电气 SOA：由于电学效应，激活双极晶体管的 Ids-Vds 限制条件。在静电释放时，其针对短脉冲（几百纳秒）十分重要。

2）热载子 SOA：由于晶体管特性随时间增长慢慢老化，造成交界面陷阱和载流子俘获效应的产生，其会限制器件的使用。热载子效应会在几秒到几年的时间内持续作用。

3）热效应 SOA：由于热力学效应，激活双极晶体管的 Ids-Vds 限制条件。脉冲时间通常在秒-毫秒量级，比如感性开关。

电动/混动车辆电气模块中的功率半导体一般为 IGBT 和 MOSFET，工作于功率逆变器中，用以控制从电池到电机的能量流。它们一般在油门与交流电机之间的电路中，通过控制开关的通断实现对能流的控制。对于功率半导体 IGBT 和 MOSFET，其安全工作区是它们的最大运行状态，其必须与开关瞬态相对应。该状态是关于加载在器件上的同步电压与通过其电流两者的函数。这些瞬态可以用"开"和"关"来表示，每一个瞬态都会对功率半导体器件产生一个特性应力。

安全工作区是一个器件的极限参数，当超越这个参数时，就是失效模式，而这对器件来说就是毁灭性的损坏。为了获得更好的可靠性，我们可以将器件的 SOA 定义为其能够保证承受极限条件的能力，即在出现瞬态电流的同时输入最大电压，对其无损坏。

4.4　模拟仿真

4.4.1　电-热仿真

类似 DMOS 这类的集成功率器件会在转换大电流（数安培）时产生大量的热。

在热力学模拟中，必须考虑在电路运行过程中，热流从热源处产生，并提高周围器件温度的情况。这种仿真是迭代的，因为晶体管电流与温度相关。再者这种仿真中，必须考虑所有方面：在大电流时金属电阻不仅不可忽略，而且还与温度相关。

在大型驱动器中，电流并不是齐次的。仿真中需要考虑开关的布局，包括其中所有的电阻。封装的热阻也是另一个关键的参数。

热波封装在动态电-热仿真中常见的一种方法：仿真输出模型电路运行时每个部位的温度剖面，它向设计者指示了局部的热点和与之相联系的造成热量散失的风险。需要指出的是，在模型上的温度梯度可能还会导致其他认为造成的现象，比如晶体管电流失配与参数变化。

4.4.2　运用老化模型对可靠性进行预测

对器件施加电压和电流，可能会导致其参数发生变化，甚至出现失效。众所周知这些风险都与温度有关（指数相关）。

我们可以利用大量的器件应力实验来得到器件老化与施加电压、电流和温度的函数关系。对于硅器件，其老化与失效一般都来源于晶体管热载子不稳定、时变栅极氧化层介质分离和片上金属互连电子迁移等因素[5]。

与封装相关的失效往往更难以建模，因为它们不仅与电、热应力有关，还与封装中的机械应力有关。建模时需要有热循环中封装铸模复合物的特性参数。

基本的模型实现是通过一些快捷计算器（在 EXCEL 或 MathCAD 环境下运行）来实现首次尺寸设计的。每个计算器每次都只考虑可靠性问题的一个方面（如金属线的电子迁移）。

而在模块或者全电路的最终设计中，会使用到高级可靠性仿真，它会将多个方面的老化问题综合考虑。可靠性仿真输出的是某一个晶体管在寿终正寝时的最大参数变化，或者指出某一器件会有失效的风险，需要进一步分析。

快捷计算器与可靠性模拟器都可以处理复杂的温度剖面，比如在 150℃ 下 15 年的工作时间，并且在短时间内可能出现 170℃ 、180℃ ……200℃ 的运行场景。

4.5　封装和互连

在以前，电动/混动汽车中多使用多片式功率模块。混合模块对信号和功率进行分布与处理，对电路散热、保护器件封装，它是功率电气器件的基石。

功率模块设计必须重视模块自身的机械应力特性，因为其所搭载的大量硅芯片的热膨胀系数（CTE）与其他材料的相比都较小。汽车中的模块要求能在-40℃ 的环境下工作，此时 CTE 的失配会产生重大影响。

功率模块中要用到铝键合线、覆铜（DCB）陶瓷基板和铜制基板。薄的铝键合线通常会受到高寄生阻抗、疲劳引起的剥落故障以及较差散热性的影响。

覆铜陶瓷基板（氧化铝，或者更为昂贵的氮化铝）可以提供绝缘性，但是会增加封装的热阻。较厚的铜基板可以有效散热，但会增加重量、体积以及功率模块的热阻。

功率半导体组件通常都包含若干 MOSFET/IGBT 和二极管，它们都焊接在一块金属覆层陶瓷基板上。为了连接芯片顶部的触点，就必须用到金属键合线。多层衬层都利用软钎焊点来与基板相连。

改变功率半导体节点的最大可承受温度，会直接改变芯片表面互连的热应力分布。典型的现象是键合线剥落。为了测试这类互连，我们需要做功率循环试验。

器件能够承受的循环周期直接与温度变化的幅度、最大温度和温度变化率有关。如果将节点的最大可承受温度定为 175℃，那么就需要对键合线工艺进行改良。

在 DCB 模块的整个寿命周期中，因为不断的热循环各层会反复出现机械应力。

由于半导体中电流以及随之而来的发热的存在，其中所使用的材料，比如铜、陶瓷、硅、铝都会依自身热膨胀系数膨胀。

许多功率模块都会使用氧化铝 DCB 与覆铜基板组合。这种组合在电动系统或全混动系统中较为常用。

在功率半导体模块的设计中，设计者需要对电动/混动车辆全寿命周期中的荷载剖面进行考虑。一旦有符合要求的剖面（比如被动温度波动和电流剖面等细节），相应的适配材料组合（DCB/基板）就可以确定了。

4.5.1　金属碳纳米管复合材料在高温场合下的应用

在功率半导体器件中，散热性差会对电气组件的性能、寿命以及可靠性带来负面影响，因此器件散热问题是重中之重。因此，热交界面的材料和金属镀层就成为了散热系统中的主要议题。碳纳米管（CNT）是碳的同素异形体，拥有许多神奇的特性，比如超凡的电气以及热力学特性，使其在纳米技术、电子学、光学以及其他各类材料科学领域得到了极为广泛的应用。单壁 CNT 的电流承载能力可以达到 $109A/cm^{-2}$，而铜线在达到 $106A/cm^{-2}$ 时就会融化损坏。另外，CNT 的热传导性可以达到 $300Wm^{-1}W^{-1}$，而铜只有 $401Wm^{-1}W^{-1}$。

所以在大电压、高温的环境中，这类由金属和 CNT 组成的复合材料，可以获得极好的电气与热力学性能。这里我们将 CNT 在全氟磺酸隔膜、聚丙烯酸和氯磺酸中扩散（溶解有 Au、Cu、Ni 离子），之后将其电沉积至镀金硅衬层上。利用 X 射线衍射技术和碳分析技术，可以精确控制金属与碳含量的配比。

利用扫描电子显微镜（SEM），我们对表面形态进行了检验，并使用标准四探针法对电阻率进行了测量，发现表面的电阻率与复合物沉积状况下的电阻率不同（见图 4.4）。

4.5.2　热管理

很高的节点温度会迅速对电气器件的性能和长期可靠性造成恶化。功率器件工作在高温环境下，热量会进一步增大，温度容限（环境温度到最高节点温度的差值）会减小。因此一个全局热管理手段的出现，可以从各个层面（器件、模块、

图 4.4　硅衬层上银-CNT 电沉积的扫面电子纤维图像

系统）进行优化，获得更低的节点温度。

　　在器件层面，热管理可以获得更好的热量耗散，将热量带离节点。

　　因此具备较高热导性的材料和热交界面的选择显得十分必要。在模块/封装层面，我们需要实现从芯片到电路板的良好热通路，同时又不能引入额外的应力，造成模块的力学性能可靠性下降。

　　所以从模块和多数器件的角度，热传导性是最需要优化的参数。而最后从系统层面来说，已经将热量从热源处引导出来，下一步就需要将热量向环境中耗散，比如通过对流或者辐射的方式。这里有主动（风扇）和被动（热沉）两种方式。然而若希望在整体上对热管理进行优化，需要我们在各个层面进行统筹协调。

　　计算流体动力学（CFD）可以从各个层面对热管理的设计和优化提供帮助，是一个不可或缺的工具，其能准确的预测传导、对流、辐射三种热力学情形。

4.6　结论

　　现代车载电路需要在高温环境下工作，需要具备极高的质量等级（以零差错为目标）。现在诸如电子模拟器、可靠性模拟器这类工具都可以帮助设计者实现良好电路健壮性的目标。

　　热-电模拟工具被现今半导体公司广泛地应用于汽车智能功率电路领域的设计当中。可靠性计算工具则用于设计中的可靠性预测。而新兴的多物理可靠性计算工具依然有待于进一步发展。

热力学仿真工具可以使器件的热力学特性能够更好的适应恶劣工况以及最高温度环境。

对于优化电动/混动汽车智能功率模块器件设计的关键一步，在于将各项不同技术（半导体、封装、材料等）等尽最大可能加以集成，从而实现模块的高可靠性以及标准化，并能够在高温环境下工作。平面及堆栈架构也将运用于集成功率模块当中。由于小型化浪潮的到来，堆栈结构可能是未来的一个发展方向。

声明：本文由 ENIAC E³Car 项目授权支持。作者感谢欧洲委员会与公共事物机关对本文的资金支持。ON 半导体公司在 MEDEA+ELIAS 项目中进行了本文的可靠性模拟实验研究，该项目由比利时 IWT 机构赞助。

参考文献

1. O. Vermesan, R. John, M. Ottella, H. Gall, R. Bayerer, High temperature nanoelectronics for electrical and hybrid vehicles, in *Proceedings of IMAPS International Conference on High Temperature Electronics Network* (*HiTEN*), Oxford, UK, 13–16 Sept 2009, pp. 209–218
2. R. John, O. Vermesan, R. Bayerer, High temperature power electronics IGBT modules for electrical and hybrid vehicles, in *Proceedings of IMAPS International Conference on High Temperature Electronics Network* (*HiTEN*), Oxford, UK, 13–16 Sept 2009, pp. 199–204
3. S.A. Rogers, *2008 Annual Progress Report for the Advanced Power Electronics and Electric Machinery Technology Area* (U.S. Dep. Energy, Jan 2009)
4. J. Korec, Silicon-on-insulator technology for high-temperature, smart-power applications. Mater. Sci. Eng. B. **29**(1–3), 1–6 (1995)
5. P. Moens, G. van den Bosch, Reliability assessment of integrated power transistors: Lateral DMOS versus vertical DMOS. Microelectron. Reliab. **48**, 1300–1305 (2008)

第 5 章　CMOS 技术中的辐射效应与加固设计

Federico Faccio

5.1　引言

　　辐射会在很多场合影响电气系统的正常工作，比如太空、航空、核工业以及高能物理学研究领域。各个领域的工程师们都在长时间的研究中针对系统的可靠性问题开发出了一整套解决方案。而个中区别，主要是不同系统或组件间对于成本、可用性以及任务关键性的需求不一。在某些例子中，对于商业现成品（COTS）的选择与应用是最为廉价而实际的方法。然而，由于竞争的需要，往往是先行选择，而后再确定组件的辐射响应，这就使得成本以及所需要的测试资源增加。从另一个方面，由于"辐射耐受"组件的发展和应用，使得器件的质量认证和购买性都得以提升，保证了所需要的可靠性，但同时价格也更高。一小部分的"辐射耐受"器件实际上已经商用，但是其成本/功能比较 COTS 要大得多。这种成本一定程度上是因为需要使用特定的具备抗辐射效应的生产工艺（常见于 CMOS）。正是这种较小的市场份额，以及其对于质量的严苛要求，使得少部分企业只有在长期高价销售时才能获利。由于工艺并没有跟随市场的速度发展，而工艺的改进需要耗费更多时间。最终，生产工艺与商品级产品在代差上整整落后了两代。

　　还有一种方法在 20 世纪 90 年代十分流行，该方法利用了商用标准 CMOS 技术。人们在集成电路的设计中引入特定的技术用以抵抗辐射效应，该技术成为"加固设计"（HBD）。该方法利用最先进的工艺来设计集成电路，同时在其中布置抗辐射组件。设计者必须清楚的知道电路中哪些地方最需要受到辐射保护。基于此原因，本文为了对 CMOS 技术中的加固设计技术领域进行总结归纳，先论述辐射是如何影响现代 CMOS 器件的工作的。

5.2　现代 CMOS 技术中的辐射效应

　　辐射效应主要可以分为两类：叠加效应和单一事件效应（SEE）。前者是指由电路生产期间半导体中电离效应（总剂量，TID）或非电离效应（非电离能量损失，NIEL）引起的辐射缺陷。后者则是指由于单一电离粒子造成的受激电子沉积；该效应具备随机性：是否可以观测到该效应，取决于粒子撞击位置、粒子能量和电离状态以及电路的其他瞬态状况。

　　CMOS 技术对于 TID 叠加效应非常敏感，但是不会产生位移损伤。但是 NIEL 却会造成位移损失。对于功率晶体管器件，比如 IGBT、功率 MOSFET 以及现代 LDMOS 等晶体管，对位移损失则相当敏感[1]。现代 LDMOS 技术只有在存在高粒子笼分通量时（比空间应用中的典型辐射环境要大得多，但是没有像 HEP 实验或者民用核反应堆应用中那么大）才会出现性能恶化。

5.2.1　TID 效应

　　CMOS 器件对于 TID 效应的敏感性，主要来源于辐射引起的电子俘获效应，发生在栅极和隔离区氧化层。电离辐射使氧化层产生电子-空穴对，在氧化层与硅之间的交界面产生空穴俘获或缺陷。对于电路的影响与后果，也取决于在氧化层上这些现象发生的位置以及该位置上的性能特性。在栅极氧化层，晶体管的电学特性会受到影响（阈值电压、流动性、噪声）。在更厚的横向 STI 氧化层，空穴俘获会引入电场，足以翻转少量掺杂的 p 区，在 n+扩散区间产生导电沟道。这种泄漏电流会在同一个 NMOS 管中的漏极和源极产生，或是在相邻不相关的 n+扩散区产生（包括 n 阱）。俘获电子可以利用热激励手段进行去俘获或者"退火"处理，但是激励程度取决于陷阱的能量。

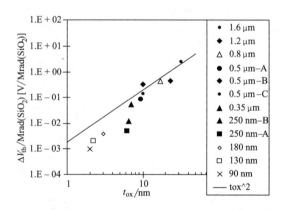

图 5.1　NMOS 晶体管在不同技术节点下随 TID 变化（每 1Mrad）引起的
阈值电压偏移。可见在 180nm 及更小的节点上，阈值电压的变化只是象征
性的，因为偏移值太小，需要大量的统计研究才能获得真实值。在已有
的样本容量下，误差柱形图与实测值可以比拟（1~3mV）

　　1980 年代的研究已经阐明了被俘获空穴以及交界面状态与氧化层厚度的关系：氧化层厚度越小，辐射效应越弱[2]。在商用级高级 CMOS 器件的栅极氧化层上，已经验证了这一结论。图 5.1 中显示了 NMOS 晶体管在不同技术节点下随氧化层厚度变化引起的阈值电压偏移。在 5nm 厚度处，其造成的误差已经可以忽略不计：在 1Mrad 的剂量下（已经超过了大部分空间任务应用中对于 TID 的要求），偏移值≤10mV。在 2nm 厚度处（通常为 130~90nm 技术节点），即使在 100Mrad 辐射

剂量下其偏移值也可忽略。在这些技术节点中，其他的关于氧化层厚度与噪声之间的关系也显示：在 100Mrad 辐射剂量对晶体管中的噪声几乎无任何测量影响[3]。不巧的是在更高级的 CMOS 器件中（45nm 节点），通常将高 K 介质替换了硝化氧化层，但是关于业界没有关于这方面的数据。对于这种情况，实验数据往往没有大用处，因为实验室中的介质特性往往与实际工业应用中的大相径庭。

在栅极氧化层厚度逐渐向小型化发展的同时，STI 氧化层厚度依旧较大。在这类氧化层中的空穴俘获（并造成漏电流），依旧会使器件失效。特别是在 NMOS 晶体管的边缘，这类漏电流问题最为严重，这里多晶栅极会延伸过晶体管沟道，并覆盖横向 STI。当接通 NMOS 管时，在管子边缘，会有一电场贯穿 STI，增强空穴俘获效应。而逐渐叠加的被俘获空穴或增强这一区域内的电场，最终使得管子边缘发生反转（即使主晶体管已经断开），漏电流会穿过这一反转层[4]。

与栅极氧化层案例不同的是，在相同的厚度下，不同生产商生产的器件之间的辐射响应差异有着很大的不同（图 5.2 与图 5.1 相比）。经验数据显示了不同厂商产品 STI 氧化层对于辐射响应的巨大差异性。图 5.2 显示了来自三家不同厂商的最小尺寸 130nm NMOS 晶体管（$\approx 0.12/0.15\mu m$）源极-漏极漏电流（TID 引起）数据[5]。人们对剂量 1-3mrad 时的漏电流峰值进行了细致研究，认为在 STI 氧化层与硅之间的交界面上，这类峰值出现的原因是因为负电荷在缺陷状态下被捕获造成的补偿作用（对 STI 氧化层上的被捕获空穴进行补偿）[6]。

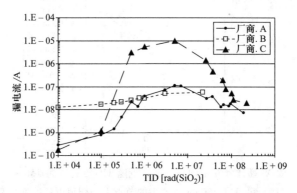

图 5.2　来自三家不同厂商的最小尺寸 130nm NMOS 晶体管
（$\approx 0.12/0.15\mu m$）源极-漏极漏电流（TID 引起）数据

在 90nm 节点上，最新得到的数据证实了上述对于响应的观测结果，可见图 5.3。有趣的是，在 130nm 和 90nm 节点上，厂商 A 和 B 在漏电流是数据上有很大的不同。这解释了为什么 FEOL 中有关 STI 和阱/沟道掺杂的工艺会很大程度上决定器件的辐射响应，同时对于同一生产商只要生产"秘方"不变，在每个节点下其与其他厂商间的差异还是十分显著的。

STI 氧化层捕获还会造成 n 阱与 n+ 扩散区之间、不同势的 n+ 扩散区之间产生导电沟道。研究者利用场-氧 FET（FOXFET）、MOS 晶体管（其 STI 氧化层作为栅极绝缘体），在自定义测试结构上对其出现概率进行研究。FOXFET 的源极和漏极可以作为 n+扩散区或 N 阱，其栅极可以作为多晶硅或者金属。在暴露在辐射条件下以前，这些晶体管的阈值电压保持在 10V 以上，且栅极和漏极在最大 V_{dd}（在 130nm 节点，I/O 晶体管中大于 3.3V）偏置下器件中无电流。从图 5.4 可以看出，在辐射照射以前，在 n 阱为漏极、n+扩散区为源极下，FOXFET 的阈值电压大于 100V。然而空穴捕获会减小阈值电压，直到栅极上无偏压存在——此案例中漏电流会达到 1μA。根据不同节点技术下对现有数据的比较，可以发现与旧的生产工艺相比，这种效应在 90nm 和 130nm 节点中造成的影响更小：显著的泄漏只有在 n 阱中才可以找到。然而这些测量数据只针对了一小部分技术，还是不能概括出"不同工艺技术细节可以带来不同的辐射响应"这一结论。

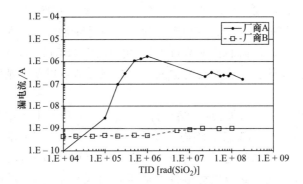

图 5.3　在两家不同厂商生产的最小长度高-V_t（低功率）
90nmNMOS 晶体管中，由辐射引起的源-漏极漏电流变化情况

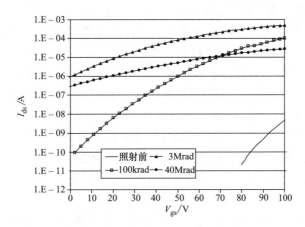

图 5.4　n 阱为漏极、n+扩散区为源极、多晶硅为栅极
（$W/L = 200/0.3\mu m$）的 FOXFET 晶体管中电流的变化情况，图线
分为照射前和照射后，TID 最大达到 40Mrad

5.2.2 单一粒子效应

由于某一单一粒子（空间中的重离子或质子、航空电子学领域和地面应用中的中子、HEP 应用中的质子、中子及其他强子等）的电离作用造成的集成电路电荷沉积会以另一种方式影响电路的性能。

如果粒子的撞击干扰了存储器或寄存器的逻辑状态，造成某一开关出错，这种情形就称为单事件翻转（SEU）。如果不被使用所存储的比特位，其造成的错误就无法发现，有时甚至会使整个 IC 处于错误状态，并要求重启——该情形被称作功能性干扰。由于新兴技术带来的高运算速度（栅极时延比干扰持续的时间还要短，这些干扰通常就是电离粒子引入的），粒子在综合逻辑门上的撞击，会在一系列的逻辑门中蔓延开来。如果这些差错达到寄存器的输入端，且刚好与时钟周期同步，这些错误就会被固定下来[7]，形成一个"数字化"的单事件瞬态（DSET）。由于错值只有在时钟周期瞬态下才能被固定下来，DSET 的误码率与时钟频率呈线性关系。

在模拟电路领域，任何的技术节点中单事件瞬态（SET）都会因为粒子撞击而被引入。这类事件通常会在放大器的输入端、高阻抗节点以及有精密小电流存在时出现。

在一些案例中，SEE 可能会导致暂时的失效。在低压 CMOS 中这类现象可以归因于闩锁效应，由粒子在任意电路内部节点（并不一定在 I/O 环节，因为这里通常会有特定的结构，用以避免引入电闩锁效应，保护 IC 不受错误供电序列的影响）的撞击产生的电流引起。其他损坏事件，通常针对大功率电路/器件，有单事件烧毁（SEB）和单时间栅穿（SEGR），两者都会导致晶体管栅极氧化层的损毁。

单粒子翻转（SEU）：电路/器件对于 SEU 的敏感性，取决于某一节点积蓄的电荷数量和受到粒子撞击产生的电荷数量之比。由于前者在器件小型化（结点电容和 Vdd 都在减小）的过程中不断减小，现代电路技术对于 SEU 的敏感程度越来越大。半导体企业收集了大量的数据，严密的监控存储器和中央处理器（CPU）的 SEU 敏感性。数据显示，对于 DRAM 和 SRAM，其中的存储单元对于 SEU 的敏感性也在下降[8]。从现在已经公开的数据中，针对同一生产厂商连续五代产品中存储器单元每比特敏感性进行对比，发现从 250nm 到 65nm 结点的发展过程中，其误码率下降了 20 倍[9]（实际上，在地球同步轨道环境中对误码率的预测结果差异能达到 60 倍）。这说明了节点电容和供电电压并不是主要的因素，而随着小型化的发展，伴随而来的敏感区减小以及电荷收集效率的减小，都对整体的 SEU 响应有着主要的影响。

大多数半导体企业都没有将重心放在抗辐射器件的市场，而是将目光着眼于对自身产品 SEU 敏感性的特征研究，原因在于现今大规模地面应用中的中子诱生误差率的问题[8]。陆地上的辐射通常来自自然的辐射源——主要来自宇宙射线；这种辐射背景环境会使器件失效率（FIT）迅速上升，特别是大型存储器的存储单元。特别是在一些组件中，热中子是主要影响其误差率的因素。这些能量极低的中子（大约在 25MeV）与硼的同位素（^{10}B，丰度在 20%）有着较大的相互作用截面。该相互作用主要发生在硼-掺杂硼磷硅（酸盐）玻璃层（BPSG）中，（该层用于将 CMOS 后道工序中的晶体管分离开来），产生电离粒子（锂离子与 α 射线），从而导致 SEU[10]。当人们发现这一现象后，半导体企业便应用其他材料替换了 BPSG，从而有效地减小了其生产组件的 FIT。

单粒子锁定（SEL）：由于 CMOS 技术中出现了多个相邻的 n/p 掺杂区，在集成电路上可以发现许多寄生 npnp 或 pnpn 结构，即所谓的晶闸管。这种结构会在由电离粒子撞击产生的电流下被接通，形成一个锁止的介于 Vdd 和接地的低阻抗通路。这种通路只要不主动发现并消除，就会一直损坏电路器件。因为早期的 CMOS 器件应用与辐射环境，SEL 成为了人们的关注点。在过去的十五年间，STI 和倒退阱的引入，同时伴随着供电电压的逐步减小，都降低了集成电路对 SEL 的敏感度[11]。然而这还不足以保证对于闩锁效应的免疫，因为 SEL 的影响程度很大程度上取决于设计，在电路中依然存在十分敏感的组件。

单粒子烧毁（SEB）：SEB 效应通常与功率晶体管联系在一起，一般这类器件都能够承受较高的电压（300~1000V）。这类损毁通常发生在晶体管断开时，这时其必须承受额定的 Vds：在这种情况下粒子的电离会在沟道形成一个崩塌过程，导致晶体管的烧毁。与专用集成电路（ASIC）设计者更相关的是关于横向扩散晶体管的研究（LDMOS）。这类晶体管能够在高压下工作，可将其加入到标准低压晶体管中作为混合信号系统应用，还经常被用于射频放大或 DCDC 转换（更常见于功率管理集成电路）等领域。处于重粒子辐射下，Vds 小于 10V，在实验室级 LDMOS 样本中可以观察到烧毁作用。虽然三维仿真中显示对 SEB 的敏感度主要取决于特定的器件结构，但是对于商品级器件产品的研究还将继续。

5.3　加固设计（HBD）方法

优化设计的概念是指从硬件层面取消对辐射耐受能力的要求，而将切入点放在设计层面。如果设计中原则上可以选用包括现在最尖端的各种 CMOS 技术，设计者若能够对不同技术对于辐射的响应具备具体的了解，就可以择其最合适的技术加以应用。图 5.2 和图 5.3 显示了相似技术下辐射效应的巨大差异。然而这些数据并非是常见的数据，其可信性一直是个疑问（除非能保证在工艺改进后，比如在增大系统效能产出或较低成本后，其依然能够保持其在自然辐射源影响下的辐射响应）。现在诞生了一些不同的技术，可以用来提高电路对于 TID 或 SEE 的辐射耐受度。

5.3.1　针对 TID 的加固设计

在前面的 2.1 节已经谈到，在现代深亚微米级工艺中，较薄的栅极氧化层厚度基本上不会受到 TID 的影响。而在 CMOS 工艺应用中，因辐射环境造成的限制，往往来源于较厚 STI 氧化层中大量的被俘获空穴（其程度和效应变化很大）。正因为如此，典型的 TID 诱发失效机制都与漏电流有关。当漏电流增大到一个点时，电路的基本功能就全部失效了。

而针对以设计为基础最有效的解决手段，就是避免在 STI 氧化层和 p 掺杂区产生漏电流。对于 NMOS 管的边缘，也可能存在源极-漏极的漏电流，其原因是两个 n+ 扩散区中的一个（源极或漏极）被较薄的栅极氧化层完全包裹[13]。许多晶体管的构造都可能出现这类问题，图 5.5 显示了几个例子。环形的构造（环形源极，环形交叉）具有体积小的优势，还可以应用于任何大小的晶体管，但还是破坏了设计规则。事实上在 0.35μm 量级时，其依旧收到 TID 效应的影响[14]。在 130nm 节点的应用实施中，该技术节点可以减小多晶硅对包围源极的 p 衬层区的覆盖，但辐射诱发的漏电流与线性布局标准晶体管中观测到的还是存在较大的差异，见图 5.6。尽管之后我们还将叙述其一些不足之处，但是最常用的还是封闭式布局晶体管（ELT），这类晶体管的其中一个扩散区被另一扩散区完全包围，避免破坏设计规则。

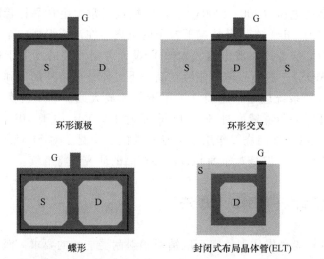

图 5.5　一种 NMOS 管的布局示意图，这些管子可以减小源极与漏极间辐射诱发的漏电流。图中实线表示动态区域的尾端或 STI 氧化层的起始端。栅极以下的动态区域没有 n+ 掺杂。但它被具有辐射耐受性的薄栅极氧化层覆盖，这些氧化层可能包围着源极或漏极，也可能包围着两者

STI 氧化层中辐射诱发的电荷捕获会在不同势的 n+ 扩散区之间（晶体管到晶体管或 n 阱到晶体管）打开漏电流的通路。为了防止这类现象的发生，一个有效的办法是引入 p+ 保护环，作为 n+ 扩散区之间的最小宽度 p+ 扩散区。这些重掺杂的 p+ 区不会被 STI 中的被俘获空穴反转。这里必须注意的是需要在保护圈上画上多晶

硅线，这么做是因为在 CMOS 生产工艺中，其会自动防止在多晶硅下方发生 p+掺杂，引入缺陷。由于这项举措，保护环可以将逻辑电路中的 PMOS n−阱同 NMOS 晶体管隔离开来，从实质上避免了 p 管和 n 管原来常见的多晶硅连接。为了满足增加的线路（经至 M1），不少面积被浪费了。为了验证此举在获得 130nm 节点 TID 耐受性上的必要程度，我们用三种不同的方式来对集成逻辑模块进行布局：n-阱与 nMOS 管之间完全保护环保护、无保护环

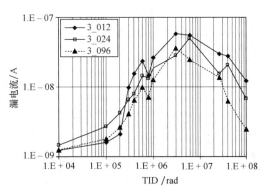

图 5.6　130nm 节点环形源极布局 NMOS
管中源极-漏极漏电流与 TID 的关系，
这些晶体管 W 相同，但是栅极长度不一

保护、保护环上些许不连续间断。将第三种方式与标准"未保护"布局进行比较，发现在面积利用上只浪费了一点点。在经过辐射照射之后，通过测量 V_{dd}（n-阱）与接地（NMOS 扩散区）之间的漏电流，可以发现这种保护环的作用非常必要。图 5.7 所示为逻辑单元阵列在辐射照射期间 V_{dd} 与 V_{ss} 之间漏电流的大小，图中展示了三种布局：PMOS 与 NMOS 间无隔离（无保护）、完全 p+保护环（全保护）、NMOS 与 PMOS 之间存在直接多晶硅连接（部分保护）。

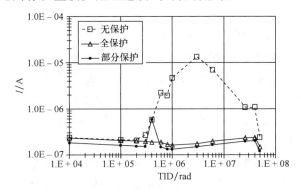

图 5.7　逻辑单元阵列在辐射照射期间 V_{dd} 与 V_{ss} 之间漏电流的大
小，图中展示了三种布局：PMOS 与 NMOS 间无隔离（无保护）、完全 p+保
护环（全保护）、NMOS 与 PMOS 之间存在直接多晶硅连接（部分保护）

ELT NMOS 晶体管和保护环的综合系统化的运用，通常被成为"辐射耐受布局技术"，在每个不同技术节点的 CMOS 工艺中都起到了非常有效的作用[15]。由于其技术实质在于现代薄栅极氧化层存在对 TID 的天然耐受度，而该物理特征与特定的生产工艺无关，所以该手段在所有的技术中都得到了成功应用，因为生产工艺的变化不会影响该方法发挥作用。迄今，该 HBD 方法最大规模的实地应用是在欧洲

粒子物理研究所（CERN）人型强子对撞机（LHC）中的高能物理性实验（HEP），该实验运用了商用级 0.25μm CMOS 技术[16]。在 CERN 大型实验中积累的一些难点和问题会在下面进行总结归纳。

ELT 晶体管使用：ELT 晶体管有许多形状，比如方形、八角形、45°切角的正方形等等。每一种形状都需要用不同的方法处理[17]，所以统一使用一种形状是明智之举。我们选择了 45°切角的正方形，因为其与大部分技术的设计规则相匹配，且没有尖锐边角，电场不会过大影响可靠性。对于所选形状的细节——比如切角的长度以及内扩散区的大小都一起确定下来，并应用于所有晶体管；而基于该形状，我们构造了一个方程用以计算器件的 W/L 比[18]。在不同的沟道长度下，方程计算结果与实测值完美吻合，使得我们对该模型信心大增。另外，对于给定的 W/L 比值，ELT 晶体管的栅极电容比标准晶体管更大，在对电路仿真时需要对其进行修正。

由于所选 ELT 的栅极长度与其最小栅极宽度有直接的关系，不可能设计出较于宽高比定值更小的晶体管，比如图 5.8 所示的 130nm 技术（实际上可获得的最小尺寸取决于设计规则，即取决于被多晶硅包围的扩散区的最小尺寸）。为了获得较大的 W/L 值，需要将基层形状向一个或两个方向延展，同时不改变角的状态；对于所获得的 W/L 值的计算也十分明确。而为了获得较低的宽长比，唯一的办法就是增加沟道长度，保持内扩散区的尺寸不变：可以得到最小 W/L 值为 2.5。当宽长比值接近这个数字时，意味着会有可观的空间浪费，应避免使用不同的电路拓扑。

ELT 布局上缺乏对称性，可以从晶体管电学特性上的不对称性看出来。我们可以从输出电导和晶体管对的匹配上观察到这种不对称性[16]。由于栅极为环形，源极和漏极的位置可以选择在栅极环的内侧和外侧，或者反过来。当漏极选择在环内部输出电导的值更大，而将漏极置于外部时，输出电导则会小 20%（较短的栅极长度）~70%（栅极长度 5μm）。相比较而言，标准线型布局晶体管的输出电导则接近于对 ELT 所测两值的平均值。

同样，ELT 管对的匹配上也体现了这类晶体管的特点首先，管对会出现一个额外的失配源极，其独立于栅极区域，从未在标准晶体管中出现过。这个额外源极所造成的失配影响大小，取决于漏级的尺寸与形状，所以当漏极的选择位置不同时（内部或外部扩散区），其失配特性也表现出差异，这也是该类晶体管缺少对称性的另一个表现。

面积开销：ELT 和保护环的应用显然是一种面积开销较大的做法。所以 HDB 技术的应用会造成电路板上器件密度，该密度一般用门数量/mm² 来表示。在 CERN 广泛使用的 HDB 技术中，人们对其中的数字单元进行了面积开销的评估。其中一个简单的反转器面积开销会大 25%，而对于更为复杂的 DFF 单元则需要额外 75% 的开销。总体上看，为了得到可靠的辐射耐受能力，面积开销会多出 70%。

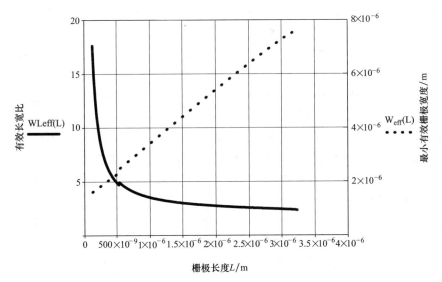

图 5.8　130nm 节点，不同栅极长度下，ELT 管最小有效
宽长比与栅极宽度的变化图线

而对于模拟电路来说，由于晶体管器件的尺寸一般都较大，所以多出的面积开销会小一点。

效能和可靠性：由于在设计 ELT 晶体管时缺乏足够的工业经验，人们对该布局对 ASIC 的效能和可靠性依然存在担心。在 CERN 的 LHC 实验大规模的 HBD 应用中，我们可以获得其效能数据。在该实验中，有大概 100 种不同的 ASIC 设计，其中有的产量就达到了 10 万件。总量上，其 8-in 晶片生产量就超过了 3000 片。这些 ASIC 涵盖了不同的功能：粒子探测器示值、A/D 转换、数字和模拟存储器、系统控制、时间-数字转换、数字/模拟数据光纤传输、时钟复位等等[16]。将这些 ASIC 上所测得的效能数据，与同生产线上的其他标准器件的数据进行比较，差异还是存在的，但并没有因为 ELT 管的使用造成效能的损失。

可靠性的担忧则来自于 ELT 管中对边角的处理：这些区域的电场可能更强，从而更容易受到热载子的影响。人们已经就标准晶体管和 ELT 管对沟道热载子（CHC）应力的敏感性进行了细致的研究。在四分之一微米节点，人们首先发现 ELT 管中热载子的寿命取决于源极和漏极扩散区位置的选择，与其输出电导和匹配性的影响因素一致[19]。漏极扩散区在内部的管子其热载子寿命比标准晶体管要小上三倍，比漏极扩散区在外部的管子，也小上三倍。而近段时间有关 130nm 的研究也表明，两种布局之间在"辐射是否增强 ELT 管热载子耐受力"问题上没有明显的区别[20]。

5.3.2　单粒子效应加固设计

自定义 SEU-加固单元：ELT 管寄存器中的存储器单元和锁存器是电路单元中

最容易遭受 SEU 影响的器件，所以 HBD 设计往往将重点放在这些器件上。一个简单的加固方法是增大器件对干扰电荷的容限（此值通常成为"临界电荷"）。通过在敏感节点增加电容就可以实现该目的，并且能有效防范质子和中子的电离。因此这项技术被用于 HEP 实验和一些高可靠性要求的地面应用中。在 HEP 实验中，为获得更大的电容，通常是将一些晶体管的尺寸做大，还能间接提高其电流驱动；同时还可以在单元顶部加上金属-金属电容器[21]。在不损失多少面积的情况下，误差率可以轻松减小十倍，但是功耗会上升，同时单元顶部无法再布设用电路连接的两层金属层。为了降低地面及空间应用中 SRAM 的敏感度，业界对上述方法进行扩展，从而将其减小了两个数量级：在 SRAM 顶部增加一个类似于 DRAM 的电容器，起到增大电容的作用[9]。

还有一种方法，就是通过改进单元的架构，降低甚至消除器件对于粒子撞击产生的电荷沉积的灵敏度。虽然业界提出了大量的设计方案，但是只有一小部分得以应用，究其原因是因为随之而来的复杂性以及相关的开销增大，相比之下并不实用。

可能人们提出的第一个也是最为广泛使用的 SRAM 单元加固方法就是在单元环上加装两只大电阻[22]。这种单元由两只交叉耦合的反转器组成，电阻置于一只反转器的输出段，一只置于另一反转器的输入端，用以减慢信号通过环路的速度。但这项技术会拖慢电路的运行速度，使其无法满足高级 SRAM 电路的要求。而在过去另一个常用的单元是惠特克（Whitaker）单元[23]，其原理是粒子撞击 n+ 扩散区时只有在所存储逻辑值为 1 时才会改变其存储状态（对于 p+ 扩散区反之亦然）。利用该特性，我们可以巧妙地将节点增加至 4 个，其中有两个只有 n+ 扩散区，另外两个只有 p+ 扩散区，前者与后者存储的逻辑值相反。这样总有两个节点所存储的为正确值，只要对晶体管进行准确的连接，组成单元环，就能够保证在任何情况下都不会产生错值。

其他还有一些架构，例如 HIT（重离子耐受）[24]、DICE（双互锁单元）[25] 等，都已经在一些场合得到的实际应用。这些架构也运用了复制的概念，即将信息也存于复制的节点中。其中 DICE 技术得到了十分广泛的使用，因为它具备小型、简单的特点，且能够满足高级 CMOS 工艺中对于高性能设计的要求。图 5.9 显示了将 DICE 单元用作锁存器的示意图，其中展示了其在存储器环路中是如何将四个反转器的输入分成两部分：每两个反转器都连接于不同的节点。实际上每个反转器的输出都连接为一个闭环，控制着之前（一个极性）和之后（另一极性）唯一一个晶体管的栅极。由粒子撞击在输出端引起的差错会从两个方向在环内传播，但是前一个和后一个反转器都不会改变自己的输出状态，且初始状态会立即被重新建立：误差不会被锁进单元内。如果要对单元进行写入，或者改变其状态，则需要同时在两个节点执行写操作，也就是说在偶数号或奇数号反转器两者之一上进行操作（见图 5.9 上 B 和 D 节点）。

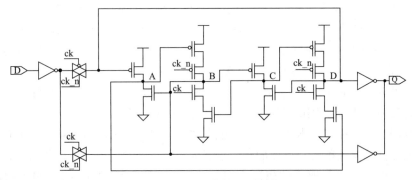

图 5.9　DICE 组成的锁存器

　　DICE 结构常见用于 DFF 和寄存器单元，但是有一点在布局时应当特别注意：两组反转器必须留出足够间距，防止单粒子撞击同时出现在两组反转器上，这使错值将被锁在单元中。而这一局限也限制了其在 130、90、65nm 以及更小节点中的应用，因为这些节点中晶体管密度之大，使得所有敏感单元的节点都容易产生单电离粒子。所以一些单元在设计中被交错布置，从而分散各敏感结点。但这样做会造成单元间产生复杂的布线，造成布线资源的浪费。作为 DICE 单元就抗辐射性的比较，我们可以对比 250nm 和 130nm 节点（FPGA 电路）的重离子辐射结果[26,27]，其中敏感节点的间距分别为 10、2.4μm。人们发现 250nm 节点的设计在任何情况下都对 SEU 不敏感，而 130nm 单元（用作时钟同步寄存器）则因重离子辐射影响产生了错误（但是当单元被用作存储器块时，则未发现错误）。图 5.10 显示了所测得的截面（产生错误数量与通过粒子通量之比）。离子在线性能量传递下，差错只有在离子束与样本撞击时才能被侦测到。在这种架构下，由于离子造成的电荷沉积可以通过那两个存储正确数据节点来采集。

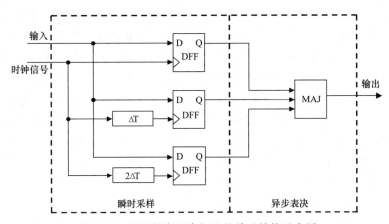

图 5.10　运用暂存冗余概念的单元结构示意图

　　在 90nm 节点中，若处于中子环境下，DICE 单元在差错率上相较于标准单元智能降低十倍。而这种结构还有一个不足之处，就是即使粒子撞击在一个节点上不会发生错误数据的锁止，但是单元的输出端数据还是会在撞击期间保持错误的状态，直到全部节点恢复到良好的状态。这个暂时出现的错误在某些情况下会向下一个单元传播，并最终在电路的某个位置被锁定下来。

基于暂时取样的概念，人们提出了一种不同的方法[28]。该方法利用了冗余概念，并将其应用于经加固的单元内部，可见图 5.10。延迟触发器（DFF）所存储的数据被复制为三份存于基本单元，三个触发器的输出端与表决器连接。如果其中一个触发器的存储数据被翻转，单元的输出数据依然是正确的，因为表决器以少数服从多数为判断原则。将暂时取样的想法应用于单元中，可以保护其不受 DSET 效应的影响。如果一个单元从一个组合逻辑门序列中获取数据，则序列中一个瞬态的差错就会沿着逻辑链达到单元的输入端。一个标准的 DFF 会在时钟周期某时刻对输入端的逻辑值进行锁止；如果该时刻与数据到达输入端的时刻相吻合，则该数据被锁止。为了避免这一现象的发生，加固单元中三个 DFF 会在三个不同的时刻对输入端数据进行采样，其中第二个 FF 采样时刻较第一个 FF 晚一个 ΔT，同理第三个 FF 采样时刻晚 $2\Delta T$。为了避免该瞬态被锁止，要保证抽样时间间隔 ΔT 比其持续时间更长。

将类 DICE 单元应用于寄存器中，可以防止 DSET 对电路产生影响。由于该寄存器需要将输入数据写入两个节点，从而得以对组合逻辑门进行复制，得到两条独立的数据通路（与组合逻辑门），具备了冗余性。每条数据通路实际上只驱动寄存器的一路输入。同时两路通路中每一路都各自以前面一级寄存器的两路冗余输出中的一路作为接口。在这两路数据通路中，任意一路中出现的 DSET 都不会在寄存器中发出锁止[26,27]。

SEU 冗余加固：使电路免受 SEU 的另一种方法是对存储数据进行冗余处理。该方法可以用两种方式实现：一种是将信息复制三份存于单元中（三模冗余，TMR）；一种是对数据编码，采用差错侦测和纠错机制（EDAC）。

前面一节已经讲到，随存储单元进行三份复制是一种保护数据内容的有效办法，虽然在功耗和占用面积上消耗较大。利用一个表决器电路可以用来比较三个单元的储值，但是若是表决器出现差错，则输出结果还是会受到影响。所以将表决器复制三份也是一个保险的方法。这样输出结果就实现了锁存器和表决器的双重保障。表决器可以是一个单独的逻辑块（但是功耗和面积开销很大），也可以嵌入到锁存器中。该方法在 HEP 实验 5Gbit/s 光数据传输收发器芯片组中的串行器设计中得到了应用。这类实验对于电路速度的要求远超 130nm 节点中对于静态逻辑电路的要求，因此只能使用动态 DFF，但是这种器件非常容易受到翻转的影响。如图 5.11 所示，将锁存器链进行三份复制，将表决器嵌入进每一个 DFF 锁存器单元中，这样每个表决器所造成的总开销被限制在了 5 只晶体管，并满足了速度上的要求[29]。

与将每一比特信息都进行三份复制不同的 TMR 技术不同，EDAC 技术不需要这么多的信息冗余[30]。EDAC 在数据传输和半导体存储器领域得到了极为广泛的应用，并且可以保证数据的可靠存储（比如 CD 和 DVD 中大量用到此项技术）。存储的信息由一个复杂的逻辑块进行编码，有些冗余信息会在这个过程中被加入进编码：加入进的冗余信息位越多，原始数据抵抗差错的能力就越强。当读取所存取的信息时，需要另一个复杂的逻辑块进行解码。多种码型可以应用在 EDAC 当中，比如汉明码、里德-所罗门码、BCH 码等。这些码型都有着各自的差错校验能力，复杂度也不相同。

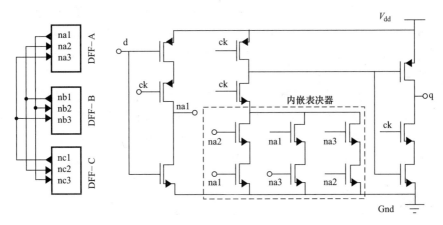

图 5.11　内嵌表决器的快速动态 DFF 结构示意图

针对 SEL 的加固。在现代 CMOS 技术中，除了倒退阱、STI 这类较好的技术类型，ASIC 设计者为了有效降低电路对 SEL 的敏感性，采用了其他的一些设计尝试。在对晶闸管进行了仔细地研究检查后，发现其中存在着寄生阻抗和两个互补的双极性晶体管。如果将该阻抗减小，并降低双极性晶体管的增益，就可以有效减小对 SEL 的敏感性。将两个寄生双极性晶体管的间距增大，或者在这个电路中大量使用 V_{dd} 和 V_{ss}，都可以达到以上效果。后一种方法可以通过将所有包含 NMOS 管的区域，用 p+保护环与 V_{ss} 相连的形式进行包围。所以，用来有效抵抗 TID 效应影响的电路布局，对于降低 ASIC 对 SEL 的敏感度同样有效[31]。

5.4　结论

从 250 节点到 65 节点，CMOS 的小型化技术发展预示了集成电路对于辐射效应抵抗能力的提高。对于薄栅极氧化层，在辐射环境下 TID 对它的作用可以忽略，而在 STI 氧化层中由辐射诱发捕获产生的漏电流也被限制在了可接受的范围内（虽然发现了较大的变异性）。而 SEL 和 SEU 两者对电路的影响也在减小，现代快速电路更容易受到组合逻辑门数字瞬态的影响。然而自 20 世纪 90 年代发展以来电子器件中无处不在的扩散区，以及大规模存储器阵列的广泛应用，许多半导体厂商都开始关注辐射效应的影响，特别是 SEE 与民用地面应用之间的关系。

每当对辐射环境下的 CMOS 电路提出可靠性要求时，就需要用到加固设计方法来帮助电路抵抗辐射产生的效应。这些技术方法可以使量产电路满足任何辐射要求，不再需要某一种针对单一辐射的加固技术。它们中的一些可以使电路同时抵抗 TID 和 SEE 的影响，前文也谈到了不少案例与参考，伴随而来的是不可避免的开销增加。这些技术主要应用于一些小的设计领域，比如空间、核能、航空和高能物理等应用，还有小部分的数字器件库也在使用 ELT 管和保护环技术。这些电路中一般单元数量在 100~200，在上述行业应用之外也鲜有应用。除了 CERN "radtol"的 250nm 器件库，已经有两个 180nm 器件库出现：一个来自欧洲微电子研究中心 IMEC[32]，一个来自 MRC 公司[33]。最近，研究者又提出了使用 90nm 器件库的电路辐射实验结果，说明 90nm 器件库也已经问世[34]。

最后，我们需要指出，在现今 CMOS 工艺中，新型材料正在逐步取代以往以氮氧化物作为栅极介质。而关于这些新材料的辐射特性我们依然不清楚。如果它们对于 TIC 非常敏感，那么电路的抗辐射性能则又会成为一个棘手的问题（因为此时的栅极氧化层厚度较厚），没有合适的 HBD 方法可以解决这一问题。

参考文献

1. F. Faccio et al., TID and displacement damage effects in Vertical and Lateral Power MOS-FETs for integrated DC-DC converters, in *Proceedings of RADECs 2009*, Bruges (B), Sept 2009
2. N.S. Saks, M.G. Ancona, J.A. Modolo, Generation of interface states by ionizing radiation in very thin MOS oxides. IEEE Trans. Nucl. Sci. **33**, 1185–1190 (1986)
3. V. Re et al., Review of radiation effects leading to noise performance degradation in 100-nm scale microelectronic technologies, in *IEEE NSS Conference Record*, 2008, p. 3086
4. T.R. Oldham et al., Post-Irradiation effects in field-oxide isolation structures. IEEE Trans. Nucl. Sci. **34**(6), 1184–1189 (1987)
5. L. Gonella et al., Total ionizing dose effects in 130-nm commercial CMOS technologies for HEP experiments. Nucl. Instrum. Meth. Phys. Res. Sect. A. **582**(3),750–754 (2007)
6. F. Faccio et al., Total ionizing dose effects in shallow trench isolation oxides, Microelectron. Reliab. **48**, 1000–1007 (2008)
7. P.E. Dodd et al., Production and propagation of single-event transients in high-speed digital logic ICs. IEEE Trans. Nucl. Sci. **51**(6), 3278–3284 (2004)
8. R. Baumann, Single-event effects in advanced CMOS technology, in *Short Course of the NSREC Conference*, Seattle, July 2005
9. P. Roche et al., A commercial 65 nm CMOS technology for space applications: heavy ion, proton and gamma test results and modeling, in *Proceedings of RADECS 2009*, Bruges (B), Sept 2009 (to be published in IEEE Trans. Nucl. Sci.)
10. R. Baumann et al., Boron compounds as a dominant source of alpha particles in semicon ductor devices, in *Proceedings of the 33rd Reliability Physics Symposium*, 4–6 April 1995 p. 297–302
11. A.H. Johnston, The influence of VLSI technology evolution on radiation-induced latchup in space systems. IEEE Trans. Nucl. Sci. **43**(2), 505 (1996)
12. P. Dodd et al., Development of a radiation-hardened lateral power MOSFET for POL applications. IEEE Trans. Nucl. Sci. **56**(6), 3456–3462 (2009)

13. D.R. Alexander, Design issues for radiation tolerant microcircuits for space, in *Short Course of the NSREC conference*, July 1996
14. R.N. Nowlin et al., A new total-dose effect in enclosed-geometry transistors. IEEE Trans. Nucl. Sci. **52**(6), 2495–2502 (2005)
15. N. Nowlin et al., A total-dose hardening-by-design approach for high-speed mixed-signal CMOS integrated circuits. Int. J. High Speed Electron. Syst. **14**(2), 367–378 (2004)
16. F. Faccio, Radiation issues in the new generation of high energy physics experiments. Int. J. High Speed Electron. Syst. **14**(2), 379–399 (2004)
17. A. Giraldo et al., Aspect ratio calculation in n-channel MOSFETs with a gate-enclosed layout. Solid-State Electron. **44**, 981 (2000)
18. G. Anelli et al., Radiation tolerant VLSI circuits in standard deep submicron CMOS technologies for the LHC experiments: practical design aspects. IEEE Trans. Nucl. Sci. **46**(6), 1690–1696 (1999)
19. D.C. Mayer et al., Reliability enhancement in high-performance MOSFETs by annular transistor design. IEEE Trans. Nucl. Sci. **51**(6), 3615–3620 (2004)
20. M. Silvestri et al., Degradation induced by X-ray irradiation and channel hot carrier stresses in 130-nm NMOSFETs with enclosed layout. IEEE Trans. Nucl. Sci. **55**(6), 3216 (2008)
21. F. Faccio et al., SEU effects in registers and in a dual-ported static RAM designed in a 0.25 μm CMOS technology for applications in the LHC, in *Proceedings of the 5th Workshop on Electronics for LHC Experiments*, Snowmass, 20–24 Sept 1999, pp. 571–575 (CERN 99–09)
22. J. Canaris, S. Whitaker, Circuit techniques for the radiation environment of Space, in *IEEE Custom Integrated Circuits Conference*, 1995, p. 77
23. M.N. Liu, S. Whitaker, Low power SEU immune CMOS memory circuits, IEEE Trans. Nucl. Sci. **39**(6), 1679–1684 (1992)
24. R. Velazco et al., 2 CMOS Memory cells suitable for the design of SEU-Tolerant VLSI circuits. IEEE Trans. Nucl. Sci. **41**, 2229 (1994)
25. T. Calin, M. Nicolaidis, R. Velazco, Upset hardened memory design for submicron CMOS Technology. IEEE Trans. Nucl. Sci. **43**, 2874 (1996)
26. S. Bonacini et al., An SEU-robust configurable logic block for the implementation of a radiation-tolerant FPGA. IEEE Trans. Nucl. Sci. **53**(6), 3408–3416 (2006)
27. S. Bonacini et al., Development of SEU-robust, radiation-tolerant and industry-compatible programmable logic components. J. Instrum. (JINST) **2**, P09009 (2007)
28. P. Eaton, D. Mavis et al., Single event transient pulsewidth measurements using a variable temporal latch technique. IEEE Trans. Nucl. Sci. **51**(6), 3365 (2004)
29. O. Cobanoglu, P. Moreira, F. Faccio, A radiation tolerant 4.8Gb/s serializer for the giga-bit transceiver, in *the Proceedings of the Topical Workshop on Electronics for Particle Physics (TWEPP) 2009*, Paris, 21–25 September 2009, pp. 570–574 (CERN 2009–006)
30. S. Niranjan, J.F. Frenzel, A comparison of fault-tolerant state machine architectures for space-borne electronics. IEEE Trans. Reliab. **45**(1), 109 (1996)
31. T. Aoki, Dynamics of heavy-ion-induced latchup in CMOS structures. IEEE Trans. El. Dev. **35**(11), 1885 (1988)
32. S. Redant et al., The design against radiation effects (DARE) library, in *RADECS2004 Workshop*, Madrid, Spain, Sept 2004, pp. 22–24
33. D. Mavis, Microcircuits design approaches for radiation environments. Presented at the 1st European Workshop on Radiation Hardened Electronics, Villard de Lans, France, 30th March–1st April 2004
34. D.E. Pettit et al., High speed redundant self correcting circuits for radiation hardened by design logic, in *Proceedings of RADECS 2009*, Bruges (B), Sept 2009

第6章　智能功率高位开关电磁兼容性设计

Paolo Del Croce 和 Bernd Deutschmann

6.1　引言

集成电路经常会成为干扰问题的源头，因为它们会对自身所处电气系统的电磁兼容性（EMC）产生潜在的影响。由于随着电气系统装载数量的增加，对于 EMC 问题的分析会越来越复杂，因此对于电气系统最终 EMC 的预测就成为一个棘手的问题。为了避免成本的上升，陷入到重新设计的恶性循环，导致大量时间的浪费，EMC 模拟器成为了电路设计早期阶段的主要工具，越来越多地被应用于 EMC 问题的发现与解决。车辆上不同的电气系统都由一些电气模块组成，它们大多数情况下都由线缆束直接相连。这些电缆束常常化作收发射频干扰的天线。所以汽车工业急需具备严苛电磁发射标准和抗干扰性的电气系统。

抗电磁干扰性正在成为一个 IC 设计界关注的话题，特别是当 IC 的针脚与电缆束中的线缆直接相连时。这些线缆采集受电磁污染环境下的噪声，并将其传播开来，比如经叠加的干扰信号会从供电系统传到 IC 中的高灵敏度功能单元，导致不希望的后果发生，并从多个不同方法造成电路失效甚至损毁。由于 IC 的结构复杂，一个微小的薄弱点就会降低整个系统的抗干扰性。要想在这个问题上取得进展，设计人员就需要在试验中了解产品特点的内在信息，而这些信息无法通过测量的方式来获取。在下一章，在简短地介绍将要用于研究的集成电路后，我们会对 DPI 测量和仿真技术进行阐述。之后我们针对给定的 DPI 健壮性目标提出可行的设计方法。在后面章节，我们会将设计成果与仿真、测量结果进行比较。

6.2　智能功率技术中的高位开关

智能功率技术是指在板状集成电路技术中集成大电流、大功率的 MOSFET 管[1,2]。该技术特别适用于设计开关，因为其可以同时实现高性能、高产量、低成本的目标[3]。图 6.1 显示了电气控制模块中一个高位开关的结构图。

开关可以分为高位和低位两种，区别在于其在负载上所处的位置。低位开关连接负载及接地端，而高位开关连接负载与供电端。本文只论述高位开关。开关的供电针脚通过电缆束与电池直接相连，输出针脚则用电缆束与负载相连。如前文所述，电缆束可能会接收干扰信号并直接导入开关的功率晶体管。一旦干扰达到开关，它可能会立即被耦合，比如通过集成电路硅衬层中的寄生电容，并经过寄生通路干扰其他器件。图 6.2 描述了一个现代高位功率开关的模块结构[5]。一个串行外围接口被嵌入其中用作多通道开关，而单通道和双通道开关则是在每个通道上加装数据输入来实现。

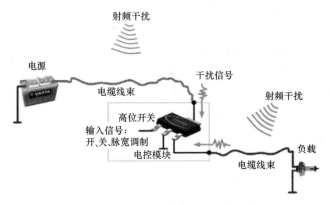

图 6.1   车载应用中高位开关的典型结构

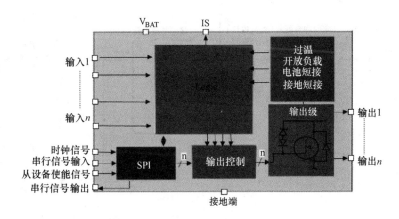

图 6.2   现代高位开关模块的典型结构

6.3   高位开关 DPI 测试-测量方法

为了描述集成电路抗电磁干扰性的特征，标准"IEC 62132：集成电路-抗电磁干扰特性测量方法"中规定了几种不同的测量方法，其中包括了直接功率注射技术，即 DPI 方法[7]。该技术是将干扰信号直接诸如集成电路的针脚中。该测量方法的目的是为了描述集成电路对于传导射频干扰的免疫性。该方法很大程度上保证了测试的可重复性，所以被半导体生产商广泛应用于自身的产品。对于智能功率高位开关的 DPI 测试装置案例可见图 6.3。

用于注射进供电端针脚的连续波（CW）干扰信号由一个混合多个频率信号的信号发生器产生。推荐的频率区间在 1MHz～1GHz。功放则用于放大该干扰信号，放大至正向功率 37dBm，之后被耦合进测试电路的供电端针脚。为了耦合，使用了一只 6.8nF 的电容器（该电容器起到隔绝放大器输出端直流供电电压的作用）。为了防止干扰信号被供电电源或负载转移至接地端，使用了一些解耦网络（包含一个 5μH 的电感）。这些电感代表了环路上的典型阻抗，通常由车辆上的电缆束产生。这些网络与一个 150Ω 的阻抗网络（代表电缆束作为干扰信号天线的典型阻抗）一起，组成了一个宽频人工网络（BAN）。通过两个功率计以及定向耦合器，我们可以测量前向和反射功率。在本例中，我们只考虑前向功率，并将其作为描述在预定条件的功能测试下集成电路对电磁干扰免疫性的指标。不过只有一小部分的前向功率被集成电路所驱散，其余大部分都被反射或是分流到了其他器件当中。

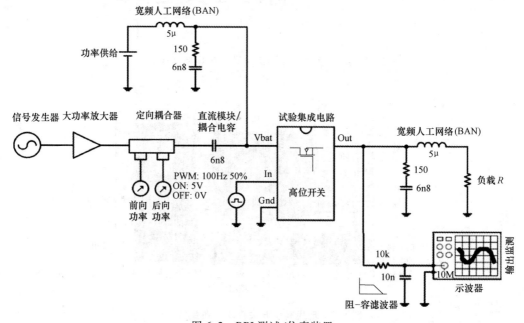

图 6.3　DPI 测试/仿真装置

6.3.1　测试中集成电路的运行模式

对开关产品的免疫性测试一般在三种环境下进行：断路、闭路、脉宽调制（PWM）。在断路模式中，开关开路，负载暂时与电路断开。在闭路模式下，回路闭合，负载一直与电路相连，在 DPI 测试时器件必须维持正常状态。在脉宽模式下，开关以 100Hz 的频率、占空比 50% 的方式不断开关。在所有模式的 DPI 测试中，器件必须能提供正常的输出状态，保证所有信号在预设的容限区间内。每一种模式下都需要对开关的健壮性进行仔细分析，并得到具体的电路方案。本书会在后面的章节讨论并总结器件在断路模式下的健壮性优化方法。

6.4　高位开关的 DPI 测试——仿真方法

为了预设电路的总分体 EMC 性能，在早期设计阶段常常会用到免疫性仿真方法来发现和解决干扰性问题。基于前文所述的几种集成电路级测量技术，过去人们通过 DPI 模拟来预测电路的免疫性。在参考文献 ［8］ 中给出了一台 DPI 仿真的完整模型，其中包括全部的测量装置、电路和测试环境。该模型考虑了下面几个因素：传导损失、介电损失、定向耦合器、注入探针、注入电容器以及供电电源。该模型证明对测试环境中电路的抗干扰免疫性的准确预测是可以实现的，只要将损耗、外部影响等因素加以考虑就可以了。对于本书所述的研究，我们采取了一种更为简单的方法。仿真所用的测试平台只考虑进入特定电路针脚的前向功率，如图 6.4 所示。

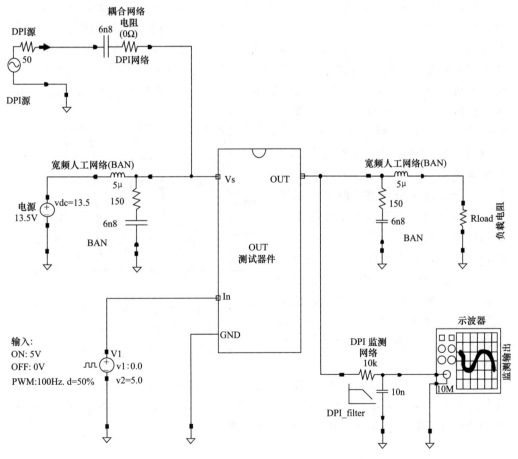

图 6.4　单通道高位开关 DPI 仿真模拟/验证平台

我们对干扰信号源、外部耦合、解耦等具备相关寄生性的单元进行了建模。其中 6.8nF 耦合电容利用一个电阻-电感-电容（RLC）网络进行建模。对于 BAN，则使用一个 5μH 的电感和 150Ω 电阻以及 6.8nF 电容组成天线模型。在该仿真平台中，输出信号可以利用一个示波器的仿真模型进行监测。为了滤除从输出段产生的干扰信号，我们加入了一个 *RC* 滤波器（10kΩ/10nF）。所有相关的信号，比如电源电池电压、负载电流都可以通过探针直接在相应节点上检测到。与全芯片模拟中需要考虑所有电路单元不同，我们使用的简化实验平台只包括一些相关性最大的部件，保证仿真耗费的时间最短。我们所选择的对象——功率开关、开关驱动器和阻抗降低电路将在下一章节详细阐述。

6.5 断路模式下的 DPI 健壮性测试——问题描述

参照图 1，当数字输入信号的逻辑值为 0 时，高位开关应处于开路状态，将负载和电源隔断开来，负载的电压和电流都为 0。更详细地说，图 6.2 中输出级的功率晶体管在输入为 0 时必须保持断路状态。该功能被编码进了一个逻辑门当中，并通过输出端控制的方法进行驱动，在输出端使功率晶体管 $V_{GS} = 0V$。除了与设计相关的问题和电路复杂度，该功能的实现与其他功能的实现一样，都要求电池电压高于一个最小值 $V_{BAT(MIN)}$。当 V_{BAT} 低于最小值，$V_{GS} = 0V$ 就不能保证设计给出的要求，此时功率晶体管处于一个不确定的状态。在这样一种不确定状态下，负载与电池的分隔并不能保证仿真的结果准确，DPI 试验可能会因此失败。此种低压状态可能会在 DPI 试验器件出现，因为阻抗失配会造成干扰信号大幅的电压波动。信号发生器、定向耦合器和耦合通路的阻抗大约为 50Ω（芯片待命，负载与电源分离），而处于断开状态的高位开关与接地点之间阻抗更大。图 6.5 显示了开关供电端引脚上电池供电电压与干扰信号电压的正弦叠加。其中供电直流电压值

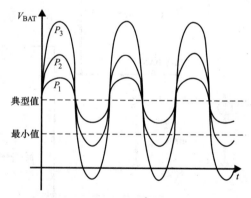

图 6.5　DPI 试验断路状态下，电源电压与干扰信号电压的叠加状态；P_1-P_3 表示注入功率不断增加情况下的表现

（在本例中为 13.5V）以干扰信号的频率上下波动。如果注入功率更大，电池电压值甚至会低于接地端值，产生衬层电流进一步损害芯片的性能。另外，过高的电压波动会通过寄生电容将交流电噪声耦合进电路模块，从而改变其状态并最终导致失效。

由于电路的全芯片特征和与布局紧密相关的特性，对于电路的模拟非常困难。

而未来离片（off-chip）环境下则更为增大仿真的复杂度，因为其影响到了电源电压线路上的阻抗。总之，断路状态的 DPI 模拟试验中的首要议题是芯片供电上的射频电压，因为电源电压引脚上存在较高的不确定阻抗。在下面的章节中，我们提出了一种能够克服这一难题的方法，并建立起了可靠的仿真模型。

6.6　设计方法——引脚阻抗设计

在项目的早期确定 V_{BAT} 线阻抗对于 DPI 健壮性设计中的芯片设计以及模拟策略有着主要的影响。它的确定，使得人们可以通过仿真的方法来预估电路外部和内部的供电噪声。当内部供电噪声已知时，人们便可以就 DPI 健壮性对各子模块进行单独的设计和测试。通过这一方法，我们便可以在最后的交互检查时进行复杂的全芯片仿真，而不是将该方法作为主要的电路调试工具。为了防止电池电压过低或衬层电流的出现，我们必须在电路设计的初期就将阻抗尽可能地降低至类似图 6.5 中 P_1 的水平。在芯片层面上减少引脚的阻抗，会使离片阻抗不再显得那么重要，从而使设计者可以在给定的 DPI 免疫性能条件下，在限制最大射频电压时有更自由的参数设计。图 6.6 显示了 DPI 测试时能够减小 V_{BAT} 引脚阻抗的电路拓扑结构。

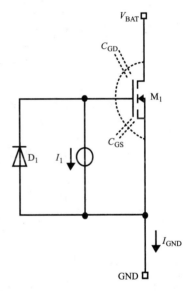

图 6.6　减小引脚间阻抗的电路拓扑结构

图中简单的电路结构利用了三个基本的组件：M_1、D_1 和 I_1。M_1 为一个功率晶体管，其漏极与源极分别与 V_{BAT} 和接地端 GND 连接，确定了引脚间的阻抗。其栅极由一个非线性电流源 I_1 驱动，同时整流二极管 D_1 控制引脚与引脚间的阻抗值。虽然电容 C_{GD} 和 C_{GS} 都为 MOS 寄生，但在控制作用上起到了重要的作用。电路的工作原理如下：在射频功率注入过程中，C_{GD} 和 C_{GS} 作为电容电压分离器，通过 D_1 的整流作用启动 M_1。在电源电压持续增大的过程中，非线性电流源与 C_{GD} 阻抗，阻止 M_1 被启动。这进一步保证了在 DPI 不存在时 M_1 保持在关闭状态。通过对 I_1 的尺寸进行合理化设计，造成 M_1 打开的电压波动就被确定了下来。基于前文已述的仿真平台（图 6.4 所示）我们开展了对于该阻抗减小电路的验证，将平台中的高位开关 IC 替换为此阻抗减小电路。假设标称电池电压为 13.5V，M_1 的启动电压阈值经过调整，保证在 DPI 大于 37dBm 时，在更低的频率范围，任何时候 V_{BAT} 都大于 0。图 6.7 中显示了 1.5MHz、37dBm 的干扰信号下阻抗减小电路的仿真结果。其中可以观察到 M_1 到 GND 端的电池电压和电流。图 6.8 则显示了频率为 10MHz

时的仿真结果。在这两个案例中，两幅图基本没什么变化。在最初的 5μs 内，电池电压跃升至标称值 13.5V，其中 DPI 延迟了 10μs 才出现。波动的最大电压保持在 20V 以下，而最低电压在 1V 以上，电压平均值则接近标称值。根据模拟的结果，该电路有能力利用 M_1 将干扰信号从电池引脚导至接地端 GND，从而实现在 DPI 影响期间对引脚阻抗的限制。

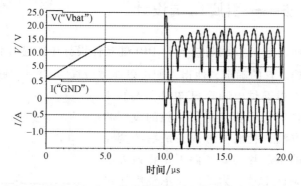

图 6.7　1.5MHz，37dBm 的干扰信号下阻抗减小电路的仿真结果

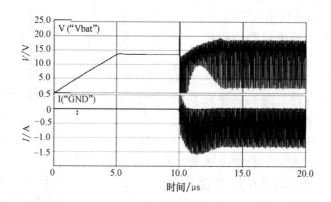

图 6.8　10MHz，37dBm 的干扰信号下阻抗减小电路的仿真结果

图 6.9 显示了 1.5~700MHz 频率区间的阻抗仿真结果。电路表现出了较低的交流阻抗，且随着频率的增加而减小。由于在 GHz 频段该模型的准确性有一定的降低，这一随频率变化的趋势有着潜在的危险。M_1 可能会在低欧姆值时被锁住，从而直接将电流从供电线导入至接地端 GND，从而造成过热和器件损毁。

但是这一问题可以通过设计一个频率相关电流源 I_1 来解决，它可以弥补上述电路的一些天生的特性。然而为了电路的简便，我们并没有引入阻抗补偿措施。改进电流源这个方法目前在 1~10MHz 频段可以发挥作用，之后还将发展拓广为全频段。当功率开关保持断开状态（芯片待命，负载与电源断开），M_1 可以将几乎全部的干扰信号能量转移，所以我们必须考虑其尺寸，使其能够处理这些能量的耗散。同时我们还要特别关注 M_1 与 V_{BAT} 和 GND 端的连接，因为它们之间存在着较

大的电流。在高频频段，芯片级的
寄生电容会进一步地减小供电引脚
到 GND 直接的阻抗，从而削弱 M_1
对干扰能量的转移。而对于阻抗减
小电路中芯片面积的影响，在若干
平方毫米的量级上；但这并不与其
那么相关，因为 M_1 也可被用作静电
保护和过电压保护，这如同它在电
路中所起到的作用一样。通过对于
阻抗减小电路大小的确定，我们便
可以将 V_{BAT} 引脚上的干扰信号优化

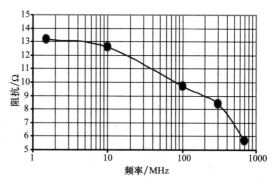

图 6.9　阻抗减小电路模块中对于
V_{BAT}-GND 间阻抗的仿真

至最小。而在获知芯片供电电压的波动后，电路内部供电噪声便可以推导得出，芯片
中的电路模块也可以被仿真出来，从而增强电路的 DPI 健壮性。举个例子，考虑将
模块的供电电压 $V_{BAT(min)}$ 定在 5V，可以将一个箱式电容添加进去，使电路能够度过
在 $V_{BAT}<5V$ 时的 100ns 阶段（见图 6.7）。在开发的最后阶段，通过运行一个芯片级
的仿真过程（其中包括各类相关的电路模块），便可以对每一项技术改进进行验证。

　　图 6.10 显示了人们所用的一个芯片级模拟试验平台，其中所有与高位开关
DPI 健壮性有着重要相关性的电路模块都被考虑了进去。该仿真的结果可见图 6.11
和图 6.12。

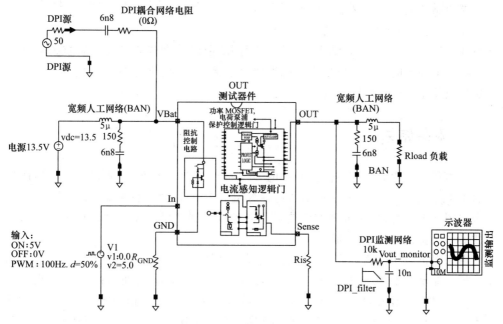

图 6.10　包含所有相关电路模块的芯片级验证试验平台

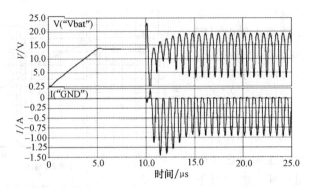

图 6.11　包含所有电路模块的芯片 DPI 仿真结果，干扰信号为 1.5MHz，37dBm

根据应用的要求，有下列几个外部部件将会用到：负载电阻 $R_{LOAD} = 3.3\Omega$，传感器电阻 $R_{IS} = 3.3k\Omega$，接地电阻 $R_{GND} = 0\Omega$。耦合、解耦和 BAN 器件前文已经详述。比较图 6.11 和图 6.7，可以发现在 V_{BAT} 端高频的波动进一步地减小，因为额外电路模块的存在，此节点的总寄生电容不断增大。大部分注入功率还是由阻抗控制晶体管 M_1 来负责转移。为了检查开关输出端的隔离电容，定义了一个监测电压值 $V_{out\_monitor}$。图 6.12 显示高位开关在断

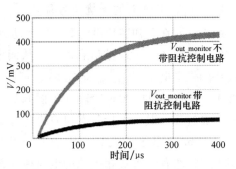

图 6.12　输出电压 $V_{out\_monitor}$ 的 DPI 仿真结果，干扰信号 1.5MHz，37dBm

开模式下的 $V_{out\_monitor}$ 仿真结果。上面和下面的曲线分别代表了在有阻抗控制和无阻抗控制条件下的结果。如果没有此模块，干扰信号就会通过输出级同向 GND 端，干扰负载并恶化开关的隔离性能。

6.7　测量结果

在本章中，我们会叙述高位开关的 DPI 特性结果。图 6.13 所述的示波器图形显示了 V_{BAT} 引脚上 37dBm 干扰信号与标称电源电压 13.5V 的叠加情况。将该测量结果与图 6.11 的仿真结果进行比较，我们可以看到良好的契合度，特别是针对信号波形和干扰信号的峰-峰值。

由于阻抗减小电路的应用，$V_{BAT(MIN)}$ 的值可以保持在 3.5V 以上，从而保证功率二极管能够工作在要求的状态。作为 DPI 期间开关隔离性能的证据，我们对 $V_{out\_monitor}$ 也进行了检测。图 6.14 显示了测量结果。其平均值为 65mV，而预测的值为 75mV（见图 6.12）。这证明了仿真模型在 1.5MHz 下的精度。而在 10MHz 下，其精度基本已知。图 6.15 显示了芯片在开路状态下输出端总的磁化率特性曲线；

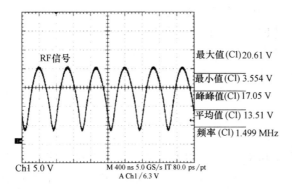

图 6.13 加在 V_{BAT} 引脚上的干扰信号，1.5MHz，37dBm

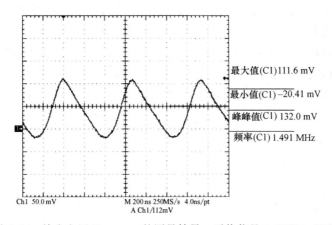

图 6.14 输出电压 $V_{out\_monitor}$ 的测量结果，干扰信号 1.5MHz，37dBm

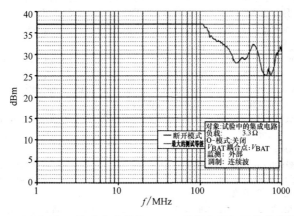

图 6.15 DPI 试验下 IC 的磁化率特性，V_{BAT} 引脚上所加干扰信号强度 37dBm

其中信号的频率从 1MHz 增至 1GHz。每一次频率步进，干扰信号的幅度或是增至最大的试验级别 37dBm，或是增至输出信号的预设容限 1.35V（标称值的 10%）的范围内。由此可见，在低频段针对健壮性的仿真结果与测量结果吻合。对于高于

100MHz 的干扰信号，在图 6.9 的仿真结果中我们预测电路的性能不会恶化；但是实际上从磁化率曲线的特征上看，下降到了 25dBm。电路功能的异常应该主要归因于电路失效，该失效与 V_{BAT} 针脚上的电压波动无关，而是与过低的引脚阻抗，或是本章中未涉及到的其他模式有关。

6.8　结论

本章将智能高位功率开关的 DPI 测量试验平台进行了模拟建模，将其作为 IC 健壮性验证与优化步骤的重要环节。本章提出了一个基于引脚阻抗控制的优化方法，并将其应用到了产品开发的过程中。仿真与测量结果的吻合验证了该方法的可行性。该方法中对于低频段干扰信号的仿真十分精确有效，而对高频段信号干扰的仿真结果预测还有待进一步的研究。尤其是寄生电感，对于它的研究是完善该方法的重要途径。我们还应考虑器件间的硅寄生，用以解释衬层电流导致的电路失效。对于器件仿真精度，必须能满足覆盖整个 DPI 频段。对于 IC 建模的进一步完善超出了本章的范畴，却是迈向使本章所提出的方法得以应用于整个 DPI 频段这一成功的重要一步。

参考文献

1. R.S. Wrathall, D. Tam, Integrated circuits for the control of high power, in *Proceedings of IEEE International Electron Device Meeting IEDM,* 1983, pp. 408–411
2. J. Einzinger, L. Leipold, J. Tihanyi, R. Weber, Monolithic IC power switch in automotive applications, in *Proc. IEEE Int. Solid State Circuits Conference,* 1985, pp. 22, 23
3. A. Elmoznine, J. Buxo, M. Bafluer, P. Rossel, The smart power high-side switch: description of a specific technology, its basic devices, and monitoring circuitries. IEEE Trans. Electron. Devices. **37**, 1154–1161 (1990)
4. F. Fiori, Prediction of RF interference effects in smart power integrated circuits, in *Proc. IEEE International Symposium on Electromagnetic Compatibility,* 2000, vol. 1, pp. 345–347
5. A. Graf, Smart power switches for automobile and industrial applications, in *Proc. VDE ETG Conf, Contact performance and switching,* 2001, pp. 1–8
6. International Electrotechnical Commission, *IEC 62132-1, Integrated circuits—Measurement of electromagnetic immunity, 150 kHz to 1 GHz—Part 1: General and definitions,* 1st edn. (IEC, Geneva, 2006)
7. International Electrotechnical Commission, *IEC 62132-4, Integrated circuits—Measurement of electromagnetic immunity 150 kHz to 1 GHz—Part 4: Direct RF power injection method,* 1st edn. (IEC, Geneva, 2006)
8. A. Alaeldine, R. Perdriau, M. Ramdani, J.-L. Levant, M. Drissi, A direct power injection model for immunity prediction in integrated circuits. IEEE Trans. EMC. **50**(1), 52–62 (2008)

第 2 部分　Sigma-Delta 转换器

本部分主要讨论了 Sigma-Delta AD 转换器的最新进展，不仅包括了连续时间拓扑技术中的采样数据，还涵盖了诸如对基于压控振荡器（VCO）与比较器的拓扑技术分析。

本部分的前两章主要叙述了采样数据拓扑技术。第一章主要关注基于环路中量子噪声相关性效应的噪声耦合应用。该文对此应用对总体信噪比的改善进行了论证，将这些技术与时间交织技术相结合，进一步地完善噪声成形技术与转换器带宽。

第二章则将焦点放在降低采样率的问题上。此技术可以使 Sigma-Delta 拓扑技术进一步的逼近 AD 转换器的奈奎斯特采样频率极限，从而最终获得更大的信号带宽。该章还提出了一个过采样率只有 3 的 8 阶 Mash 拓扑理论。

之后的两章则论述了新趋势下的 Sigma-Delta 拓扑理论。第一章论述了基于 Sigma-Delta 理论的比较器。与以往使用功耗较大的 OTA 不同，该章提出了使用比较器取而代之的方法。这显然给所使用的电荷泵浦带来一些问题。但是之后 90nm CMOS 设计的加入证明，该技术能够实现现今最优秀的低电压性能。

接下来的一章主要叙述了基于 VCO 拓扑技术的发展潮流，即用 VCO 取代多比特量化器。信息在时域上呈现，因此时间-数字电路成为了关键部件模块。本章将该技术与连续时间 Sigma-Delta 拓扑技术一同提出，并将其应用在了 130nmCMOS 技术中。

就宽带性能问题，除了采样数据，该章还讨论了连续时间 Sigma-Delta 拓扑理论。该章分析并讨论了一种多比特连续时间 Sigma-Delta 理论，实现了 25MHz 的带宽以及 67dB 的信号噪声失真比，成为了至今为止具备最大带宽的 Sigma-Delta 技术。

最后一章则与数-模（DA）转化器相关。Sigma-Delta 理论在该领域也得到了广泛的应用。该章讨论了高性能音频 DA 转换器中的一些难题，特别是对与其相关的平滑滤波器以及抖动效应进行了综合分析，还展示了与混合 SC 连续时间重构滤波器拓扑理论相关的案例。

Michiel Steyaert

第7章 噪声耦合 Delta-Sigma 模-数转换器（ADC）

Kyehyung Lee 和 Gabor C. Temes

7.1 引言

在有线/无线通信、数字视频及其他消费电子应用领域，人们对于具备良好功率效率、高分辨率的宽带转换器的需求越来越大。$\Delta\Sigma$ 模-数转换器（ADC）在 MHz 频段可以满足高分辨率、高线性度以及低功耗的要求[1-4]，因此成为了许多应用中首选的 ADC 结构。$\Delta\Sigma$ADC 可以利用过采样和噪声成形技术，采用较低分辨率的量化器就可以实现较高的分辨率和线性度。它在设计上存在三个要素：（1）过采样率（OSR）；（2）环路滤波阶数 L；（3）量化器分辨率。然而对于这个三个参数，技术上都存在着一些限制。在宽带调制器中，对于给定的信号带宽，OSR 受到采样频率的限制。调制器若采用更高的采样频率，会减少其对分量的建立时间，放大器为保证相同的建立精度，功耗就会上升。为了满足较低 OSR 的设计要求，人们就需要将环路滤波阶数增大。环路滤波阶数决定了噪声成形的效率，而其又受制于单一环路内调制器的稳定性。由于硬件复杂度的指数型增长以及快速 ADC 所要求的功率耗散指标，量化器分辨率则被限制在 4～5bit。而跟踪 ADC、基于 VCO 技术的 ADC 以及流水线 ADC 的应用可能可以解决这些问题[5-7]。

$\Delta\Sigma$ 调制器有两种实现方法。传统的方法是基于开关电容（SC）的电路离散时间（DT）实现方法。连续时间（CT）实现方法现在也逐渐流行起来，因为其具备非常优良的功率效率以及天生的抗混叠滤波性能。在离散时间调制器中，如果电容器和开关的时间常数足够小，时钟抖动的影响就可以忽略不计。在连续时间调制器中，时钟抖动就会被不可避免地转化为噪声，从而成为限制其信噪比性能的主要瓶颈[8]。另一方面，由于在 DT 调制器一级存在建立时间上的要求，与 CT 调制器相比，其运放需要有更大的单位增益带宽（GBW）。因此，CT ADC 在相似的硬件复杂度和功率耗散前提下，较之 DT ADC 来说其信号带宽更大，信号-噪声失真率（SNDR）更低[9-11]。DT 调制器中环路滤波系数由电容器比决定；而对于 CT 调制器，其系数则会因为工艺、电压以及温度产生较大的变化，因此需要对电路进行调试。总而言之，与 CT 调制器相比，DT 调制器在工艺变化时具备较好的健壮性，对时钟抖动不敏感。其精度取决于对电容器的准确匹配，而这也是比较容易实现的一个方式。DT 调制器的不足之处在于其较高的能量消耗，以及需要抗混滤波器的协助。相反，CT 调制器则通常不需要抗混滤波，因为其具备天生的连续时间抗混滤波性能。

涉及到本章节中所讨论器件的设计，选择 DT 实现方式，往往是为了避免元器件失配和时钟抖动对其造成的影响。低失真度的调制器，其特点在于能减小其环路滤波器中的信号摆幅，从而实现优良的调制线性度，并简化运放设计[13, 14]。本章中将证明，通过利用量子噪声耦合和时间交织技术，我们可以同时实现低失真度调制器中较好的功率效率和线性度这两项指标。在本章所提出的 ΔΣ 调制器设计中，我们借助结构上的创新突破，实现了低功耗条件下的高性能输出。

本章组织如下：第 2 节主要叙述对于传统低失真度 ΔΣ 调制器的结构改进；第三节详细论述了原型 ΔΣADC 的设计；第 4 节提供了试验测试结构，第 5 节作为全文总结。

7.2 噪声耦合 ΔΣADC

图 7.1 中显示了量化噪声自耦合的 ΔΣ 调制器结构。量化噪声被耦合进单个调制器环路。为了强调调制器的低失真度结构，一个直接输入前向反馈通路被插进了量化器输入端。如该图所示，量化噪声会延迟一个时钟周期，从量化器输入端的求和点被消去。注入的量化噪声会使调制器阶数增加 1。如果定义 STF 为信号转移函数，NTF 为无噪声耦合的噪声转移函数，则调制器输出端函数为

$$V(z) = STF(z) \cdot U(z) + NTF(z) \cdot (1-z^{-1}) \cdot Q(z) \tag{7.1}$$

虽然噪声耦合在任意一个多比特调制器中都可以应用，但对于低失真度或前向反馈多比特调制器，该技术具有更大的优势，因为在该结构中通常会在量化器输入端加入一个额外的运放用来实现动态信号求和。由于注入量化噪声的均方值增大为两倍，最大稳定输入幅度会有一定程度地减小。在对量化器分辨率进行合理选择时应该考虑这个因素。通常，建议的选择是将量化器分辨率 (M bit) 设置为有效调制器阶数加 1，即 $M=L+1$，从而保证多比特调制器的最大稳定输入幅度。与之相反，在单位调制器中我们可以引入一个非零极点来稳定环路[12,15-18]。

图 7.2 显示了图 7.1 中所示结构的等效模块示意图。图中的额外分支是输出端处的无延迟积分器和延迟 DAC。根据该图，噪声耦合调制器的求和节点在最后一个积分器的输出端位置，而不是量化器的输出端位置。在传统低失真或前向反馈 ΔΣADC 中，与之相反，信号的求和点在量化器的输出端，这也成为了其结构中的一个不利因素。噪声耦合并不是简单地在环路滤波器中加入更多的积分器来提升NTF，而是要同时通过改进信号求和

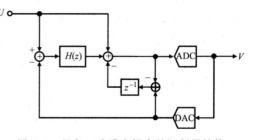

图 7.1　具备一阶噪声耦合的调制器结构

点，减少所需的放大器数量，该求和点位于低失真/前向反馈调制器中最后一个积分器的输出端。另一方面，在噪声耦合结构中，DEM 信号的处理时间并没有得到放宽，因为最后一个积分器是无延迟的。只有当出现一个整个相位延迟时，量化器和 DEM 电路中的这一问题才能够得到解决。这个思路可以通过在环路滤波器前的输入信号通路中插入一个额外的时延来实现[19,20]。

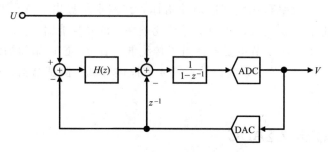

图 7.2   图 7.1 所示结构的等效图

如果在耦合路径上采用一个更为复杂的耦合滤波器来取代单一的时延，调制器的阶数可能会增加两阶甚至更多[21-26]。具备二阶增强耦合度滤波器的转移方程 $G(z)$ 可以写为 $G(z) = 2z^{-1} + z^{-2}$。对于 N 阶耦合度增强滤波器，其转移方程通常可以写为 $G(z) = 1 - (1-z^{-1})^N$。由于本文提出的噪声耦合调制器在环路滤波器后还包含了耦合分支，其电路误差会在前面的各级环路中衰减，所以这些误差并不会对最后相关性能的提升产生影响。

噪声耦合滤波器的另一个优势在于其能够减少谐波的产生和谐波失真（THD）。这是因为注入的量化噪声实际上可以看作是高频抖动信号。所以空闲音和谐波激励得以降低，线性度得到提高。我们在一个时钟周期的时域自相关序列中可以清楚地发现注入量化噪声的确可以被看作为高频抖动信号。图 7.3 中显示了配备 4-bit 量化器的噪声耦合调制器自相关序列 $C(n)$ 的时域仿真结果，两条图线分别代表量化噪声和一个时钟周期延迟之后的量化噪声。$C(n)$ 可以写为

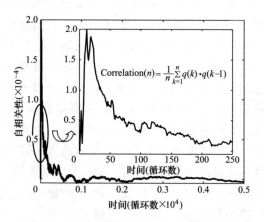

图 7.3   图 7.1 所示系统在一个时钟周期延迟内量化噪声自相关性时域图线

$$C(n) = \frac{1}{n} \sum_{k=1}^{n} q(k) \cdot q(k-1) \tag{7.2}$$

该式表明，量化误差与噪声耦合多比特调制器中的白噪声十分接近，而这在单

比特调制器中往往是不成立的。在同一输入信号，多比特量化和噪声耦合条件下，本文提到的调制器中量化噪声更为随机。该种调制器的线性度提升可见图 7.4。图中显示了在现实电路误差环境下，在有/无噪声耦合介入时功率谱密度的仿真结果对比。可见谐波激励的降低超过了 12dB。

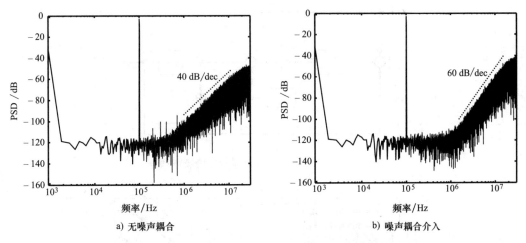

图 7.4 在实际电路误差环境下功率谱密度的仿真结果对比

图 7.5~图 7.7 分别展示了三阶噪声耦合调制器内含一阶噪声耦合、传统三阶低失真前向反馈调制器、三阶噪声耦合调制器内含二阶噪声耦合三种调制器。每一种调制器都利用 MATLAB 和 Simulink 工具中的实际非理想 ΔΣADC 模型进行了模拟

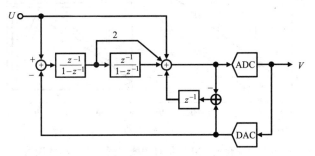

图 7.5 三阶噪声耦合调制器和一阶噪声耦合

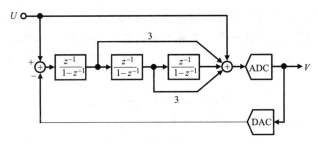

图 7.6 传统三阶低失真前向反馈调制器

仿真。在图 7.8 中可以看到，三种调制器 SNDR 性能和输入信号饱和等级都是名义上相等。图 7.5 和图 7.7 中每一个耦合滤波器都将噪声出现改进至第三阶。图 7.5 中的噪声耦合可以实现超过 13dB 的 SNDR 进步，OSR 达到 16。三阶调制器的输入饱和等级比二阶调制器要低 2dB（图 7.5 不带噪声耦合）。

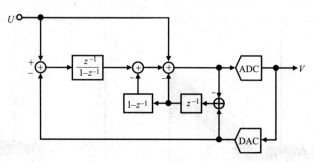

图 7.7　三阶噪声耦合调制器和二阶噪声耦合

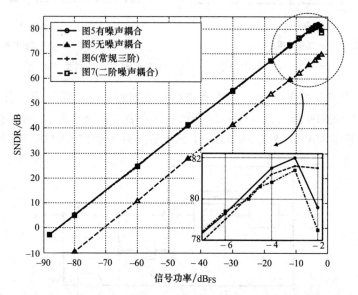

图 7.8　随输入信号功率而变化的 SNDR 仿真图线，图片中上面的图线分别代表图 5.7 所提及的电路，下面的三角虚线为无噪声耦合情况下图 7.5 电路的模拟结果

考虑低失真前向纠错调制器中量化器前求和点的最大信号幅度，这结果是可以解释的。在这个级别的调制器中，求和点拥有最大的内部信号摆幅。通常来说，对于传统的 L 阶配备 M 比特量化器的低失真调制器，其求和点最大信号摆幅可以表示为

$$S_{max} = (2^L - 1) \cdot |\Delta_q + |V_{in,max}| \tag{7.3}$$

这里 Δ_q 为量化器阈值步进值，其等于

$$\Delta_q = |V_{thq}^+ - V_{thq}^-| / 2^M \tag{7.4}$$

这里 V_{thq}^+ 和 V_{thq}^- 为量化器的正/负参考电压。假设成形或延迟的噪声与输入信号完全相关，我们便可以得到最大信号摆幅

$$S_{\max} = (2^L - 1)/2^M \cdot |V_{\text{thq}}^+ - V_{\text{thq}}^-| + |V_{\text{in,max}}| \tag{7.5}$$

该式说明，只要将所选择的量化器分辨率定位 $M = L+1$，避免出现量化器过载，就可以保持最大输入信号幅度的稳定。这里调制器中量化器分辨率 M 可以定义为 $\log N_Q$，其中 N_Q 为量化等级数。由于我们假设所有调制器的量化器分辨率都相同（$M = 3.9\text{bit}$），根据式（7.5）可知，三阶调制器中的求和点信号摆幅会比二阶中的更大。这使得这三种三阶调制器的输入信号饱和等级都出现了减小。由于注入量化噪声会增大环路内部节点的信号摆幅，因此合理的选择量化等级可以改善调制器的动态范围和稳定性。

耦合噪声调制器的稳定性与原来注入高频振荡信号的调制器相差无几，但是其动态范围得到了改善。

图 7.9 展示了由于图 7.5 所示调制器中电容器失配和量化器偏移误差导致噪声耦合分支的增益误差 SNDR 变化的仿真结果，所加输入信号为 -6dBFS。由于噪声耦合电容的失配一般远小于 5%，量化器偏移也可以通过输入偏置采样方法来减小，由于以上原因造成的 SNDR 恶化在 1dB 以内。在有限的动态加法器运放 dc 增益下，当增益大于 35dB 时，SNDR 的变化几乎可以忽略。

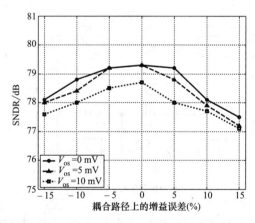

图 7.9　在噪声耦合路径上增益误差与 SNDR 变化关系的模拟，这种变化一般来自量化器（图 7.4）中电容失配和均方根误差等原因

7.2.1　量化噪声互耦合与时间交织（NCTI）

本节所提到的 $\Delta\Sigma$ ADC 利用了噪声耦合时间交织结构。其衍生结构可见图 7.10。图 7.10a 展示了一个分离调制器，其中每一路都使用了低失真结构。该结构原来在流水线 ADC 和逐次渐近 ADC 中被提出，用以实现数字背景下的调试工作[28,29]。在分解调制器时，所有的电容和跨导都被减为原来的一半。在恒定的功

耗下，分离调制器能够得到与单路径调制器一样的信噪比和信号带宽。这是因为其中热噪声和量化噪声都提高了 6dB，输出信号也是如此。对于分离调制器的 z 域表达式为

$$V_1 = U + NTF_1 \cdot Q_1 \tag{7.6}$$

$$V_2 = U + NTF_2 \cdot Q_2 \tag{7.7}$$

$$V = U + NTF \cdot (Q_1 + Q_2)/2 \tag{7.8}$$

这里对每一个调制器单元假设了一个统一的变换函数和相同的噪声变换函数（$NTF_1 = NTF_2 = NTF_3$）。从式（7.8）可知，如果调制器的量化等级数保持相等，分离调制器中的量化噪声均方差功率与单路径调制器相比减少了 3dB。

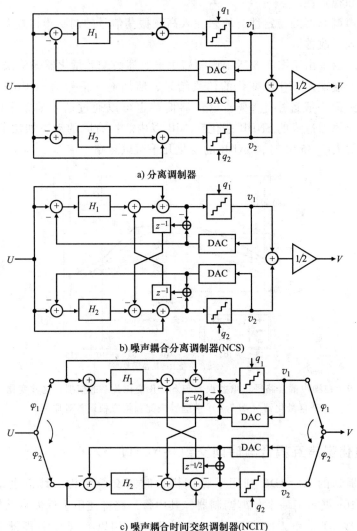

a) 分离调制器

b) 噪声耦合分离调制器(NCS)

c) 噪声耦合时间交织调制器(NCIT)

图 7.10　本节提出的噪声耦合时间交织结构的三种衍生结构

下一步我们在两种 ΔΣ 调制器中引入噪声耦合，可见图 7.10b。每个调制器的量化噪声都延迟一个周期，之后注入剩下调制器中量化器输入端的求和点。与前面的量化噪声自耦合类似，该方法针对调制器组合引入了一个新的噪声变换函数[21-26]。其方程组可表示为

$$V_1 = U + NTF_1 \cdot (Q_1 - z^{-1} \cdot Q_2) \tag{7.9}$$

$$V_2 = U + NTF_2 \cdot (Q_2 - z^{-1} \cdot Q_1) \tag{7.10}$$

$$V = U + NTF \cdot (1 - z^{-1}) \cdot (Q_1 + Q_2)/2 \tag{7.11}$$

在分离调制器中无论是否引入噪声耦合，由于热噪声以及诸如运放偏移、建立误差和非线性等电路误差的存在，两个环路中的量化噪声相关性都会迅速下降（通常在加电后的数百个周期内）。这个现象在参考文献 [30] 中可以找到确凿的证据。对两个环路中的量化噪声进行互相关仿真，可以得到类似的结果，其中互相关函数 $C(n)$ 可以表示为

$$C(n) = \frac{1}{n} \sum_{k=1}^{n} q_1(k) \cdot q_2(k) \tag{7.12}$$

通过引入时间交织技术，我们可以进一步提升性能。图 7.10c 展示了引入噪声耦合和时间交织 （Noise-Coupled Time-Interleaved，NCTI） 技术的结构[24,25]。在图 7.11a 显示的简化框图中，我们可见时间交织将噪声变换函数中的因数 $(1-z^{-1})$ 变为 $(1-z^{-1/2})$。这个变化使得 SQNR 增加了 6dB，原因是当 z 接近于 1 时，$(1-z^{-1/2})$ 可近似为 $(1-z^{-1})/2$。在该方法下，相关的方程组可表示为

$$V_1 = U_1 + NTF_1 \cdot (Q_1 - z^{-1/2} \cdot Q_2) \tag{7.13}$$

$$V_2 = U_2 + NTF_2 \cdot (Q_2 - z^{-1/2} \cdot Q_1) \tag{7.14}$$

考虑因时间交织引起的两调制器间相位的差异，在联立上述两式时，任意一个调制器 （在本例中为调制器 2） 中的所有变量都要乘以一个 $z^{1/2}$ 的因数，即

$$V_2 \rightarrow z^{-1/2} \cdot V_2 \tag{7.15}$$

$$U_2 \rightarrow z^{-1/2} \cdot U_2 \tag{7.16}$$

$$Q_2 \rightarrow z^{-1/2} \cdot Q_2 \tag{7.17}$$

所以上面的式 （7.13）、式 （7.14） 可写为

$$V_1 = U_1 + NTF_1 \cdot (Q_1 - z^{-1/2} \cdot z^{-1/2} \cdot Q_2) \tag{7.18}$$

$$z^{-1/2} \cdot V_2 = z^{-1/2} \cdot U_2 + NTF_2 \cdot (z^{-1/2} \cdot Q_2 - z^{-1/2} \cdot Q_1) \tag{7.19}$$

根据下面的式子

$$V = V_1 + z^{-1/2} \cdot V_2 \tag{7.20}$$

$$U = U_1 + z^{-1/2} \cdot U_2 \tag{7.21}$$

$$Q = Q_1 + z^{-1/2} \cdot Q_2 \tag{7.22}$$

一同联立，可得

$$V = U + NTF \cdot (1 - z^{-1/2}) \cdot Q \tag{7.23}$$

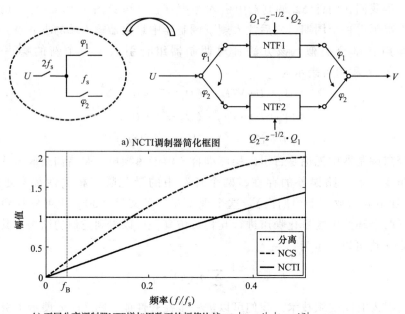

a) NCTI调制器简化框图

b) 不同分离调制器NTF增加因数下的幅值比较；1，$|1-z^{-1}|$，$|1-z^{-1/2}|$

图 7.11 a）NCTI 调制器简化框图 b）不同分离调制器 NTF 增加

因数下的幅值比较；1，$|1-z^{-1}|$，$|1-z^{-1/2}|$

在噪声耦合时间交织（NCTI）调制器中，两个环路的量化噪声在加电后的数百个周期后不再相关。NCTI 输出信号增加了 2 倍。这里的原因是在过采样 ADC 的信号频段内，U_1 和 U_2 有很强的相关性，而 $|1+z^{-1/2}|$ 非常接近于 2，这跟奈奎斯特采样 ADC 是不同的。比如 $|u_1(n)-u_2(n)|$ 的值小于 $u_1(n)$ 和 $u_2(n)$ 幅度的 6%；当 OSR = 12 时，$|1+z^{-1/2}| = 1.9957$，所以

$$U=U_1+z^{-1/2}\cdot U_2 \approx (1+z^{-1/2})\cdot U_1 \approx 2\cdot U_1 \tag{7.24}$$

为了公平比较，如果我们将 NCTI 调制器中的信号功率调至与分离调制器和 NCS 调制器一样时，可得

$$V/2 \approx U_1+NTF\cdot(1-z^{-1/2})\cdot(Q_1+z^{-1/2}\cdot Q_2)/2 \tag{7.25}$$

比较式（7.8）、式（7.11）、式（7.25），我们可以发现 NCTI 调制器性能的提升原因在于 $(1-z^{-1/2})$ 这个因数，因为一旦 Q_1 和 Q_2 不再相关，$(Q_1+Q_2)/2$ 和 $(Q_1+z^{-1/2}Q_2)/2$ 所呈现的噪声功率是一样的。图 7.11b 中对图 7.10 中所示的三种调制器中 $(1-z^{-1/2})$ 这一性能提升因子的频率响应进行了比较。时间交织技术以更简便的方式实现了噪声耦合，因为 $z^{-1/2}$ 的时延可以在将一个调制器的量化值输入至另一调制器的过程中自动实现。最后，由于带外零点的存在，在奈奎斯特采样频率附近量化噪声被压缩，NCTI 调制器还减小了其自身对通道失配错误的灵敏度。

总的来说，时间交织奈奎斯特 ADC 会受到通道失配误差的影响，比如时间偏

差、频道增益失配、频道偏移误差和频道频带失配[31-33]。所以无论在模拟还是数字域中，都需要进行前台和后台调试用以减少这些误差[34,35]。与之相反，通道失配误差不会限制 NCTI 调制器的性能。对于通道失配的健壮性性能取决于 NCTI 调制器在奈奎斯特采样频率 f_s（见图 7.12）上的带外噪声传递函数零点。通过运行两个二阶 $\Delta\Sigma$ 调制器，并运用时间交织技术，可以引入一个双零点。因为在奈奎斯特采样频率 f_s 处量化噪声基本没有显著的功率，在通道失配超过 5% 时调制器依然可以承受折叠噪声的影响。然而，由于增加的双零点也增加了带内的本底噪声，这里其实体现了对于 SQNR 性能和对通道失配健壮性的折衷处理。

　　调制器的拓扑搭建可以利用二阶低失真环路实现。图 7.12 显示了图 7.10 中三类调制器的幅度响应。点直线为未耦合的二阶调制器，斜率为 40dB 每十个环路；虚线为 NCS 三阶调制器，斜率为 60dB 每十个环路；而 NCTI 调制器与 NCS 调制器斜率相同，但是虚线整体下移 6dB。当 OSR 等于 12 时，NCTI 调制器的 SQNR 性能与传统二阶调制器相比提升 19dB，而且只需要额外的若干开关电容。利用 Matlab 和 Simulink 工具，我们对现实的 $\Delta\Sigma$ 调制器进行了概念验证。图 7.13 显示了 SNDR 与积分运放直流增益以及通道失配之间的函数关系。本文提出的滤波器结构在 SNDR 性能上比传统调制器增强了 17dB，且在不同的电路即频道误差下依然能够保持健壮。

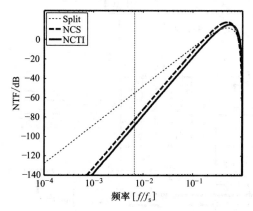

图 7.12　图 7.10 中三种调制器的 NTF
函数图线对比，其中加入了一个二阶的
环形滤波器 $H(z)$，两坐标轴
都为对数尺度

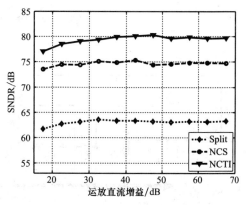

图 7.13　SNDR 与运放直流增益的
函数关系图线，其中两频道间的绝对
失配率在 5%

7.3　开关电容（SC）电路实现

　　在 $0.18\mu m$ 2P4M CMOS 电路工艺中，一种原型 $\Delta\Sigma$ ADC 已经得以实现。图 7.14 展示了一种已经实现的带噪声自耦合的 $\Delta\Sigma$ ADC 结构框图，图 7.15 则展示了其中经简化的开关电容器电路。NCTI ΔΣ ADC 中的开关电容实现可见图 7.16、图 7.17。为了简化图片，我们省略了输入电路的细节。图 7.18 则显示了两种原型中第一个积分器输入分支的细节。其中我们对输入的采样信号与 DAC 电容进行了隔离，用以避免因参考驱动器的信号相关负载造成的严重参考误差[36]。然而，由于输入采样信号与 DAC 电容的分隔，运放反馈系数会发生减小，减慢运放建立的速度。所以我们将输入采样与 DAC 电容都减小一半用来维持反馈系数不变，同时将输入信号摆幅和 DAC 参考值增大一倍，利用正负限之间的交叉耦合开关，保持 SNR 不变，可见图 7.18。

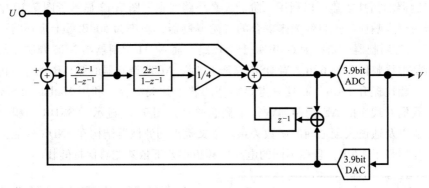

图 7.14   QNSCΔΣ ADC 原型框图

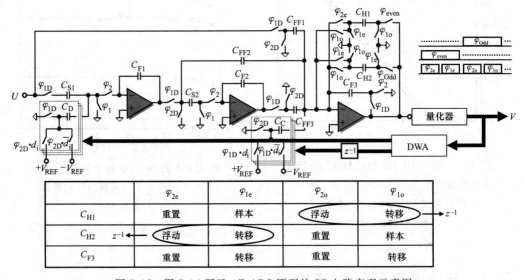

	φ_{2e}	φ_{1e}	φ_{2o}	φ_{1o}
C_{H1}	重置	样本	浮动	转移 → z^{-1}
C_{H2}	z^{-1} ← 浮动	转移	重置	样本
C_{F3}	重置	转移	重置	转移

图 7.15   图 7.14 所示 ΔΣ ADC 原型的 SC 电路实现示意图

每个环路包含两个积分器，之后为一个动态求和器。低失真调制器需要在量化器输入端进行信号求和。这里可以使用被动 SC 求和器，因为其不需要额外的运放，但是会减小寄生电容值，造成信号摆幅幅度的减小，特别是环路中存在多比特

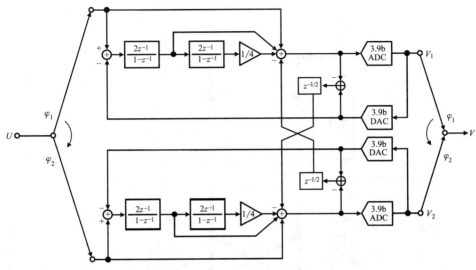

图 7.16   NCTI ΔΣ ADC 原型框图

量化器时比较明显。SC 求和器对于量化器中的回馈噪声较为敏感。基于这些原因，我们在设计中运用了偏移补偿放大器以及主动求和（而不是被动求和）。噪声耦合也运用了动态加法器运放。为了弥补较低 OSR（等于 12）的影响，我们使用了 15 级量化器和 15 级单元-电容数模转换器。

由于低失真调制器结构和多比特量化器的存在，环路滤波器中的信号摆幅大幅减小。所以即使供电电压为 1.5V，运放的受限输出信号摆幅并不会产生什么影响。这使得我们能够使用能效更高、噪声更低的套筒式共阴-栅地运放和 SC 共模反馈技术，作为积分器和动态加法器，如图 7.19 所示。运放的差分信号摆幅在 ±0.72V。而低失真拓扑和多比特量化器的运用也大大减小了对运放跳跃率的要求[12]。

在电路实现之前，我们利用 Matlab 和 Simulink 对运放的增益带宽以及跳跃率的要求进行了仿真核实。在 NCTI 模组第一个积分运放中，增益带宽为 1.2GHz，直流增益为 50dB，驱动偏置电流为 2.6mA。与其相似或按比例缩放的运放可以用于第二个积分器和动态加法器。在无时延动态加法器中我们使用了偏移补偿机制。其中至关重要的输入采样开关使用了自举升压时钟信号用以保证线性采样[37]。

4-bit 量化器中包含了一个二级预放大器用来防止出现回馈噪声，并加快信号放大过程；其后为一个跟踪-锁存器以及一个设置-重置锁存器，如图 7.20 所示[38, 39]。在二级预放大器中采用了输入偏差采样机制用以将偏差误差造成的影响最小化。因为预放大器的开环增益大约为 10，输入参考偏差也可以减小相同的倍数。在比较过程 φ_1 中，跟踪-锁存器处于跟踪模式，其能够感知预放大器的输出情况。在 φ_1 将结束时，跟踪-锁存器中 φ_c（重置）信号会从高电位变为低电位，触发重置和锁存。量化器的阈值电压有一串电阻串产生。

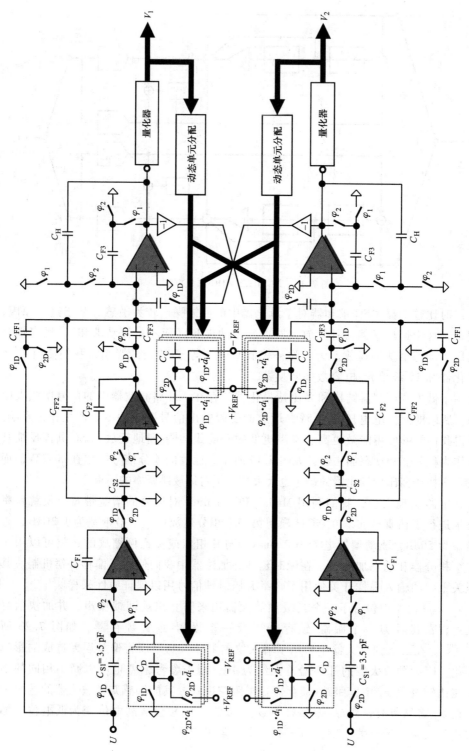

图 7.17   图 7.16 所示原型 ΔΣADC 中 SC 电路的实现

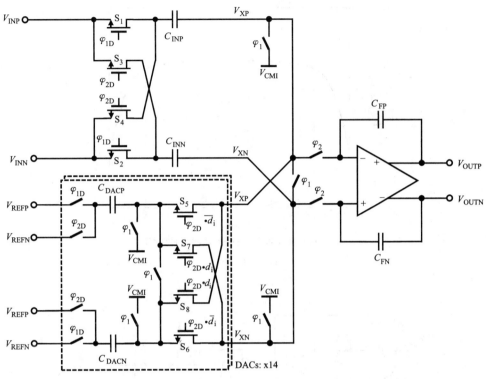

图 7.18　调制器的输入分支细节电路，其具有分隔输出和 DAC 电容

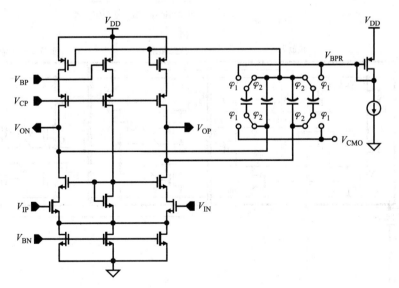

a) SC共模反馈套筒式共阴-栅地运放

图 7.19

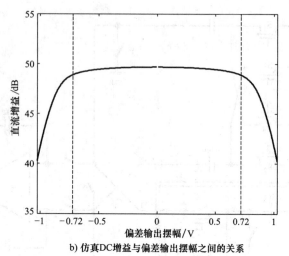

b) 仿真DC增益与偏差输出摆幅之间的关系

图 7.19 (续)

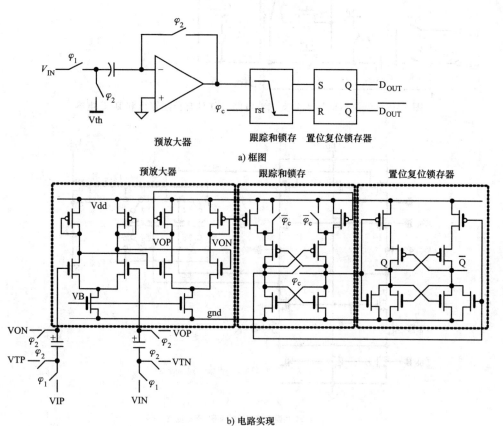

b) 电路实现

图 7.20   量化器的结构

传统的数据加权平均技术（DWA）被运用其中，对 15 级 DAC 的失配误差进行塑形[40]。图 7.21 显示了 DWA 的具体实现框图。对量化器和四级对数移位器中关键线路上晶体管尺寸的优化，可以满足电路对时序的严苛要求。

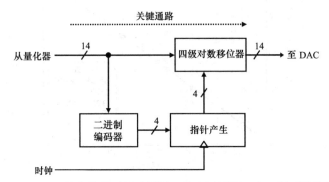

图 7.21　DWA 技术的简要原理框图，其中运用了一个四级对数移位器

7.4　实验结果

我们利用 0.18μm 2P4M CMOS 工艺对元器件进行了组装。

7.4.1　QNSC 原型 ΔΣADC

图 7.22 显示了 QNSC 原型 ADC 的输出频谱的测量结果。图 7.23 显示了 SNR 和 SNDR 与输入信号功率之间的关系。该原型 ADC 实现了峰值 SNDR 81dB、DR 82dB，在 1.9MHz 的信号带宽中 THD 达到 −98dB。总功耗为 8.1mW（模拟：4.4mW，数字：3.7mW）。表 7.1 罗列了该 ADC 的性能测量数据。其中品质因数（FOM），定义为 $FOM = P/(2 \cdot BW \cdot 2^{(SNDR-1.76)/6.02})$，计算结果为 0.25pJ 每转换步骤，该值是迄今为止所有关于宽带 DTΔΣ ADC 报道中取得的最小值。

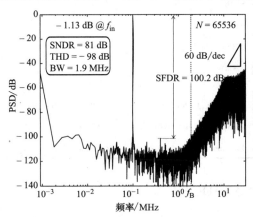

图 7.22　QNSC 原型 ΔΣADC 输出频谱测量结果

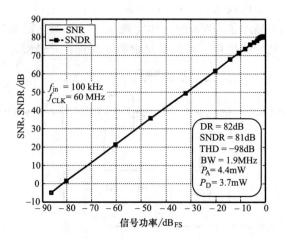

图 7.23　QNSC 原型 ΔΣADC 中 SNR 与 SNDR 测量值与输入信号功率之间的关系

表 7.1　性能测量结果汇总

结构	QNSC	NCTI	
原型		A	B
采样频率	60MHz	200MHz	120MHz
ΔΣ 时钟频率	60MHz	100MHz	60MHz
信号带宽	1.9MHz	4.2MHz	2.5MHz
OSR	16	12	
输入信号范围(diff.)	$1.44V_{pp}$	$1.44V_{pp}$	
V_{ref}	0.72V	0.72V	
C_{IN} 和 C_{DAC}	separate	separate	shared
动态范围	82dB	81dB	83dB
SNDR	81dB	79dB	81dB
THD	−98dB	−98dB	−104dB
FOM	0.25pJ/conv.	0.48pJ/conv.	0.33pJ/conv.
功耗	4.4mW(A) 3.7mW(D)	13mW(A) 15mW(D)	10mW(A) 5mW(D)
供电	1.5V(A),1.45V(D)	1.5V(A),1.6V(D)	
工艺	0.18μm 2P4M CMOS	0.18μm 2P4M CMOS	
核心面积	$1.27mm^2$	$3.67mm^2$	

7.4.2　NCTI 原型 ΔΣADC

本文对两种类型的 NCTI 原型 ADC 进行了实验。两种类型除自身的输入采样分支不同外其他都相同。原型 A 的输入采样和 DAC 电容被分隔开来，而原型 B 则共享一个输入采样和 DAC 电容。图 7.24 显示了原型 A 的输出频谱测量结果；图 7.25 显示了其 SNR 和 SNDR 随输入信号幅度的变化关系。原型 A 的峰值 SNDR 为 79dB，DR 为 81dB，在 4.2MHz 的信号频带内 THD 为 -98dB。模拟功率 13mW，数字功率 15mW。FOM 为 0.48pJ 每转换步骤。原型 B 的峰值 SNDR 为 81dB，DR 为 83dB，在 2.5MHz 的信号频带内 THD 为 -104dB。模拟功率 10mW，数字功率 5mW。FOM 为 0.33pJ 每转换步骤。原型 A、B 的性能参数测量结果见表 7.1。图 7.26 则显示了上述三种原型 ADC 与其他最尖端 ΔΣADC 技术在 FOM 性能上的比较。

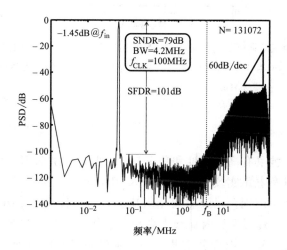

图 7.24　NCTI ΔΣ ADC 的输出频谱测量结果（原型 A）

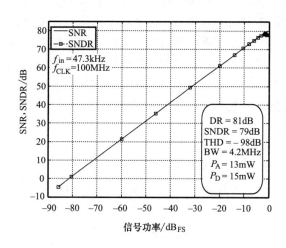

图 7.25　NCTI ΔΣ ADC SNR 与 SNDR 测量值与输入信号功率之间的关系

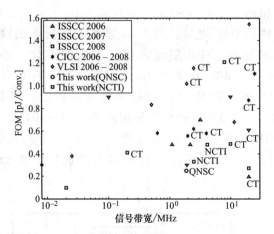

图 7.26　本文提出的三款调制器与其他尖端 ΔΣ 调制器在 FOM 性能上的比较（连续时间调制器以及本文提出的 QNSC 与 NCTI 调制器在图上都作了标记，其余的调制器都为离散时间类型）

7.5　结论

　　本章提出了几种具有高线性度和功率效率的宽带离散时间 ΔΣ ADC。通过在架构上的有效改进以及电路实现，这几种 ADC 都获得了优异的性能。本文提出的调制器结构基于新型噪声耦合以及时间交织技术。第一种原型 ADC 是一个经改进的低失真 ΔΣ 调制器，其利用了内部噪声耦合。它相比于传统同阶数低失真调制器，通过在量化器前端与噪声耦合分支共享动态加法器运放，故所需要的运放数量更少。该原型 ADC 实现了高线性度的数据转换（-98dB），在 1.9MHz 的信号频带中实现了迄今最好的功率效率（FOM = 0.25pJ 每转换步骤）。该效率也成为了近来报道的 DT/CT ΔΣ 调制器中的最好成绩。本文提出的第二种调制器为噪声耦合时间交织调制器。这类调制器增强了噪声成形和健壮性表现，使其具备了宽带低功率的优异性能。另外，该型调制器中的耦合噪声能够将 THD 值降至比其他宽带 ADC 更低。其性能实现了 79dB SNDR 和-98dB THD（4.2MHz 信号频带内）。其 SQNR 值达到了传统三阶调制器-4 比特量化器组合的理论最大值（80dB，OSR 为 12）。

参考文献

1. T. Christen, T. Burger, Q. Huang, A 0.13 μm CMOS EDGE/UMTS/WLAN Tri-Mode ΔΣ ADC with -92 dB THD, in *Proc. IEEE ISSCC Dig. Tech. Papers*, San Francisco, Feb 2007, pp. 240, 241

2. S. Kwon, F. Maloberti, A 14 mW multi-bit ΔΣ modulator with 82 dB SNR and 86 dB DR for ADSL2+, in *Proc. IEEE ISSCC Dig. Tech. Papers*, San Francisco, Feb. 2006, pp. 161, 162

3. K.-S. Lee, S. Kwon, F. Maloberti, A power-efficient two-channel time-interleaved ΣΔ modu-

lator for broadband applications, *IEEE J. Solid-State Circuits.* **42**(6), 1206–1215 (2007)

4. Y. Kanazawa, Y. Fujimoto, P. Lo Re, M. Miyamoto, A 100-MS/s 4-MHz bandwidth 77.3-dB SNDR ΔΣ ADC with a triple sampling technique, in *Proc. IEEE Custom Integrated Circuits Conf. (CICC)*, San Jose, Sep. 2006, pp. 53–56

5. L. Dorrer, F. Kuttner, P. Greco, P. Torta, T. Hartig, A 3-mW 74-dB SNR 2-MHz continuous-time delta-sigma ADC with a tracking ADC quantizer in 0.13-μm CMOS, *IEEE J. Solid-State Circuits*, **40**(12), 2416–2427 (2005)

6. M. Park, M.H. Perrott, A 78 dB SNDR 87 mW 20 MHz bandwidth continuous-time ΔΣ ADC with VCO-based integrator and quantizer implemented in 0.13 μm CMOS, *IEEE J. Solid-State Circuits*, **44**(12), 3344–3358 (2009)

7. O. Rajaee, T. Musah, S. Takeuchi, M. Aniya, K. Hamashita, P. Hanumolu, U. Moon, A 79 dB 80 MHz 8X-OSR hybrid delta-sigma/pipeline ADC, *IEEE Symp. on VLSI Circuits*, Kyoto, Jun. 2009, pp. 74, 75

8. J.A. Cherry, W.M. Snelgrove, Clock jitter and quantizer metastability in continuous-time delta-sigma modulators, *IEEE Trans. Circuits Syst. II*, **46**(6), 661–676 (1999)

9. G. Mitteregger, C. Ebner, S. Mechnig, T. Blon, C. Holuigue, E. Romani, A 20-mW 640-MHz CMOS continuous-time ΣΔ ADC with 20-MHz signal bandwidth, 80-dB dynamic range and 12-bit ENOB, *IEEE J. Solid-State Circuits*, **41**(12), 2641–2649 (2006)

10. S. Paton, A.D. Giandomenico, L. Hernandez, A. Wiesbauer, T. Potscher, M. Clara, A 70-mW 300-MHz CMOS continuous-time ΣΔ ADC with 15-MHz bandwidth and 11 bits of resolution, *IEEE J. Solid-State Circuits*, **39**(7), 1056–1063 (2004)

11. X. Chen, Y. Wang, Y. Fujimoto, P. Lore, Y. Kanazawa, J. Steensgaard, G.C. Temes, A 18 mW CT ΔΣ modulator with 25 MHz bandwidth for next generation wireless applications, in *Proc. IEEE Custom Integrated Circuits Conf. (CICC)*, San Jose, Sep. 2007, pp. 73–76

12. R. Schreier, G.C. Temes, *Understanding Delta-Sigma Data Converters* (Wiley, New York, 2004)

13. J. Silva, U. Moon, J. Steensgaard, G.C. Temes, Wideband low-distortion ΔΣ ADC topology, *Electron. Lett.*, **37**(12), 737, 738 (2001)

14. A.A. Hamoui, K.W. Martin, High-order multibit modulators and pseudo data-weighted-averaging in low-oversampling ΔΣ ADCs for broadband applications, *IEEE Trans. Circuits Syst. I, Reg. Papers*, **51**(1), 72–85 (2004)

15. K.C.-H. Chao, S. Nadeem, W.L. Lee, C.G. Sodini, A higher order topology for interpolative modulators for oversampling A/D converters, *IEEE Trans. Circuits Syst.*, **37**(3), 309–318 (1990)

16. R.W. Adams, P.F. Ferguson, A. Ganesan, S. Vincelette, A. Volpe, R. Libert, Theory and practical implementation of a fifth-order sigma-delta A/D converter, *J. Audio Eng. Soc.*, **39**(7/8), 515–528 (1991)

17. R. Schreier, An empirical study of high-order single-bit delta-sigma modulators, *IEEE Trans. Circuits Syst. II, Analog Digit. Signal. Process.*, **40**(8), 461–466 (1993)

18. L. Risbo, Stability predictions for high-order Σ-Δ modulators based on quasilinear modeling, in *Proc. IEEE ISCAS 1994*, London, May 1994, vol. 5, pp. 361–364

19. Y. Fujimoto, Y. Kanazawa, P. Lo Re, M. Miyamoto, An 80/100 MS/s 76.3/70.1 dB SNDR ΔΣ ADC for digital TV receivers, in *Proc. IEEE ISSCC Dig. Tech. Papers*, San Francisco, Feb. 2006, pp. 76, 77

20. K. Lee, G.C. Temes, Improved low-distortion ΔΣ ADC topology, in *Proc. IEEE ISCAS 2009*, Taipei, May 2009, pp. 1341–1344

21. K. Lee, M. Bonu, G.C. Temes, Enhanced split-architecture delta-sigma ADC, *Electron. Lett.*, **42**(13), 737, 738 (2006)

22. K. Lee, M. Bonu, G.C. Temes, Noise-coupled delta-sigma ADCs, *Electron. Lett.*, **42**(24),

1381, 1382 (2006)

23. K. Lee, G.C. Temes, Enhanced split-architecture delta-sigma ADC, in *Proc. IEEE ICECS 2006*, Nice, Dec. 2006, pp. 427–430

24. K. Lee, G.C. Temes, F. Maloberti, Noise-coupled multi-cell delta-sigma ADCs, in *Proc. IEEE ISCAS 2007*, New Orleans, May 2007, pp. 249–252

25. K. Lee, J. Chae, M. Aniya, K. Hamashita, K. Takasuka, S. Takeuchi, G.C. Temes, A noise-coupled time-interleaved delta-sigma ADC with 4.2 MHz bandwidth, −98 dB THD, and 79 dB SNDR, *IEEE J. Solid-State Circuits*, **43**(12), 2601–2612 (2008)

26. K. Lee, M.R. Miller, G.C. Temes, An 8.1 mW, 82 dB delta-sigma ADC with 1.9 MHz BW and −98 dB THD, *IEEE J. Solid-State Circuits*, **44**(8), 2202–2111 (2009)

27. R. Schreier, Y. Yang, Stability tests for single-bit sigma-delta modulators with second-order FIR noise transfer functions, in *Proc. IEEE ISCAS 1992*, San Diego, May 1992, vol. 3, pp. 1316–1319

28. J. Li, G.-C. Ahn, D.-Y. Chang, U.-K. Moon, A 0.9 V 12 mW 5 MSPS algorithmic ADC with 77 dB SFDR, *IEEE J. Solid-State Circuits*, **40**(4), 960–969 (2005)

29. J. McNeill, M. Coln, B. Larivee, "Split-ADC" Architecture for Deterministic Digital Background Calibration of a 16b 1MS/s ADC, *IEEE ISSCC Dig. Tech. Papers*, San Francisco, Feb. 2005, pp. 276–278

30. S. Pamarti, A theoretical study of the quantization noise in split delta-sigma ADCs, *IEEE Trans. Circuits Syst. I, Reg. Papers*, **55**(5), 1267–1278 (2008)

31. N. Kurosawa, H. Kobayashi, K. Maruyama, H. Sugawara, K. Kobayashi, Explicit analysis of channel mismatch effects in time-interleaved ADC systems, *IEEE Trans. Circuits Syst. I, Reg. Papers*, **48**(3), 261–271 (2001)

32. C.S.G. Conroy, D.W. Cline, P.R. Gray, An 8b 85MS/s parallel pipeline A/D converter in 1 μm CMOS, *IEEE J. Solid-State Circuits*, **28**(4), 447–455 (1993)

33. W.C. Black Jr., D.A. Hodges, Time interleaved converter arrays, *IEEE J. Solid-State Circuits*, **15**(12), 1022–1029 (1980)

34. K.C. Dyer, D. Fu, S.H. Lewis, P.J. Hurst, An analog background calibration technique for time-interleaved analog-to-digital converters, *IEEE J. Solid-State Circuits*, **33**(12), 1912–1919 (1998)

35. D. Fu, K.C. Dyer, S.H. Lewis, P.J. Hurst, A digital background calibration technique for time-interleaved analog-to-digital converters, *IEEE J. Solid-State Circuits*, **33**(12), 1904–1911 (1998)

36. E. Fogleman, J. Welz, I. Galton, An audio ADC delta-sigma modulator with 100 dB SINAD and 102 dB DR using a second-order mismatch-shaping DAC, in *Proc. IEEE Custom Integrated Circuits Conf. (CICC)*, Orlando, Sep. 2000, pp. 17–20

37. M. Dessouky, A. Kaiser, Very low-voltage digital-audio $\Delta\Sigma$ modulator with 88-dB dynamic range using local switch bootstrapping, *IEEE J. Solid-State Circuits*, **36**(3), 349–355 (2001)

38. I. Mehr, D. Dalton, A 500-MSample/s, 6-bit Nyquist-rate ADC for disk-drive read-channel applications, *IEEE J. Solid-State Circuits*, **34**(7), 912–920 (1999)

39. I. Mehr, L. Singer, A 55-mW, 10-bit, 40-Msample/s Nyquist-rate CMOS ADC, *IEEE J. Solid-State Circuits*, **35**(3), 318–325 (2000)

40. R.T. Baird, T.S. Fiez, Linearity enhancement of multibit $\Delta\Sigma$ A/D and D/A converters using data weighted averaging, *IEEE Trans. Circuits Syst. II, Analog Digit. Signal. Process.*, **42**(12), 753–762 (1995)

第8章 甚低过采样率 Sigma-Delta 转换器

Trevor C. Caldwell

8.1 引言

在兆赫兹频段的输入信号带宽内运行的高速数据转换器是在许多应用领域中非常重要的模拟搭建模块，比如高速无线/有线通信系统、高画质视频系统、图像系统以及仪器系统等。当需要在更小的带宽中实现更高的精度时，通常就需要用到过采样技术。实现较高的过采样率（OSR）是人们希望实现的目标，因为其能够减轻对于某些单一电路的性能要求。然而不断增长的带宽需求使得人们不能减小 OSR，同时还要保持电路的良好性能。本文的目的就是为了探究 OSR 减小对 ΣΔ 调制器所带来的影响以及论述增量数据转换器的相关内容。

ΣΔ 调制器是一类最为常见的过采样数据转换器。它能够实现高效高分辨率的数据转换，通常用于需要较高 OSR 的应用场合，这类应用中噪声成形的增加可以增大信号-量化噪声比（SQNR）。在低 OSR 的条件下，人们就遇到了困难，此时噪声成形不再像之前那样有效，因为它同时会增加整个系统的总噪声功率，使得 SQNR 下降。在这种情况下，可以选用过采样共源共栅或 MASH 架构，因为它们相比于单级结构，对低 OSR 不那么敏感[1]，但是对电路中的一些不理想状况却更为敏感。

在低 OSR 情况下，人们可以使用奈奎斯特采样频率 A/D 转换器。该型转化器需要一定程度的过采样，从而减轻对于输入端抗混叠滤波器的性能要求。但是这种转换器失去了一个由噪声成形所赋予的巨大的优势，因为输入端参考噪声是根据增益级数来成形的，而不是根据噪声成形转换器中的积分器。在众多 A/D 转换器中，这个 ΣΔ 调制器的重要性能优势将在本文中得到探究。

8.2 背景信息

8.2.1 Delta-Sigma 调制器

ΣΔ 调制器采用了过采样和噪声成形两项技术来提高低分辨率（低至 1bit）内置 A/D 转换器或量化器的精度。与信号相比不同的是，由于反馈环路的存在，量化器中的噪声有着不同的转移函数。这就使得设计者可以选择一种滤波器，使其能够同时满足噪声成形，保证其在所需要的频带内足够小，同时保证在同一频段内信号不衰减。通过数字滤波器，只保留了规定频带内的一小部分，只有少量噪声得以遗留，从而在减小转换速度的同时获得高分辨率的 A/D 转换器。噪声传递函数（NTF）以及信号传递函数（STF）决定了 ΣΔ 调制器的特性。传递函数的阶数和形状、过采样率以及内置 A/D 转换器的分辨率都决定着 ΣΔ 调制器的分辨率。图 8.1 显示了一个单级调制器的示意图。

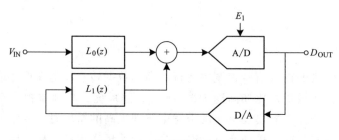

图 8.1　ΣΔ 调制器的总体结构

ΣΔ 调制器的一项重要改进是其使用了输入端前向反馈分支[2]。一个额外的前向反馈通路被加在了输入端和量化器前的求和点之间。配备这个结构，NTF 保持不变，而 STF 则在 $L_0(z) = -L_1(z)$ 时才保持不变。同时环路滤波器输出端的信号分量被最小化。从输入端开始经过 A/D 和 D/A 的无时延通路回归，并从输入端被减去。没有任何信号分量会进入环路滤波器，剩下的只有差错信号 E_1。所以，环路滤波器的输出只是关于 E_1 的函数。而 E_1 在某种程度上始终与输入端相关联，只是对于更好分辨率的内置 A/D 转换器来说，关联性会小些，而由环路滤波器产生的失真与信号的相关性也会小些。这种特性成为了一个优势，因为在小供电功率下，低失真运算跨导放大器（OTA）的设计难度会增大[3]。图 8.2 显示了输入前向反馈 ΣΔ 转换器的总体结构。

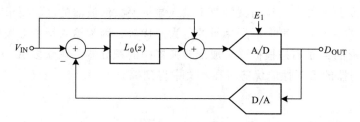

图 8.2　ΣΔ 调制器的前向反馈总体结构

基于稳定性方面的原因，若要在滤波系数变化，或环路非线性的条件下，保证高阶 NTF 的稳定性，其设计难度就会增大。所以人们就需要在 NTF 稳定性和噪声成形的程度上作出权衡（比如它可获得多高的分辨率）。由于以上原因，高分辨率或低过采样率调制器通常通过共源共栅结构来实现。顾名思义，共源共栅 ΣΔ 调制器可以通过级联两个或更多的单级 ΣΔ 调制器来实现。

图 8.3 显示了两级共源共栅 $\Sigma\Delta$ 调制器的整体结构。共源共栅调制器的优势在于其中每个单独的调制器单元都不需要配备高阶滤波器；总的滤波器阶数可以分摊到各级中，所以任意一个 $\Sigma\Delta$ 调制器单元就只需要较低的阶数。而稳定性往往与单独调制器单元的阶数有关，而和调制器总阶数无关。

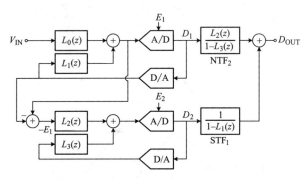

图 8.3　共源共栅 $\Sigma\Delta$ 调制器的总体结构

该调制器中还使用了一个数字滤波器来重新组合各个单独调制器的数字输出。其作用是消除在第一级中的误差，只保留最后一级共源共栅级的误差；该误差通过每一级 NTF 的乘积进行噪声成形。该消除作用的效果与单独 $\Sigma\Delta$ 调制器中模拟/数字滤波器之间的匹配有关；而这也成为了制约高分辨率共源共栅 $\Sigma\Delta$ 调制器性能的主要限制条件。

如前文所述，当使用输入前向反馈结构时，环路滤波器输出中没有信号分量。由于取决于量化器的分辨率，环路中的误差信号可能会比 $\Sigma\Delta$ 调制器输入端容限小得多。当被传递至下一级时，误差信号可能会被放大，但依然在可接受的容限范围内。放大这一因素的存在，会增大共源共栅 $\Sigma\Delta$ 调制器的总分辨率。

8.2.2　增量数据转换器

增量 A/D 转换器其实很好理解，它就是 $\Sigma\Delta$ 调制器和双斜率 A/D 转换器的组合。该型转换器能够像双斜率 A/D 转换器一样工作，同时可以像 $\Sigma\Delta$ 调制器一样利用更高阶环路滤波器。

双斜率（或积分）A/D 转换器在高精度高线性度转换、低偏移和低增益误差领域十分适用。如图 8.4 所示，该型转换器将输入信号在一定时间长度上进行积分，之后若干个时钟周期中不断减去一参考电压值，直到输出值达到零，并对该时长内的周期数进行计数。将该计数值作为数字输出结果。对于一个 N 比特 A/D 转换器，通常需要 2^{N+1} 个周期内完成一次转换。对于高分辨率 A/D 转换器，转换的时间会严重制约其工作速度。

增量 A/D 转换器的结构与 $\Sigma\Delta$ 调制器的结构基本相同，但前者在每一次转换后会重置积分器，在每一次转换中输入端都保持不变（理想状况下，但实际上不

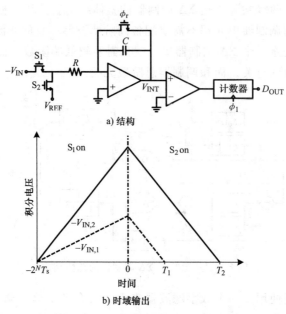

图 8.4 双斜率 A/D 转换器

这样操作），抽取滤波器也不一样。一阶增量 A/D 转换器可以理解为一个双斜率 A/D 转换器，因其输入与输出关系是一样的。同双斜率 A/D 转换器一样（和奈奎斯特采样率 A/D 转换器相似），其介于频段 $f_s/2OSR$ 和 $f_s/2$ 之间输入信号会混叠进入信号频段，并不会受到数字抽取滤波器的压制（与 $\Sigma\Delta$ 调制器不同）。

图 8.5 显示了一阶增量 A/D 转换器的结构。与双斜率 A/D 转换器不同，其对参考信号积分操作和减法操作是混合在一起的。如果 1-比特 D/A 转换器的输出为

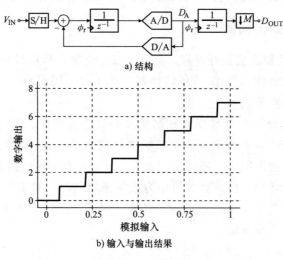

图 8.5 一阶增量 A/D 转换器（OSR = 7）

V_{REF} 或 0，A/D 阈值为 V_{REF}，这一区别就十分明显。如果假设输入为正单极性码，将输入进行积分，直到其大于 V_{REF}。这时，从输入信号中减去 V_{REF}，并将计数器加 1。当经过 2^N-1 个时钟周期后，便可以实现 N bit 的分辨率（该分辨率为双斜率转换器的一半，因为双斜率转换器的时钟是 2 相的）。当转换进行后（OSR 时钟周期后），积分器被重置，下一样本开始转换。增量 A/D 转换器另外的一个好处是其中抽取滤波器的简易性。它可如同一个 L 阶转换器中的 L 个累加器的叠加，取代更复杂的滤波器[5-7]。

图 8.5 显示了 7 个周期内转换器的输出结果，获得了一个 3 比特/8 级的输出。因为增量 A/D 转换器为过采样 A/D 转换器，其特点与奈奎斯特采样频率 A/D 转换器更为相似，如果使用了输入采样保持机制，大于 $f_s/2OSR$ 的输入信号会无衰减混叠进入信号频段。在一些例子中，增量 A/D 转换器也可以看作是工作于瞬态模式下的 $\Sigma\Delta$ 调制器[8]。在高 OSR 条件下，重置后增量 A/D 转换器运行时间越长，其内部运行状况就与 $\Sigma\Delta$ 调制器越相似。然而在低 OSR 条件下（比如 OSR = 3），增量 A/D 转换器就与 $\Sigma\Delta$ 调制器大相径庭了。

如前文所述增量转换器中的抽取滤波器如同一个 L 阶转换器中 L 个累加器的叠加，但还有一些其他类型的优化滤波器。参考文献［6］就建议在模拟环路滤波器中使用抖动信号，并加入更高阶数（L+1）的累加器叠加来提高分辨率。参考文献［7］则论述了一种优化抽取滤波器，能够同时最小化系统中的最大误差和均方差。但是这些滤波器会增大电路的数字复杂度。

$\Sigma\Delta$ 调制器技术可以用于在增量 A/D 转换器当中，如果将增量 A/D 转换器中的 OSR 定义为一次转换中的周期数，那么很显然增大 OSR 便可以加大分辨率。与双斜率 A/D 转换器不同，增量 A/D 转换器可以利用更高阶的环路滤波器来增加分辨率。更高阶的增量 A/D 转换器既可以应用于单极结构，也可以应用于共源共栅或 MASH 结构。

单极结构会收到积分器输出端信号摆幅增大的影响，但是只要运用低失真输如前向反馈结构就可以减小信号摆幅。在高 OSR 条件下，增量 A/D 转换器的有效输入范围与 $\Sigma\Delta$ 调制器相似，可以记为

$$\max|V_{IN}| = (N+1-|h(n)|_1)/(N-1) \tag{8.1}$$

式中，N 代表 N 级量化器，$|h(n)|_1$ 为 NTF 方程 $H(z)$ 的第一范式。

与 $\Sigma\Delta$ 调制器一样，对于更高阶转换器来说，堆叠结构更为稳定。与将第一级积分器输出输入进下一级的做法相对的是，第一级的差错也会被输入进下一级。这会造成进入下一级的信号幅度变得更小，因为其中的信号分量变少了。因此为改善 SQNR，就需要使用级间增益和多比特量化器技术。

8.3　高阶 MASH$\Sigma\Delta$ 调制器

在低 OSR 情况下，想要获得高分辨率变得越来越难。$\Sigma\Delta$ 调制器依赖过采样噪

声成形来提高自身的分辨率，但噪声成形会增加调制器中总的量化噪声功率，而 OSR 越低，增加的噪声功率就越大。

8.3.1 与奈奎斯特采样频率 A/D 转换器之间的比较

由于噪声成形技术会增大 $\Sigma\Delta$ 调制器中的总噪声功率，在 OSR 等于 1 时，奈奎斯特采样频率 A/D 转换器的性能要好于 $\Sigma\Delta$ 调制器。然而，当 OSR 增大时，频带内的噪声会变小，此时 $\Sigma\Delta$ 调制器的 SQNR 值的提高速度会好于奈奎斯特采样频率 A/D 转换器的 3dB 每倍频程。最终 $\Sigma\Delta$ 调制器的性能也会超过奈奎斯特采样频率 A/D 转换器。

图 8.6 显示了一阶和八阶 $\Sigma\Delta$ 调制器以及奈奎斯特采样频率 A/D 转换器中总带内积分噪声功率与 OSR 之间的关系。该比较中使用的 NTF 为 $(1-z^{-1})^{L}$，其中 L 为调制器阶数。这里也假设了输入信号可以达到满量程，虽然该假设取决于结构的选择以及量化器的分辨率。图 8.6 中提及的奈奎斯特采样频率 A/D 转换器，其中的归一化过程假设了该转换器拥有与 $\Sigma\Delta$ 调制器总量化噪声一致的分辨率（比如，这两种转换器的量化器级数相同）。这里便存在着一个性能交点；对于一阶调制器，其性能交点出现在 OSR = 1.66 时，而对于八阶调制器来说，OSR = 2.48。对于给定的调制器阶数，这个交点 OSR 值便决定了是否使用噪声成形技术的时机（假设在 $\Sigma\Delta$ 调制器和奈奎斯特采样频率 A/D 转换器中可以使用相同的量化器分辨率）。

对于低阶 $\Sigma\Delta$ 调制器，该交点出现在较低 OSR 值处。表 8.1 罗列了不同调制器中的交点 OSR 值。表 8.1 中还记录了在 OSR = 3 时各调制器中噪声功率的相对减小量。尽管对于高阶调制器来说，其较低 OSR 值更大，但更高阶调制器在 OSR = 3 时其噪声功率依然比较低，因为噪声功率会随着 OSR 的增加迅速减小。而增加调制器的阶数，却不会出现

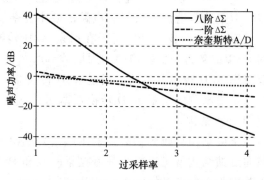

图 8.6 总带内噪声功率与 OSR 之间的关系

噪声功率显著减小。然而更高阶共源共栅结构的可塑性更强，能够实现更高分辨率的量化器，最终得到更小的量化噪声，从而进一步减小调制器中的噪声功率。

表 8.1 $\Sigma\Delta$ 调制器和奈奎斯特采样频率 A/D 转换器在相同噪声功率下的 OSR 值

NTF	交点 OSR	在 OSR 等于 3 时的相对噪声功率/dB
1	1	−4.78
$(1-z^{-1})$	1.66	−9.38
$(1-z^{-1})^{2}$	1.94	−11.53
$(1-z^{-1})^{4}$	2.23	−14.01
$(1-z^{-1})^{8}$	2.48	−16.70
$(1-z^{-1})^{12}$	2.60	−18.34

8.3.2　单级 ΣΔ 调制器与共源共栅 ΣΔ 调制器

在 ΣΔ 调制器中，SQNR 的改善主要依赖三个要素：提高 OSR、提高量化器分辨率、提高调制器阶数。对于给定的 OSR 值，并假设最大量化器分辨率可以达到4~5bit（为了更简单的电路设计），此时对于调制器阶数的确定便成为了设计者唯一能够努力的方向，随之而来的就是与阶数相对的 NTF。由于在低 OSR 情况下 SQNR 会减小。对于中等或高分辨的 ΣΔ 调制器，必须增加其阶数。单级 ΣΔ 调制器和共源共栅 ΣΔ 调制器都可以实现更高的阶数，但是后者较于前者稳定性要更强。

在单级结构中，增加调制器阶数通常需要同时增大量化器分辨率来维持稳定性。而这就需要在高阶调制器中使用非常大的量化器，这使得在低 OSR 场合下单级结构的设计变得更为困难。利用 ΣΔ 工具箱，图 8.7 显示了 4 阶、8 阶、12 阶单级调制器在 OSR = 3、量化器分辨率 3 级 ~ 1025 级（约为 10bit）时的 SQNR 峰值结果。对于更高阶调制器（8 阶和 12 阶），为保证 SQNR 至少达到 62dB，最小的量化器分辨率应当达到 5bit。4 阶调制器（或更低阶数调制器）需要量化器分辨率达到 65 级/10bit，很明显这里要求的级别更高，系统尺寸显然也会更大，因为用于如此高分辨率的快速 A/D 转换器其能耗和比较器尺寸都会比较大，使得 ΣΔ 调制器中之后的每一级能耗上升。

共源共栅结构可以得到与单级机构一致的 NTF，但共源共栅结构的稳定性更好，因为每一级的阶数可以做得更小，而且调制器总体稳定性与每一级的稳定性息息相关。使用了该结构后，输出信号幅度可以更大，每一级的量化器可以做得更小，而将其叠加后，总分辨率还可以比单级结构更高。而对于MASH 结构，其难点在于模拟与数

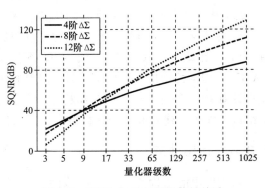

图 8.7　SQNR 与量化器级数的关系

字电路的匹配。MASHΣΔ 结构中的数字电路满足模拟滤波器（积分器）在噪声消除上的要求。而这在低 OSR 环境下变得更加困难，因为此时输入参考误差影响更大；而且在奈奎斯特采样频率 A/D 转换器设计中，人们也遇到了类似的问题，即其中大数字增益必须与模拟增益电路匹配。对于高阶 MASHΣΔ 结构来说，遇到的问题与解决方法与前文基本一致；无论是 OTA 增益匹配还是电容匹配，都需要得到落实解决，所以必须进行合理调试。

8.3.3　采样结构

如果将许多级的一阶三级量化器进行叠加，每一级在满量程输入时可以保持稳

定。此时无需增加量化器分辨率来提升稳定性，每级之间可将级间增益设置为 2，从而增大整个调制器的增益。每增加增益为 2 的一级，就可以让 SQNR 增加 1bit。

举个例子来说，图 8.8 展示了一个 OSR = 3 的 8 阶 MASHΣΔ 调制器的结构。调制器中叠加了八个一阶 ΣΔ 级，每级配置若干 3 级量化器，其 NTF 可表示为 $(1-z^{-1})^8$。每一级在设计上保持一致，使电路在实现上更为简便。每一级都配备一条前向反馈通路来减小积分器输出端的输入-相关信号。每一级的级间增益为 2。

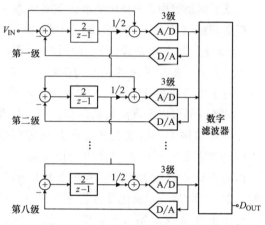

图 8.8 8 阶 MASHΣΔ 调制器结构

一个 8 阶的单环路结构也可以得到 $(1-z^{-1})^8$ 的 NTF，但它却存在一些不足。若该结构配备 257 级量化器（性能与将 3 级量化器进行 8 层叠加，级间增益为 2 的共源共栅结构相当），那么调制器的满量程值为 −14dBFS，与 MASH 结构的 0dBFS 不同。而这一性能不足不仅会带来 14dB 的分辨率下降，其配备的 257 级量化器本身就是一个巨大的劣势。因此，如果要实现八阶的单环路传递方程，应该寻找更好的方法（比如优化零点和极点位置）；但是很显然，如果 NTF 保持一致，无疑 MASH 结构在低 OSR 条件下表现更出色。图 8.9 显示了八阶 MASHΣΔ 结构的输出频谱样本结果。该结构的 SQNR 峰值达到 66dB。这里 NTF 并没有针对 OSR 进行优化，因为结构中只使用了若干一阶的单级结构；而二阶的单级结构可能可以建立起一个谐振结构，从而优化 NTF 的零点。

8.3.4 功率效率

前文提出的结构相比类似性能的奈奎斯特采样频率 A/D 转换器，在功率效率上更胜一筹，特别是针对 1.5bit/级的管线模数转换器。这两种之后在结构上几乎相同，都需要在每级配置一个 OTA 和一个三级量化器。同样，在考虑功率效率设计时，它们都应设计为热噪声受限。

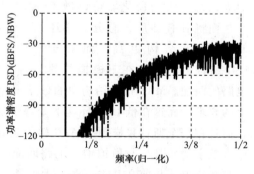

图 8.9 8 阶 MASHΣΔ 结构的输出
频谱（NBW = $3.7×10^{-4}$）

在开关电容热噪声受限 A/D 转换器中，一大部分的功率消耗来自第一级，因为其功率效率与转换器的运行速度或开关电容电路的分辨率无关（假设转换器使用相似的拓扑结构，并一阶近似）。在给定的分辨率和带宽下，任何类型的 A/D 转换器都消耗相同的模拟能量，无论其是否进行过采样。由于过采样调制器中的采样电容的数量比奈奎斯特采样频率 A/D 转换器少数倍（倍数等于 OSR 值），因此过采样调制器中 OTA 在功耗上也要小上 OSR 倍，而采样频率则要大上 OSR 倍，所以所需的功率是相等的。

如果将后面若干级地更好地包括进来，那么在后面若干级中输入参考噪声更小的调制器结构在能耗上就变得更为高效。总的来说，ΣΔ 调制器与管线 A/D 转换器相比，其后面若干级的输入参考噪声更低，因为其噪声是通过积分器来实现输入参考的，而非通过增益级。图 8.10 显示了通过积分器级和增益级的输入参考噪声对比。在 OSR = 3 时，两者增益相同，但是后者总输入参考噪声（信号频带内曲线下的面积）比前者更低。然而此时其他方面的输入参考参数，诸如线性度、建立

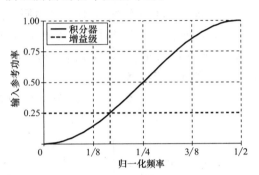

图 8.10　增益级与积分器在输入
参考噪声上的对比

精度等却没有什么差别，因为这些参数都是针对信号频带边缘最恶劣条件进行设计的，所以无论管线 A/D 转换器还是 ΣΔ 调制器，这些参数都是一致的。

比如在 OSR = 3 时，将一个 8 阶输入现象反馈 MAShΣΔ 调制器结构与一个 10 级、1.5bit/级的管线 A/D 转换器在相同采样频率下运行，并进行对比，两者的 SQN 值都能达到 66~67dB，且两者内部的模拟电路基本一致（虽然管线 A/D 转换器在末端额外的两个级存在）。这里假设管线 A/D 转换器和输入前向反馈 MASHΣΔ 结构都没有采样/保持机制，且都依赖于输入通路的匹配。如果将第二级和第三级设计为比第一级小两倍，且第五级至最后一级小 8 倍，则在相同的输入参考噪声下，管线 A/D 转换器要多消耗 60% 的功率。如果将第一级尺寸归一化为 1，则管线 A/D 转换器的总尺寸为 2.875，MASHΣΔ 结构的总尺寸为 2.625。若将第一级输入参考噪声归一化为 1（无过采样），则来自 10 级管线转换器的总输入参考噪声为 0.597，8 级 MASHΣΔ 结构为 0.408。管线 A/D 转换器的输入参考噪声要比 MASH 结构大 46%，如果再算上额外那两级多消耗的 10% 的功率，就得到了上文"多消耗 60% 功率"的结果。

上文中对于第一级功率消耗相同的假设，是以假设两种结构采用相似时钟机制为前提的。然而 MASHΣΔ 结构能够灵活应用全周期时延积分器，并将每一级的时钟相位定位 ϕ1。与之相反，管线 A/D 转换器只能使用半时延增益级，因为该结构中需要有半个时钟周期来重置之前增益级上的数值（比如奇数级上设置为 ϕ1，偶数级上设置为 ϕ2）。因此当后面几级有相似尺寸的电容时，半时延增益级在功率效率上并不出色，因为后面若干级在放大/积分过程中承载着电流，而这些过程会限

制 OTA 带宽，因为出色的功率设计中开关阻抗一般小于 OTA 的 $1/G_m$。为了给后面若干级的采样电容充电，需要从放大器分出一部分额外的电流，使放大器需要设计得更大。而更大的放大器会减小反馈系数 β，从而在给定的建立时间常数下，使得放大器尺寸变得更大。

再次将 1.5bit/级管线 A/D 转换器同 8 阶 MASHΣΔ 结构进行比较，我们就可以看出全时延增益级较之半时延增益级在能效方面的优势了。如图 8.11 所示，在放大/积分过程中，3dB 频率为 $\omega_{3dB} = \beta G_m / C_{L,eff}$，其中 $\beta = C_2/(C_1+C_2+C_{IN})$

对于半时延管线增益级

$$C_{L,eff} = C_1/2 + C_2(C_1+C_{IN})/(C_1+C_2+C_{IN}) \tag{8.2}$$

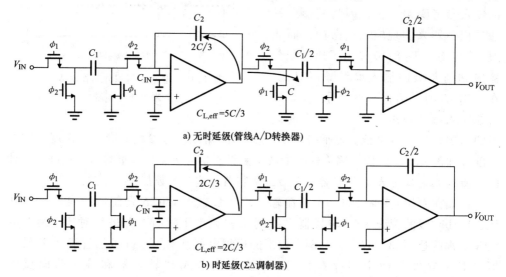

a) 无时延级(管线A/D转换器)

b) 时延级(ΣΔ调制器)

图 8.11 无时延与时延时各级的比较

对于全时延 ΣΔ 积分级

$$C_{L,eff} = C_2(C_1+C_{IN})/(C_1+C_2+C_{IN}) \tag{8.3}$$

当 $C_1 = C_2$ 时（针对 1.5bit/级设计，或增益为 2 的积分器设计），在相同 ω_{3dB} 下，假设 $C_{IN} = 0$，此时时延级的有效负载电容 $C_{L,eff}$ 和 OTA 功率比无时延级要小 2.5 倍。而当 C_{IN} 增大时，这种差距进一步拉大，因为无时延级较时延级 OTA 更大，因此 C_{IN} 更大，而 β 更小，从而使得 OTA 效率下降。

其实将放大过程中 ΣΔ 级的负载电容认为是零的想法并不现实。然而就算是将一个容值为反馈电容值 C_2 五分之一大小的电容添加进去作为寄生电容，在相同 ω_{3dB} 下，ΣΔ 结构消耗的功率依然比管线 OTA 的一半还小。

对于管线 A/D 转换器，若在结构上进行若干改进，还是可以提高其功率效率的。利用管线增益级，经过精确设置，就可以提高其功率效率，因为这种增益级在放大过程中的反馈系数和负载电容要小一些[11]。图 8.12 中描述了这一特点，其中

$\beta = C_2/(2C_2+C_{IN})$　且

$$C_{L,eff} = C_2+C_2(C_2+C_{IN})/(2C_2+C_{IN}) \tag{8.4}$$

在相同 ω_{3dB} 下，其消耗的频率之比 $\Sigma\Delta$ 调制器高 50%。

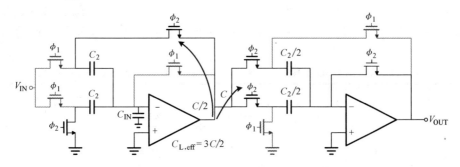

图 8.12　精确时延增益级

其他改进方法还包括：利用开关-运放技术[12]，减小采样过程中的 OTA 能量；或者在平行结构中共享 OTA[13]。更进一步的改进，还可以利用开关-运放技术，同时将电流级上的反馈电容作为下一级的采样电容，减小放大器的负载[14]。利用了以上技术手段后，在相同 ω_{3dB} 下，大致能将能耗削减为原来的一半（除了参考文献 [14] 提出的方法，该方法还可能进一步优化电路的能耗）。而这些技术的存在也使得管线 A/D 转换器在能耗性能上能够接近 MASH$\Sigma\Delta$，但 MASH$\Sigma\Delta$ 结构的优势确实是与生俱来的。

8.4　增量数据转换器

8.4.1　增量转换器与 $\Sigma\Delta$ 转换器的比较

在低 OSR 条件下，增量数据转换器相比 $\Sigma\Delta$ 调制器其 SQNR 值更高，这里的原因在于两种转换器的运行原理大不相同，特别是在低 OSR 条件下增量数据转换器的重置特性更为显著。在 N 级量化器、L 阶转换器、OSR = M、稳定输出级为 α 的条件下，一个单级结构输出级可以表示为

$$1+\alpha(N-1)(M+L-1)!/L!(M-1)! \tag{8.5}$$

而叠加结构可以表述为

$$1+\alpha(N-1)^L(M+L-1)!/L!(M-1)! \tag{8.6}$$

增量 A/D 转换器与 $\Sigma\Delta$ 调制器不同的特性在于，只要 L、M、N 这些值非零，输出级数就一定大于等于 1。与 $\Sigma\Delta$ 调制器低 OSR 条件下其噪声成形会增大系统总量化噪声功率的特性不同，增量 A/D 转换器的最小分辨率总是与量化器的分辨率相等，即使 OSR = 1 时也能成立。

表 8.2 罗列了在 OSR-2、4、8、16，NTF 为 $(1-z^{-1})^2$ 时，增量 A/D 转换器与 2 阶 MASH 结构 ΣΔ 调制器（其中为 3 级量化器，级间增益为 2）和 2 阶单级机构（其中为 5 级量化器）之间的比较结果。在 OSR 为 2 和 4 时，增量 A/D 转换器的 SQNR 值更大，在 OSR=8 时，则三者相近。当 OSR=16 或取更大值时，ΣΔ 调制器的 SQNR 更高。这一结果表明在低 OSR 条件下，增量 A/D 转换器是我们的首选结构。

表 8.2　低 OSR 条件下 ΣΔ 转换器与增量 A/D 转换器之间的比较

OSR	增量		ΣΔ	
	MASH/dB	单级/dB	MASH/dB	单级/dB
2	26	24	17	11
4	35	33	31	25
8	46	44	46	40
16	57	54	59	56

图 8.13 则展示了另一个比较结果，图中描绘了 8 阶共源共栅 ΣΔ 调制器、8 阶共源共栅增量转换器和 8 阶管线 A/D 转换器之间的比较结果。每一级都配备一个 3 级量化器，使得三种转换器在结构上尽可能相似。只要 OSR 小于 5.3，增量 A/D 转换器的 SQNR 性能就比其他两类好。当 OSR 大于 5.3 时，ΣΔ 调制器中的噪声成形才使得该类型的性能得以超越增量 A/D 转换器。

前面提到，增量 A/D 转换器与 ΣΔ 调制器的运行原理不同，因为在增量转换器中会对环路滤波器进行重置，而输入则会被保持。在 OSR=1 时，由于噪声成形中增加的噪声功率，增量 A/D 转换器中的噪声要比 ΣΔ 调制器中的小，因此毫无疑问此时的增量 A/D 转换器会比 ΣΔ 调制器性能好，直到 OSR 进一步升高，噪声成形开始改善 ΣΔ 调制器的分辨率性能，这一优势才等到逆转。

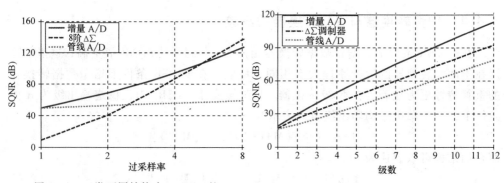

图 8.13　三类不同结构中，SQNR 的
仿真值与 OSR 之间的关系

图 8.14　OSR=3 时，三类结构中
SQNR 仿真值与级数的关系

增量 A/D 转换器分辨率提高的另一个原因，是其能够处理更大的信号幅度。由于增量 A/D 转换器会在 OSR 个周期后进行重置，之前转换的缓存数据会被清

除，因此持续的大信号在积分器中只有 OSR 个周期来进行积分操作，不会使量化器过载。因此无论 OSR 值是大是小，$\Sigma\Delta$ 调制器都需要限制信号幅度大小，但是增量 A/D 转换器却可以在低 OSR 值情况下允许更大幅度的信号通过（高 OSR 值时此结论不成立，因为此时信号得以累积的周期数太少）。即便 OSR 值被设为更低，该优势依然可以为增量 A/D 转换器提供几个 dB 的分辨率提升。

当 OSR = 3 时（配备 3 级量化器），我们还可以通过改变结构中每一级的数量（1 阶），对上述三种结构进行比较。比较结果可见图 8.14。在 OSR = 3 情况下，增量 A/D 转换器比 $\Sigma\Delta$ 调制器和管线 A/D 转换器性能都要好。

8.4.2　管线性能等价

在前面的章节我们已经谈到，即使 OSR = 1，增量 A/D 转换器依然可以利用内置量化器处理输入信号。如果使用 L 阶共源共栅增量 A/D 转换器和 N 级量化器，根据式（8.6）我们可以得出输出级数为 $1+\alpha(N-1)^{L}$。此结果同配备 N 级内置量化器的 L 级管线 A/D 转换器性能相当。实际上，当 OSR = 1 时，增量 A/D 转换器就相当于管线转换器。

更具体地说，一个输入前向反馈共源共栅增量 A/D 转换器可以理解为一个管线 A/D，只不过其中 OSR 决定了转换器中重置的频率。结构上，两类转换器基本相同；两者主要的区别在于其中增益级或积分级的设计。图 8.15 显示了两类级的结构框图，可见非常相似。增量 A/D 转换器中的每一级使用了可重置积分器，而管线 A/D 转换器中使用了增益级，其实际上就是一个每周期 $\phi_{r,g}$ 都进行重置的积分器。除了重置阶段 $\phi_{r,1}$，其他所有周期循环中增量转换器的量化器都有额外的输入。虽然管线转换器中也是如此，由于其每个时钟周期都会进行重置，这个额外输入不会表现出来。

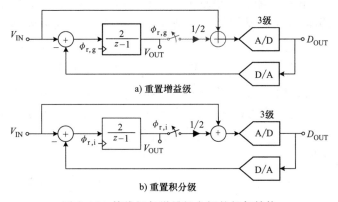

图 8.15　管线级与增量级之间的相似结构

图 8.16 从电路层面上展示了重置增益级和重置积分级。增益级时钟 $\phi_{r,g}$ 在 ϕ_1 时重置，而积分级时钟 $\phi_{r,i}$ 也在 ϕ_1 时重置，但重置只是每 M 个周期发生（OSR =

M）。除了若干开关，两者唯一的区别在于其重置序列。若 C_1 和 C_2 相等（该假设是合理的，因为 C_1 决定了热噪声的大小，而 C_2 则控制着增益的大小），两者的OTA 在设计上就相差无几了。

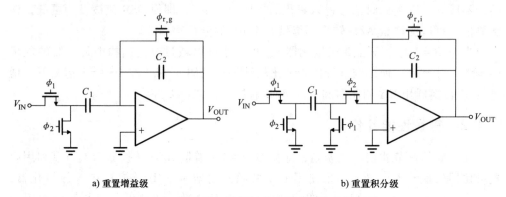

a) 重置增益级　　　　　　　　　　　　　　b) 重置积分级

图 8.16　管线级与增量级在电路实现上的相似性

8.4.3　取消输入采样/保持

增量 A/D 转换器在理想状态下需要在输入端设置一个高精度的采样/保持电路。而该模块的设计较为困难，特别是在性能要求大于 10bit 时。一个采样/保持电路需要额外的能耗，因为电路中加入了这个额外的部分，且该模块会给整个转换器带来更多的噪声，从而需要更多的功率来减少总噪声。而需要采样/保持电路，则会使 STF 改变，造成高频衰减。通过分析一阶转换器并推导至高阶转换器，我们便会明白其影响。

在一个单比特一阶增量 A/D 转换器中，我们可以发现只要某一次转换的输入平均是常数，这次转换的输出结果总是一致的（假设无量化器过载）。对于输入信号 V_{IN}，假设使用输入前向反馈结构，则在第一轮 M 个周期后输入进量化器的信号为

$$V_Q[M] = \sum_{i=1}^{M} V_{IN}[i] - \sum_{i=1}^{M-1} V_{REF}D_1[i] \tag{8.7}$$

如果假设转换器运行时一直处于输入信号范围内，量化器不发生过载，则可得 $-2V_{REF} < V_Q[M] < 2V_{REF}$。这也意味着如果最后一个采样 $D_1[M]$ 包含在下列不等式中

$$-V_{REF} < V_Q[M] - V_{REF}D_1[M] < V_{REF} \tag{8.8}$$

该式也可写为

$$-V_{REF} < \sum_{i=1}^{M} V_{IN}[i] - \sum_{i=1}^{M} V_{REF}D_1[i] < V_{REF} \tag{8.9}$$

对于 M 个周期中给定数量的输入值 $\sum_{i=1}^{M} V_{IN}[i]$，数字输出也有一个特定的总数 $D_{OUT} \sum_{i=1}^{M} D_1[i]$，其根据式（8.9）可知限制在 V_{REF} 之内。只要 $\sum_{i=1}^{M} V_{IN}[i]$ 为常数，D_{OUT} 也为常数。因为 D_{OUT} 是在信号通过累加抽取滤波器之后增量转换器的

最终数字输出结果，只要输入信号 $V_{IN}[i]$ 的总数为常数（该条件就相当于保持输入采样平均值为常数），数字输出结果就是独一无二的。如果将 1 阶增量转换器的输入进行平均，并将其通过采样/保持电路，该系统的功能就可以理解为变化的输入信号进入系统，无需采用采样/保持机制，因为输出只是关于输入总数的函数。所以若增量 A/D 转换器的输入信号是变化的，就可以将一个平均滤波器 $G(z)$ 前置入增量 A/D 转换器实现采样/保持功能，如图 8.17 所示。该方案也提供了一个直接的方式用以分析变化输入信号之于增量转换器的影响（运用滤波器 $G(z)$）。

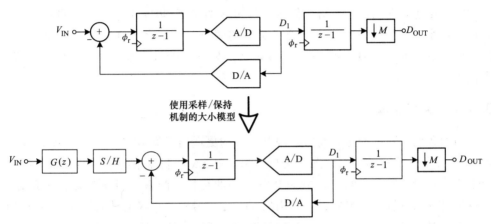

图 8.17　无采样/保持机制的增量转换器模型与其能效模型（使用采样/保持机制）

滤波器 $G(z)$ 在增量 A/D 转换器中表示起来并不十分明确，却会有效地改变 STF（当输入采样/保持机制被去掉后）。$G(z)$ 的形状与调制器的阶数相关，对于 $OSR = M$ 的 1 阶增量转换器，滤波器可以表示为

$$G(z) = (1 + z^{-1} + z^{-2} + \cdots + z^{-(M-1)})/M \tag{8.10}$$

图 8.18 显示了 $OSR = 3$ 时的 $G(z)$ 图线。由于输入信号频率被限制在 $f_s/2OSR$，在信号频段边缘衰减并不会增大，如图 8.18 中的竖直点横线。该滤波器为一个数字正弦滤波器，与双斜率 A/D 转换器中的波形十分相似（该型转换器本身不采用采样/保持机制）。虽然介于 $f_s/2OSR$ 和 $f_s/2$ 之间的输入信号仍会混叠进入信号频段，但由图 8.18 可知，根据 STF 这些混叠信号都将被衰减。

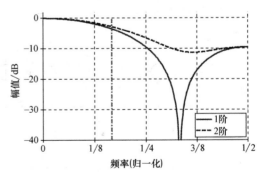

图 8.18　$OSR = 3$ 时 1 阶和 2 阶增量转换器的 $G(z)$ 图线变化

上述讨论可以推广至高阶转换器的 STF 优化，用以取消采样/保持机制。在这些结构中，STF 是输入信号 $V_{IN}[i]$ 的加权求和，并保持不变。而 $G(z)$ 为输入信

号的加权平均，设计上 $G(z)$ 较为复杂。对于变化信号输入的 2 阶增量 A/D 转换器，其等效 $G(z)$ 等于

$$G(z) = 2(1 + 2z^{-1} + 3z^{-2} + \cdots + Mz^{-(M-1)})/(M^2 + M) \tag{8.11}$$

该 STF 在 OSR = 3 时的图线也可参见图 8.18。信号频段边缘的衰减值为 2.78dB。在无采样/保持机制参与时，信号频段边缘的衰减在减小，并且会随着增量转换器阶数的增加进一步减小。

为了使信号频段内的增益保持一致，我们可以增加一个额外的数字滤波器，其与 $G(z)$ 互逆。它的加入会增大信号频段边缘的量子/热噪声，但是总噪声上的增加依旧很小，因为绝大部分噪声处于更低的频段，且不会得到放大。比如图 8.18 所示的 1 阶转换器在 OSR = 3 时，其噪声增加只有 1.05dB，而对于更高阶转换器这个值更小。

8.4.4　采样结构

前面我们已经讨论过，高阶共源共栅结构更适用于低 OSR 的增量转换器场合。图 8.19 显示了采样结构的框图，它与图 8.8 中 ΣΔ 调制器中的采样结构基本相同。图中为将若干单阶级进行 8 阶共源共栅叠加的结构，配备 3 级量化器，OSR 设为 3。将采样/保持机制取消后，该结构的 STF 在信号频段边缘的最大衰减为 0.97dB。这个值相对来说已经非常低，因此它是取代能耗较高的采样/保持机制的较好方法。图 8.20 显示了降低采样率后的频谱。其 SQNR 峰值为 83.5dB，比 ΣΔ 调制器的 66dB 要大许多。

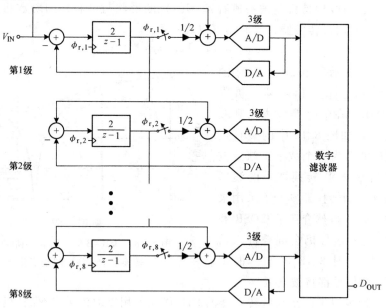

图 8.19　增量转换器采样结构

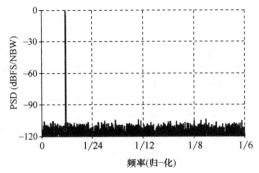

图 8.20　8 阶增量转换器的输出频谱

8.5　结论

本章叙述了 8 阶 MASH 结构 $\Sigma\Delta$ 调制器在 OSR = 3 的条件下在中等分辨率数据转换中的应用，调制器对 1 阶 $\Sigma\Delta$ 级进行了叠加。本文还叙述了管线转换器的另一种可行的实现方法。同时提出了在低 OSR 条件下增量 A/D 转换器的设计理论。本章认为增量转换器的性能在低 OSR 场合下比 $\Sigma\Delta$ 调制器更好，且在一致过采样情况下与管线 A/D 转换器性能相同。

参考文献

1. R. Schreier, G.C. Temes, *Understanding Delta-Sigma Data Converters*. (Wiley, New Jersey, 2005)
2. J. Silva, U. Moon, J. Steensgaard, G.C. Temes, Wideband low-distortion delta-sigma ADC topology. IEE Electron. Lett. **37**, 737, 738 (2001)
3. J. Silva, U. Moon, G.C. Temes, Low-distortion delta-sigma topologies for MASH architectures, in *Proc. IEEE International Symposium on Circuits and Systems*, May 2004, pp. I1144–I1147
4. D.A. Johns, K. Martin, *Analog Integrated Circuit Design*. (Wiley, Toronto, 1997)
5. J. Steensgaard, Z. Zhang, W. Yu, A. Sarhegyi, L. Lucchese, D. Kim, G.C. Temes, Noise-power optimization of incremental data converters. IEEE Trans. Circuits Syst. I. **55**, 1289–1296 (2008)
6. J. Markus, J. Silva, G.C. Temes, Theory and applications of incremental $\Sigma\Delta$ converters. IEEE Trans. Circuits Syst. I. **51**, 678–690 (2004)
7. S. Kavusi, H. Kakavand, A.E. Gamal, On incremental sigma-delta modulation with optimal filtering. IEEE Trans. Circuits Syst. I. **53**, 1004–1015 (2006)
8. V. Quiquempoix, P. Deval, A. Barreto, G. Bellini, J. Collings, J. Markus, J. Silva, G.C. Temes, A low-power 22-bit incremental ADC. IEEE J. Solid-State Circuits, **41**, 1562–1571 (2006)
9. J. Robert, P. Deval, A second-order high-resolution incremental A/D converter with offset and charge injection compensation. IEEE J. Solid-State Circuits, **23**, 736–741 (1988)
10. R. Schreier, The Delta-Sigma Toolbox for Matlab (2009), http://www.mathworks.com/matlabcentral/fileexchange/19-delta-sigma-toolbox (The toolbox is generated in 2000 and

updated in 2009)

11. B. Razavi, *Design of Analog CMOS Integrated Circuits*. (McGraw-Hill, New York, 2001)

12. J. Crols, M. Steyaert, Switched-opamp: an approach to realize full CMOS switched-capacitor circuits at very low power supply voltages. IEEE J. Solid-State Circuits, **29**, 936–942 (1994)

13. K. Nagaraj, H.S. Fetterman, J. Anidjar, S.H. Lewis, R.G. Renniger, A 250-mW, 8-b, 52-Msamples/s parallel-pipelined A/D converter with reduced number of amplifiers. IEEE J. Solid-State Circuits, **32**, 312–320 (1997)

14. N. Sokal, A. Sokal, Class E—A new class of high-efficiency tuned single-ended switching power amplifiers. IEEE JSSC. **10**(3), 168–176 (1975)

第9章 基于比较器的开关电容 Delta-Sigma A-D 转换器

Koen Cornelissens 和 Michiel Steyaert

9.1 引言

在纳米 CMOS 模拟电路设计中主要困难之一就是跨导放大器（OTA）的设计。纳米 CMOS 技术中供电电压一般很低，晶体管的输出阻抗很小。这也使高增益的实现变得十分困难。基于这个原因，人们通常会使用共源共栅叠加结构。然而较低的供电电压会限制输出的摆幅。所以一般的解决方案是进行多级叠加级联。然而因为反馈架构的稳定性问题需要大量的补偿电容，该做法会显著增加电路的功耗。

在 ΔΣA/D 转换器中，噪声成形滤波器可以针对信号和量化噪声产生不同的传递方程。这就使其能够将量化噪声从信号频段中去除，提高 SNDR 值。人们通常利用开关电容技术来实现这一滤波器功能。在这种有开关电容组成的滤波器中，需要利用 OTA 来创造一个虚地节点，使电荷能够从一个电容转移至另一个电容。

为了实现上述的 OTA，我们需要较大的输出摆幅。而紧随其后的就是我们对于热噪声的考虑。如果信号摆幅减半，信号功率就缩小为原来的四分之一。如果要保持 SNR 不变，噪声功率也必须相应减小四倍。这就要求所有的电容器在尺寸上要增加四倍[1]。所以在相同速度下，OTA 就需要比原来大四倍的电流。综上所述，在纳米 CMOS 技术中，因为已经限制了供电电压的大小，我们需要将信号摆幅尽可能的增大。

现今针对纳米 CMOS 技术中的 OTA 设计问题学者已经提出了一些方法。电流注入[2]技术和 A/B 输出级技术[3]可以实现更合理的功率消耗。体驱动晶体管的应用则可以实现更低的供电电压。然而较高噪声级别和较低电导都会影响这些技术的功能实现。在参考文献［5］中，研究者用逆变器取代了 OTA；利用自动零点技术消除了大的误差偏移。然而为了实现足够的增益，使用弱反型技术会限制带宽。

本章主要讨论在没有 OTA 参与下如何组建开关电容滤波器。我们用一个比较器和电流源来取代 OTA。由于增益和稳定性要素在要求上有很大的区别，这样一个基于比较器的开关电容（CBSC）十分适用于纳米 CMOS 技术的设计应用。因为在管线 A/D 转换器中该方法已经得到了成功应用[6-9]，本文还主要论述 CBSC 在 ΔΣA/D 转换器中的应用。

第 2 节主要讨论 CBSC 开关电容积分器的实现。本节解释了其原理并将其与基于 OTA 的实现方法进行了比较。第 3 节主要论述了 CBSC 积分器中对于比较器的相关要求。第 4 节则讨论了积分器中电流源的要求与实现。第 5 节我们利用 CBSC 积分器组建了一个噪声成形滤波器。第 6 节中，我们基于 1V，90nm CMOS 技术实现了一个 4 阶 CBSC$\Delta\Sigma$A/D 转换器，并给出了测量结果。最后第 7 节对全章进行总结。

9.2　开关电容积分器

图 9.1 显示了一个标准的基于 OTA 的积分器构造。在采样过程中（Φ_1），输入电压采样于 C_s，积分值则存于 C_i。在积分过程刚开始时（Φ_2），在 C_s 和 C_i 之间电荷开始重新分布。OTA 开始传输电流，直到 V_a 达到虚地电压才停止。此时，原先 C_s 上的所有电荷都被转移至 C_i。

OTA 的增益决定了该电荷转移的精度。而建立速度则取决于 OTA 的电导（g_m）与采样电容（C_s）的比值。在 $\Delta\Sigma$A/D 转换器的设计中，我们通常利用行为模型来推导增益和建立速度。

在基于 OTA 的电路实现中，OTA 总是致力于将两个输入电压提升至一个量级。然而对于开关电容系统，这个特点就不那么重要了。为了得到正确的传递方程，OTA 输入端只需要在时钟周期的末尾保持相同的电压即可。在时钟相位中建立行为无关紧要。这一点被 CBSC 系统所利用。在电流源的存在下，输出电压被扫描，直到出现比较器侦测到输入电压高于阈值的时刻。之后电流源被关闭，所以节点电压不会再发生改变。

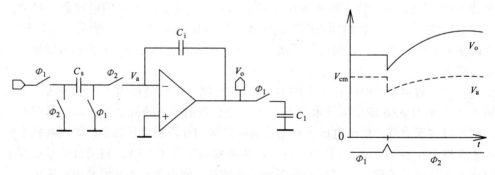

图 9.1　基于 OTA 的积分器构造

图 9.2 显示了关于 CBSC 积分器的三种可能的不同构造。虽然它们都用相同的传递方程实现，但是它们各自对于非理想条件的灵敏度是不一样的。与基于 OTA 的实现方法相比，这里可以少使用一个开关。在基于 OTA 的实现中，开关可以防止 OTA 在 Φ_1 时刻对 C_i 进行放电。对于图 9.2 中展现了 CBSC 实现方法，在 Φ_1 时刻电流源会被关闭，所以此时 C_i 中的电量不会发生改变。

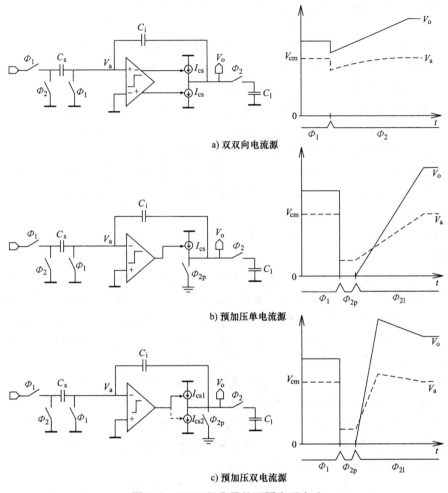

a) 双双向电流源

b) 预加压单电流源

c) 预加压双电流源

图 9.2　CBSC 积分器的不同实现方法

图 9.2a 所示的实现方法使用了两个电流源。在 Φ_2 刚开始时，电荷在 C_s、C_i 和 C_1 之间重新分布。之后根据电压 V_a 大小，比较器会开启其中一个电流源。这可以使比较器的输入端和输出端的电压呈现线性涨落。当比较器的两个输入端电压相等时，比较器会关闭电流源，所以电压值保持不变。

从功能上说，这种实现方式与基于 OTA 的积分器是一样的。只是建立行为不相同。然而 OTA 必须驱动滤波器电容，比较器只需要操纵电流源。所以比较器的额定速度可以做到很快，同时耗能极小。电容则可以利用电流源进行充分的充电。在该实现方法中，电流源只利用必要的电流来改变积分充电，因此没有任何电荷上的浪费。

然而这一实现方式对于比较器延迟十分敏感。在 CBSC 系统中，比较器会导致输出电压超调。这种超调量有时正有时负，取决于哪一个电流源被启动。另外，如果两个电流源都不能很好的匹配，则两个超调量中的一个会更大。

图 9.2b 所示的实现方法则将积分过程分为了两步。首先进行一个短时间的预加压。在此期间，输出端电压被设置为一个较低的预置电压（V_p）。由于节点 V_a 的总电荷量不会发生改变，积分值不会丢失。通过合理选择 V_p 值的大小，在预置过程之后就可以保证 V_a 总是低于比较器的阈值电压 V_{th}。之后，电流源被激活，知道比较器发现输入端有高于阈值的电压出现。此时 $V_a = V_{th}$，所有电荷被转移至 C_i。至此电流源被关闭，所有电压值保持不变。

由于有限比较器，超调现象依旧会出现，但总是维持在一个值上。所以它将产生一个直流偏差，而不会造成失真。当利用该类型的 CBSC 积分器时，对于 V_a 的电压摆幅必须进行仔细的分析。根据积分器的增益系数、积分器输入端和输出端摆幅和预置电压（V_p），V_a 电压值在预置阶段会下降至低于 V_{ss} 的水平。这里必须保证任何开关中的 pn-结都不发生前向偏置。因为这会导致电荷泄漏，从而造成积分值损失。

图 9.2c 所示的方法则进一步的将加载阶段（Φ_{21}）进行分解[6]。首先将一个大型电流源开启，使输出端电压快速变化并发生超调。之后一个小型电流源被打开，用以修正超调量。由于小型电流源的存在，对于相同的超调量，系统可以允许更大的比较器时延。然而由于在非交叠时钟上的相关要求，对于较高采样频率场合该方法并不十分适用。

图 9.2 所示的 CBSC 积分器都是单端的。然而人们更希望得到能够在差分信号下运行的系统。由于其能够增大四倍的信号摆幅，而噪声则只增大两倍，在相同的 SNR 要求下所有的电容器尺寸都可以减小二分之一。另外，A/D 转换器也可以降低对功耗以及衬层噪声的要求。图 9.3 显示了带预置功能、能够工作于差分信号场合的 CBSC 积分器的两种实现形式。

第一个方法为全差分方法，其中只运用了一个比较器。两个输出端被预置为反向电源轨。之后两个不同的电流源被开启，使得两个输出电压（和之后的比较器输入电压）逐渐向对方靠拢。当两个比较器输入电压相等时，电流源被关闭。比较器时延（t_d）会使得电流源开启时间过长。这会导致输出端出现差分偏差电压。

图 9.3b 所示的第二个实现方法为伪差分方法。两个输出端电压被预置为同一电压值，且其中运用了两个系统的电流源来为 C_i 充电。所以，比较器时延（t_d）对输出电压产生一个共模偏差。而这一现象可以轻易地通过一个共模反馈电路进行修正。这样的共模反馈机制可以在其他的时钟相位周期中运行（如图 9.3b 所示）。这一方法只能修正 C_i 中的共模误差，但是在积分器的叠加结构中，C_1 是下一级积分器的采样电容。因此 C_1 中的共模误差可以通过积分器来修正。由于共模误差不会在 C_p 中累积，这一方法不会产生不利影响。而这一方法的优势在于整个时钟相位中这一共模误差修正方法都可以得到应用。而这就使小型电流源的应用成为可能，从而带来较小的寄生误差。

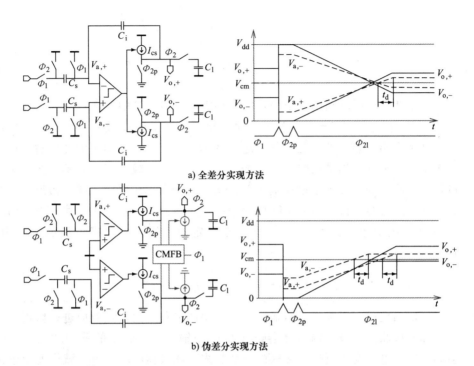

a) 全差分实现方法

b) 伪差分实现方法

图 9.3 CBSC 积分器的全差分和伪差分实现方式

由于共模误差较于差模误差更容易去除，伪差分实现方法对于 t_d 的要求更低。因此这一方法在功耗上并不会比全差分方法更高。

9.3 CBSC 系统：比较器

本节主要讨论非线性比较器对系统的影响。比较器必须能够将输入阈交转化为输出电压逻辑值的变化。所以该类型的比较器又被成为阈值交叉侦测比较器（TC-DC）。该类型比较器与量化器中常用的动态比较器有较大的区别[2,3]。这种比较器必须在特定的时间段内确定逻辑值的大小。本节主要论述比较器时延、比较器偏差以及比较器噪声等问题。在第三、四节中我们会对该类型比较器做进一步的简化解释。

9.3.1 比较器时延

比较器时延（t_d）的存在会造成输出电压超调。这个超调量的大小可见式（9.1）。C_t 为积分期间总的加载电容，由式（9.2）给出。对于单端或全差分实现方法，这个超调的存在会使输出信号出现一个直流偏置。而对于伪差分实现方法，时延会带来共模误差，但是该误差十分容易修正。

$$V_{\mathrm{ov,\,o}} = \frac{I_{\mathrm{cs}}}{C_{\mathrm{t}}} t_{\mathrm{d}} \qquad\qquad (9.1)$$

$$C_{\mathrm{t}} = \frac{C_{\mathrm{s}} \cdot C_{\mathrm{i}}}{C_{\mathrm{s}} + C_{\mathrm{i}}} + C_{\mathrm{l}} \qquad\qquad (9.2)$$

一个 TCDC 可以利用多个增益级叠加级联获得。其中的增益级可以利用有限增益 A_0 和位于 $f_0 = s_0/(2\pi)$ 的单极点建模得到。由于比较器是开环设计，当叠加多级时并不会出现稳定性问题。使用越多的增益级就可以获得更大的增益。但是这样一来从输入端到输出端的时延也会增加，然而对于比较器而言并不需要完全的建立过程。其唯一的重要因素就是输入阈值交叉时刻和比较器输出跳变边沿时刻之间的时延。该时延与滤波电容 C_{s} 和 C_{i} 无关。这一特点同基于 OTA 的系统十分不同。在 OTA 系统中建立工程由 C_{s} 决定。在恒定斜率输入时单极点级的响应为（$\tau = 1/s_{\mathrm{o}}$）：

$$V_{\mathrm{o}}(t) = A_0 \frac{\mathrm{d}V_{\mathrm{a}}(t)}{\mathrm{d}t} (t - \tau(1 - \mathrm{e}^{-t/\tau})) \qquad\qquad (9.3)$$

级输出电压等于级增益与输入信号斜率的乘积，由极点效应进行修正。其结果是，如果级联两个级，输出就会随 $(A_0)^2$ 与输入信号斜率的乘积增大。由于这样会导致输出电压变化更快，级联的级数越多，比较器的输出电压就会变化越快。

图 9.4 中显示了三个单极点增益级级联 TCDC 的行为模拟结果。每一级的增益为 20 dB，输入斜率为 $50\mathrm{mV}/\tau$。输出和电压在 $-1\mathrm{V}$ 和 $+1\mathrm{V}$ 之间变化。在此输入斜率下，第二级的输出能够最快地实现由低电位向高电位的转变。输出电位跳变时刻距离输入阈值交叉的出现时间小于 2τ。第三级则没有带来更好的性能提升，因为第二级的输出斜率已经被其自身的时间常数限制了。

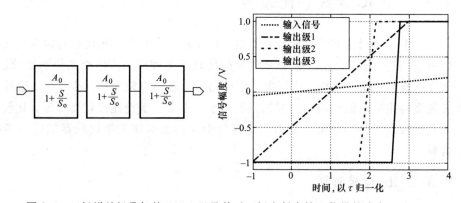

图 9.4　三级增益级叠加的 TCDC 以及其对于恒定斜率输入信号的响应

9.3.2　比较器偏差

由于两个输入晶体管之间的失配，双差分输入的比较器会出现偏差情况。这一偏差会改变阈值侦测的时机，造成电流源开启时间的变化。输入参考偏差电压（V_{os}）对于最终积分器输出电压的影响可以记为：

$$\Delta V_o = \frac{C_s + C_i}{C_i} V_{os} \tag{9.4}$$

在伪差分实现方式中，两个比较器中都存在偏差。这就在输出电压上产生了共模效应以及差分效应。在一个优秀的设计中，晶体管的匹配可以做到十分精准，使得偏差所带来的影响较于时延所带来的影响要小得多。如果差分偏差实在很大，我们还可以引入自零点技术或斩波技术进行改善。

9.3.3 比较器噪声

比较器噪声会影响阈值交叉时刻的检测。如果将比较器噪声作为输入参考电压源，则比较器阈值就会出现噪声波动，导致比较器侦测阈值交叉的时机出现变化。这种波动也可以看作是比较器时延的抖动。

如果 CBSC 系统运行时存在预置阶段，且电流源关闭的时间小于若干时间常数，我们就需要对系统进行非平稳噪声分析[6,7]。在预置后，比较器电流噪声开始进行积分，直到电流源关闭时刻积分结束。

对于由若干级增益级级联的比较器，只有第一级的噪声最为重要。后边若干级的输入参考噪声受到了第一级增益的压制。其结果是，其他若干级可以用一个理想 TCDC 来等效取代。第一级的输出电压噪声功率（以及电导 g_m、过量噪声因数 γ）都缘起于输出电容（C_{out}）上对于其自身电流白噪声的积分：

$$\overline{v_{n,\,out}^2(t)} = \frac{4kT(2/3)g_m\gamma}{2C_{out}^2}t \tag{9.5}$$

为了计算等效的输入参考噪声，我们必须计算增益级的噪声增益。噪声的存在会导致比较器阈值交叉侦测时刻的波动。波动的数量由增益级的输出斜率决定。所以噪声增益是第一级输出斜率（由式（9.3）给出）与其自身输入斜率的比值。输出斜率随时间增大，当 $t < \tau$ 时，噪声增益变为：

$$A_N(t) = \frac{g_m}{C_{out}}t \tag{9.6}$$

由上式，在阈值交叉时刻（t_d）的等效输入参考噪声功率可以写为：

$$N_{comp} = 4kT\frac{2/3}{g_m}\gamma\frac{1}{2t_d} \tag{9.7}$$

由于噪声增益随时间增大，当比较器时延增大时，输入参考噪声变得更小。然而超调量会增加，且电流源噪声在 t_d 变大时会变得更大，后面的 9.4.3 节还会谈到这个问题。所以对于配备小电流源的 CBSC 实现方法，较大的比较器时延可能反而是个优势[6]。当使用大电流源时，最好还是能够减小比较器时延。

9.3.4　基于零交叉的实现方法

图 9.2 中所示的所有积分器实现方法，比较器的输出都为恒定斜率的电压锯齿波。比较器必须能够侦测到电压与阈值交叉的时刻。为了实现这一功能，其实并不需要采用一般的通用比较器。一个非常简单的实现方法是利用单个晶体管的电压 V_T，实现一个基于零交叉的方法。

图 9.5 显示了一个配备单晶体管零交叉侦测器和预置功能的积分器。晶体管 M_2 以 V_b 进行偏置，这样选择的目的是为了保证在 V_a 足够低时保持电流源一直处于开启状态。当 V_a 达到 M_1 的阈值电压 V_T 时，M_1 导通，V_c 随之降低，直到电流源关闭。在 Φ_1 阶段，V_b 可与 V_{dd} 相连，这样在此期间就不会有静态功率消耗。因为这个简易结构的存在，当使用多级增益级比较器时功率消耗就可以更低。同时得益于此结构，超量噪声因数 γ 也变得更小。

这项技术的弱点在于其中的阈值交叉电压由晶体管参数决定。而晶体管参数会随着技术、温度以及工艺的变化而变化，从而产生直流偏置。所以这里还需要使用去除这一偏差的技术[9,10]。另外，在阈值交叉点，以纳米 CMOS 技术实现的零交叉侦测器的增益较小。这就导致了 V_c 上较慢的过渡边沿变化，并可能导致 I_{cs} 逐渐变慢，从而改变之前理想的开/关状态。

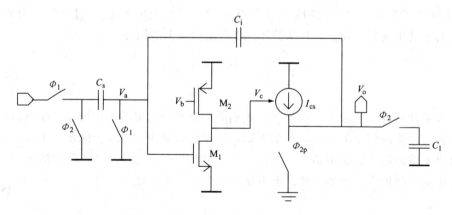

图 9.5　基于零交叉的开关电容积分器

9.4　CBSC：电流源

本节中我们主要讨论针对电流源的要求。这就需要综合考虑尺寸、输出阻抗和噪声影响等诸多因素。在 9.4.4 节中，我们提出并讨论了几种具备高输出阻抗和高输出摆幅性能的实现方法。

9.4.1 电流源尺寸

由电流源产生的电流人们总是希望尽可能的小。电流越小，则在相同的超调电压条件下系统对于比较器时延的容限就越高。而电流的最小值则由电流源在最恶劣条件下需要传输的电荷量决定。对于能够将输出电压阈值到 V_p 的 CBSC 积分器来说，可以得出下列情况：

$$I_{cs} \geq \frac{C_t(V_{o,\,max} - V_p)}{t_{\phi 21}} \tag{9.8}$$

9.4.2 电流源输出阻抗

一个真实的电流源其输出阻抗是有限的。这就意味着其输出电流与输出电压有关。对于式（9.9）给出的电流源模型，由式（9.1）所示超调量，可得式（9.10）：

$$I_{cs} = I_{cs,\,0} + \frac{V_o}{R_{cs}} \tag{9.9}$$

$$V_{o,\,ov} = \frac{I_{cs,\,0}}{C_t} t_d \left(1 + \frac{V_o}{I_{cs,\,0} R_{cs}}\right) \tag{9.10}$$

式（9.10）第一个因数说明输出端存在一个恒定的直流偏置。第二个因数则表明输出电压与超调信号相关，从而产生非恒定误差。为了使这类误差产生的影响最小，电流源应该具备较大的输出阻抗。t_d 值越小，与信号相关的超调量产生的影响就越小。

9.4.3 电流源噪声

电流源中的噪声会导致积分器输出端出现随机游走噪声电压。在预置后，电流源开始为输出电容充电。而由于噪声产生的充电电流变化，会产生电压噪声，并会随时间增大。

只有这一部分的噪声在比较器时延中起到关键作用。在电流源刚打开时，噪声会改变阈值侦测的时机，但不会对积分值产生误差。因此只有在阈值交叉时刻与比较器关闭电流源时刻之间的时间内出现的噪声才会影响积分电压。对于功率谱密度为 $S_{cs}(f)$ 的电流白噪声，输出参考噪声功率可以表示为：

$$N_{cs} = \frac{S_{cs}(0)}{C_t^2} t_d \left(\frac{C_i}{C_s + C_i}\right)^2 \tag{9.11}$$

电流源噪声会随着比较器时延的增大而增大。所以只有当使用具有较小 $S_{cs}(f)$ 特性的小型电流源时，才能够使用时延较大的慢速比较器。如果给定一个恒定的比较器时延，且电流源噪声非常大，那么增大 C_t 电容值可以减小噪声。由式（9.8）

可知，电流源的尺寸与 C_t 电容值呈线性关系，而噪声则随着 C_t 平方值增大而减小。但是增大 C_t 会使电路更好增大。

9.4.4 大输出摆幅实现方法

一个具有较大输出阻抗的电流源可以有效限制信号-相关超调的影响。在纳米 CMOS 技术中，这一需求通过多级叠加电流源实现。然而保证电流源晶体管和叠加晶体管都处于饱和状态，输出电压摆幅会显著减小。我们利用一个高于标称供电电压（$V_{dd,up}$）的电压来驱动电流源，就可以看到这一现象。图 9.6 显示了四种不同的基于上述原理的方法。

图 9.6a 所示的实现方法是最为直接的一种方法。电流源的栅极与偏压晶体管被维持在各自的偏置电压下，并加入了额外的一系列开关。当供电电压不大时，这一方法能够有效运作。然而，当 $V_{dd,up} > V_{dd} + V_{Tp}$ 时，电流源就不能被关闭。这时可以通过开启/关闭 V_{ss} 与 $V_{dd,up}$ 之间的开关晶体管的栅极来解决。然而这样做之后，当开关处于开启状态时，开关晶体管栅极-漏极电压会超过标称供电电压值，产生稳定性方面的问题。通过开关叠加级联晶体管的栅极，就不需要再添加上述的一系列开关了（图 9.6b）。但是关闭电流源时出现的问题依然存在。图 9.6c、d 显示了

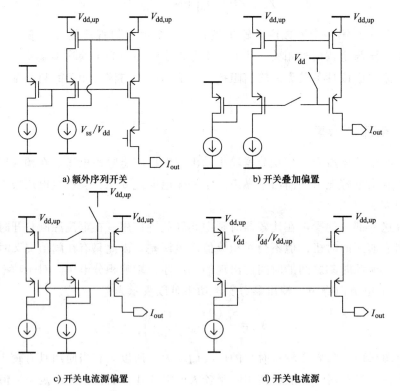

a) 额外序列开关   b) 开关叠加偏置

c) 开关电流源偏置   d) 开关电流源

图 9.6 叠加级联高输出摆幅电流源（驱动电压高于标称电压）的几种不同的实现方法

两种功能得到修正的实现方法。两者都通过操纵电流源晶体管的栅极的开关来实现功能。只要 $V_{dd,up} < 2V_{dd}$，偏置电压就可以得到有效设置，即两晶体管终端之间的电压不会超过 V_{dd}。这就使得电路能够稳定工作，不需要引入较厚氧化层的晶体管。图 9.6c 所示实现方法的优势在于由于偏置网络的存在，电流源可以得到精准的控制。但是为了开启电流源，栅极电容上的电荷必须利用偏置电流源进行移除。这就使会得工作速度下降或增加更大的偏置电路。而在图 9.6d 所示的实现方法中，电流源晶体管在两个供电电压之间起到开关的作用。这就实现了较快的运行速度。而不利之处在于，此处的晶体管实现的是电压到电流的转换，因此 I_{out} 由晶体管的的参数决定，两个供电电压中有一个出现微小的变化，就会使得电流大变。所以在两个供电电压之间需要加入合适的旁通电容。

9.5　CBSC：噪声成形滤波器

将 n 个积分器叠加，就可以得到一个 n 阶的噪声成形滤波器。本文讨论的所有 CBSC 积分器都是半时延积分器。在前一级积分过程中前一级积分器的输出都必须在下一级积分器的采样电容上采样。这是因为当电流源被开启时，CBSC 的拓扑只能创造一个虚地，但不能保持这个状态。所以，在电流源被关闭后，如果电流源不再被重新开启，电路架构不会变化。利用半时延积分器并不会对噪声成形滤波器产生不利影响，所以使用它并无不妥之处[11]。

前向反馈噪声成形滤波器是一款现在十分流行的滤波器。它对于滤波器器件的非线性并不十分敏感，因为其滤波器环路中只存在量化噪声[12]。这项技术需要在量化器前添加一个模拟求和器。对于单比特 $\Delta\Sigma$A/D 转换器来说，这一求和器可以利用开关电容来实现[13]。然而，这样的求和器会在两级积分器输出端之间产生通路馈通。对于基于 OTA 的实现方法来说，这并不是问题，因为每一个 OTA 都会将虚地强制作为其输入端。但是对于 CBSC 实现方法，上述做法就出现了问题。每一级积分器会在不同的时刻关闭电流源。在第一个积分器已经进入虚地状态之后，后面的积分器仍在继续运行，这就会影响积分器的输出和虚地节点。其结果是积分器的积分值会被破坏。另外，当使用半时延积分器时，上述的求和器实现方法还需要另外的模拟半时延器件。而这就需要另外又增加比较器和电流源，导致能耗上升。

基于以上原因，在 CBSC 实现中，由半时延积分器组成的前向反馈噪声成形滤波器最为适用。

滤波电容的尺寸由所要求的热噪声级别决定。在 $\Delta\Sigma$A/D 转换器中，只需要注意信号频带内的噪声即可。剩余的噪声会在量化后被数字抽取滤波器去除。当总噪声能量被计算出来后，只有一小部分的噪声功率遗留（1/OSR）。由于除第一级积分器以外，其余积分器的输入参考噪声都会被噪声成形，因此第一级的噪声处理最为重要[1]。除了比较器和电流源，开关序列的阻抗成为了另一个额外的噪声源。

在积分过程中，该噪声源的影响程度与比较器类似。设计时，开关阻抗可以做得很小，因此与比较器噪声相比开关噪声产生的影响可以忽略。在采样阶段，开关会产生噪声。如果建立过程完善，由于 RC 时间常数相比于时钟周期要小得多，所以我们可以进行静态噪声分析。其噪声功率可以记为：

$$N_{R, eq} = \frac{kT}{C_s} \tag{9.12}$$

如果预置电压和参考电压的噪声可以忽略，基于热噪声的 SNR 就可以计算出来。联立式（9.7）、式（9.11）、式（9.12），就可以求出总输入参考噪声功率。将其除以 OSR，就可以得到总在内噪声功率。最大信号功率则由噪声成形滤波器拓扑中的参考电压（V_{ref}）和过载等级决定（OL）。对于（伪）差分实现方法，可以得出：

$$SNR_{th, diff} = \frac{(2 \cdot OL \cdot V_{ref})^2}{2} \frac{OSR}{2(N_{comp} + N_{cs} + N_{R, eq})} \tag{9.13}$$

因此我们可以得到如下设计策略。式（9.12）所示的噪声，可以通过选择合理的滤波电容来降低。式（9.7）比较器噪声由比较器的电导 g_m 和时延 t_d 决定。如果这两个值固定不变，电流源中的噪声可以用式（9.11）计算。如果噪声功率过高，我们就应当降低比较器时延或提高滤波电容值。对于前面提到的第一个方法，比较器就需要更大的电路（需要增大比较器电导 g_m 来减少噪声影响）。第二个方法则增加电流源的电流消耗。

9.6 基于 90nm CMOS CBSC Delta-Sigma A/D 转换器

本节主要讨论 CBSCΔΣA/D 转换器的设计与实现。在这个类型的转换器中，积分器通常具备预置功能，且配备单电流源。积分器则运用伪差分方式实现，因为这种方式可以使积分器在差分信号下运行，还可以将电路对于比较器时延的要求降到最小。

转换器中利用单比特量化器来构建 4 阶噪声成形滤波器。图 9.7 显示了利用四个半时延积分器组成的反馈拓扑结构。通过合理选择滤波系数，可以提高稳定性，且能够为每一个积分器提供合适的输出电压摆幅。

图 9.8 显示了上文所述积分器在晶体管层面上的实现方法。该方法中积分器在 Φ_2 阶段进行积分。对于连续积分器，时钟周期必须被替换。利用两个 TCDC1 比较器来进行伪差分实现。图 9.6d 所示的电流源也被引入系统当中。该电流源可以实现较大的输出摆幅，且输出阻抗很大。通过开启/关闭电流源晶体管的栅极，可以实现快速的开关操作。由于栅极信号需要在 V_{dd} 与 $V_{dd, up}$ 之间切换，这里就需要一个电平转换器。通过在采样阶段对电容进行预充电，并在 Φ_2 阶段将其与比较器输出顺序连接。

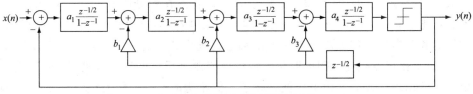

$$[a_1 \; a_2 \; a_3 \; a_4 \; b_1 \; b_2 \; b_3] = [0.1 \; 0.1 \; 0.5 \; 0.25 \; 0.5 \; 0.5 \; 0.5]$$

图 9.7　由半时延积分器组成的 4 阶前向反馈噪声成形滤波器

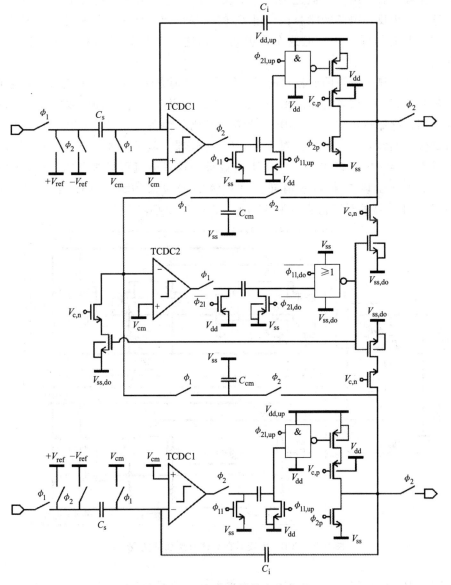

图 9.8　CBSC 积分器的电路实现

　　第三个比较器，即 TCDC2，被用于共模修正。在积分阶段，两个输出电压都在 C_{cm} 上进行采样。在下一时钟相位，两个 C_{cm} 电容都被截短，产生一个共模电压值。因为积分阶段是用电流源来对输出端进行充电，采样的共模电压总是会过高，因为 TCDC1 比较器存在有限的时延。放电电流源之后被开启，直到 TCDC2 侦测到阈值交叉的出现。此时共模电压就处在了人们希望的水平。因为整个时钟相位中该共模修正都会发挥作用，电路中就可以使用小型的电流源，这也使得出现的差错更少。共模修正的精度由电容 C_i 与 C_{cm} 之间的匹配以及不同电流源之间的匹配决定。这些电流源经叠加级联，被连接至一个较低的供电电压下（$V_{ss,do}$）来增强其线性度。这种共模反馈电路智能修正穿过 C_i 的共模误差。而下一级积分器采样电容上的误差却不能得到修正。但这个误差可以在这一个积分器的共模误差修正中被消除。

　　图 9.9 则显示了不同比较器的晶体管层面实现方法。在一个积分器中所有的比较器都共享相同的偏置电压。每一个比较器都由两个增益级组成，之后还跟随两个取反器用以存储输出电平。TCDC1 的第一级比其他各级要大上 5 倍，这样做是为了得到较低的输入参考噪声。对于 TCDC2 比较器，就不需要这样设计，因为其时延与噪声只会产生共模误差。TCDC1 增益级的偏置电流可以被关闭，这样做可以在积分器采样阶段节省功率消耗。每一级的增益大约为 17dB，第一级带宽为 630MHz。比较器的时延仿真值为 330ps，比 1.5τ 要小。

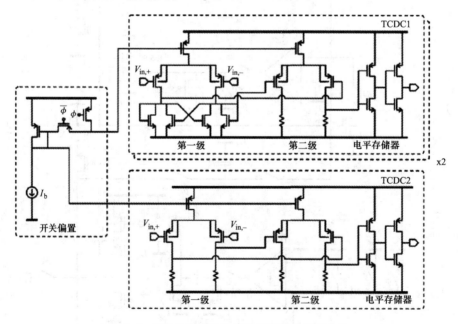

图 9.9　TCDC 比较器在晶体管层面的实现方法

　　图 9.10 显示了利用 1V、90nm CMOS 技术实现的 $\Delta\Sigma$A/D 转换器电路照片。图

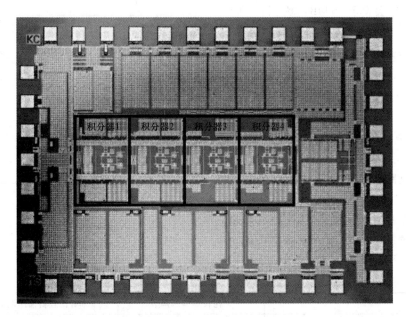

图 9.10　CBSC$\Delta\Sigma$A/D 转换器的电路实现照片

中四个积分器、量化器以及时钟产生电路只占据 0.33mm^2。整块芯片，包括粘结板和旁通电容，总的面积为 1.5mm×1.1mm。为了进行测量，此芯片被连接在一块 PCB 上，测量使用了外部差分信号和差分时钟信号。单比特量化器的输出经逻辑分析器的获取后，利用工作站计算机进行处理。

$\Delta\Sigma$A/D 转换器的时钟频率为 96MHz。当 OSR = 48 时，转换器的信号带宽为 1MHz。图 9.11 显示了在 75kHz、电压峰峰值 $V_{\mathrm{ptp,diff}} = 800$mV 的正弦信号输入下转换器的输出频谱。图 9.12 显示了当输入信号幅度被扫描时的转换器 SNR 和 SNDR。转换器动态范围为 70dB，峰值 SNDR 为 66dB。在 1V 的供电电压下，$\Delta\Sigma$A/D 转换器的功率为 5.05mW。在 1.55V 的供压下，噪声成形滤波器电容充电电流源产生的电流为 0.55mA，共模误差修正电流源在 −0.36V 的供压下

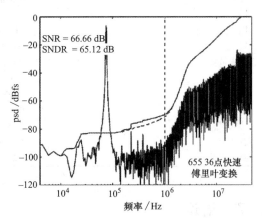

图 9.11　输入为 800mVV_{ptp}、75kHz

正弦信号时转换器的输出频谱

产生电流 0.12mA。这使得总的电源功耗为 5.95mW。

这些测量都是在没有调整比较器偏置的情况下进行的。当开启比较器偏置调整

时，SNDR 会降至 63dB。因为图 9.9 所示的电流 I_b 的值我们选择的很小，比较器的开启会变得十分缓慢。所以对于这些测量，偏置电流应当相应增大。结果是当比较器偏置调整开启时，在 1V 供压下电路的功耗减至 3.8mW。

表 9.1 中罗列了该 CBSC$\Delta\Sigma$A/D 转换器电路的主要性能参数。在 FOM 等于 1.82pJ/一次转换的前提下，该型转换器与其他最前沿 1VA/D 转换器 A/D 转换器相比在性能上还是可圈可点的[2-4,13]。

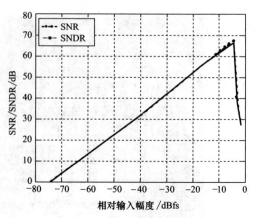

图 9.12　输入信号幅度与输出 SNR、SNDR 之间的关系

表 9.1　本文实现的 CBSC$\Delta\Sigma$A/D 转换器的性能汇总

	无比较器偏压调节	有比较器偏压调节
信号带宽	1MHz	1MHz
OSR	48	48
采样频率	96MHz	96MHz
DR	70dB	68dB
SNR	68dB	67dB
SNDR	66dB	63dB
工艺技术	90nm 标准 CMOS 工艺	90nm 标准 CMOS 工艺
核心面积	0.33mm^2	0.33mm^2
V_{dd}	1V	1V
$V_{dd,up}$	1.55V	1.55V
$V_{ss,do}$	−0.36V	−0.36V
输入范围	$1V_{ptp,diff}$	$1V_{ptp,diff}$
过载等级	0.75	0.75
功耗 V_{dd}	5.05mW	3.8mW
功耗 $V_{dd,up}$	0.85mW	0.85mW
功耗 $V_{ss,do}$	0.04mW	0.04mW
总功耗	5.94mW	4.69mW
品质因数	1.82pJ/conv	2.03pJ/conv

9.7　结论

本章提出了利用基于比较器的开关电容电路将 OTA 替换为比较器和电流源的方法。对于纳米级 CMOS 工艺技术来说，该方法具有较大的优势，也对高增益的 OTA 设计提出了巨大的挑战。

本章对 CBSC 积分器的不同实现方法进行了讨论。在高频采样应用场合，具备预置功能和单电流源的伪差分实现方法成为人们关注的焦点。伪差分实现方法会将比较器时延产生的影响转化为共模误差。这一误差可以在每个时钟相位的下一相位中被合理修正。为了使电流源具备高输出阻抗和较大输出摆幅的特性，我们使用了叠加级联拓扑，其运行电压高于标称电压。

为构建一个噪声成形滤波器，我们使用了反馈拓扑。利用半时延积分器可以得到轻易的实现。且该方法不会受到积分器间可能出现的寄生馈通通路的影响。

为了展现本章提出的 CBSCΔΣA/D 转换器的可行性，我们利用 1V、90nmCMOS 工艺搭建了电路。其中我们应用了一个 4 阶的噪声成形滤波器，采样频率为 96MHz。当信号带宽为 1MHz 时，SNDR 峰值达到 66dB；总功耗为 5.94mW。

参考文献

1. Y. Geerts et al., A 3.3-V 15-bit, delta-sigma ADC with a signal bandwidth of 1.1 MHz for ADSL applications. IEEE J. Solid-State Circuits. **34**(7), 927–936 (1999)
2. L. Yao, M. Steyaert, A 1-V 140-μW 88-dB audio sigma-delta modulator in 90-nm CMOS. IEEE J. Solid-State Circuits. **39**(11), 1809–1818 (2004)
3. K. Cornelissens, M. Steyaert, A 1-V 84-dB DR 1-MHz bandwidth cascade 3-1 Delta-Sigma ADC in 65-nm CMOS, in *Proceedings of ESSCIRC*, 2009, pp. 332–335
4. K.-P. Pun, S. Chatterjee, P. Kinget, A 0.5 V 74 dB SNDR 25 kHz CT ΔΣ modulator with return-to-open DAC, in *IEEE International Solid-State Circuits Conference Digest of Technical Papers*, Feb 2006, pp. 181, 182
5. Y. Chae, G. Han, Low voltage, low power, inverter-based switched-capacitor Delta-Sigma modulator. IEEE J. Solid-State Circuits. **44**(2), 458–472, Feb (2009)
6. J.K. Fiorenza et al., Comparator-based switched-capacitor circuits for scaled CMOS technologies. IEEE J. Solid-State Circuits. **41**(12), 2658–2668 (2006)
7. L. Brooks, H.S. Lee, A zero-crossing-based 8-bit 200 MS/s pipelined ADC. IEEE J. Solid-State Circuits. **42**(12), 2677–2687 (2007)
8. S.K. Shin et al., A fully-differential zero-crossing-based 1.2 V 10 b 26 MS/s pipelined ADC in 65 nm CMOS, in *IEEE Symposium on VLSI Circuits*, June 2008, pp. 218, 219
9. L. Brooks, H.S. Lee, A 12 b 50 MS/s fully differential zero-crossing-based ADC without CMFB, in *IEEE International Solid-State Circuits Conference Digest of Technical Papers*, Feb 2009, pp. 167, 168
10. C.G. Enz, G.C. Temes, Circuit techniques for reducing the effects of op-amp imperfections: autozeroing, correlated double sampling, and chopper stabilization. Proc. IEEE. **84**(11), 1584–1614 (1996)
11. V. Peluso et al., A 900 mV 40 μW switched opamp ΔΣ modulator with 77 dB dynamic range, in *IEEE International Solid-State Circuits Conference Digest of Technical Papers*, Feb 1998, pp. 68, 69
12. J. Silva, U. Moon, J. Steensgaard, G.C. Temes, Wideband low-distortion delta-sigma ADC topology. Electron. Lett. **37**(12), 737, 738 (2001)
13. L. Yao, M. Steyaert, W. Sansen, A 1-V 1-MS/s, 88-dB, sigma-delta modulator in 0.13-μm digital CMOS technology, in *Symposium on VLSI Circuits Digest of Technical Papers*, June 2005, pp. 180–183

第10章 基于VCO的宽带连续时间 Sigma-Delta数-模转换器

Michael H. Perrott

10.1 引言

最近，连续时间Sigma-Delta ADC结构有望成为获得较宽带宽和较高SNDR模数转换的有力选择。和离散时间ADC结构相比，它还降低了对抗混叠滤波的要求[1-15,16]。如图10.1所示，一个连续时间Sigma-Delta ADC取消了前端采样而使用一个反馈回路，旨在用一个DAC电路的输出来追踪输入中的低频分量。通过加快DAC的输出时钟速率（比如对目标带宽进行过采

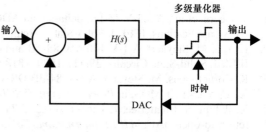

图10.1 采用多级量化器的连续
时间Sigma-Delta ADC

样），则在低频率下可实现较高的有效跟踪分辨率，如此以来就可以在目标带宽实现较高的SNDR。

DAC结构作为一个单比特结构时是最容易实现的，当要实现高SNDR时，需要非常高的过采样率，而此时获得较高的信号带宽是不切实际的。随着动态元件匹配技术[17]的出现，使用包含连续时间Sigma-Delta ADC的多比特DAC电路来降低过采样要求和简化稳定性分析的方法成为了趋势。

假设使用一个多比特DAC，量化器也必须使用多比特结构实现，如图10.1所示。为了实现一个宽带ADC，量化器和DAC必须工作在过采样率上以提供足够高的过采样率。为了实现稳定的动态反馈，量化器的延迟操作应被最小化。

在这一章中，我们将重点放在使用环形压控振荡器（VCO）来实现多位量化器[18,19,20-25]。这种结构可以被看作是一个电压-时间转换器（VTC）和时间-数字转换器（TDC）的有效组合，并且在可接受的延迟和较低功耗和面积下实现高采样率。然而，基于VCO量化器的一个关键缺点是它的非线性，这会阻碍实现高SNDR。我们将研究这种非线性影响，并阐述利用相位而非频率作为基于量化器输出中的关键变量，其影响在很大程度上可以被消除。我们提供了几个使用基于

VCO 量化的 20MHz 带宽的连续时间 Sigma-Delta ADC 测量结果，对于一个简单的三阶 ADC 结构，以其使用频率作为关键变量，其 SNDR 为 67 dB，而对于一个更复杂的使用相位作为关键变量的四阶 ADC 结构，其 SNDR 为 78 dB。

10.2　基于 VCO 量化的背景

　　时间-数字转换器（TDC）最近已成为一个热点话题，其旨在利用更高的数字分量来实现 ADC，从而使它们能够更好地利用 Moore 定律来实现低功耗和小面积[26,27]。从这一角度出发，我们提出了基于 VCO 的量化概念，其可以被看作是实现融合电压-时间和时间-数字转换的有效途径。要解释这一观点，我们将首先回顾时间-数字转换的原则。我们将研究 VCO 作为实现电压-时间转换（VTC）的手段。通过将 VTC 与 TDC 结合，将电压信号作为其输入，数字编码作为其输出，创建一个量化器。我们提出了一个基于 VCO 量化器的简单模型，并展示了其噪声成形性能，也说明了 VCO 相位噪声和 K_v 非线性的性能影响。最后，我们总结了基于 VCO 量化器的有效性能，使它在连续时间 Sigma-Delta ADC 结构中成为一个受关注的备选技术。

　　图 10.2 展示了一个基本的 TDC，它测量在时间增量中输入信号 $tin(t)$ 边沿和 $clk(t)$ 边沿之间的时间差，其由缓冲链中每一级的延迟来决定。TDC 为一个数字电路，本质功能是进行对信号量化的模拟操作，但使用时间作为信号域而不是电压或电流。由于在新的 CMOS 工艺中，面积、功率和缓冲延迟（对应量化器分辨率）正在逐步减少，数字量化器得益于 Moore 定律使其更加受到关注。由于这些优势的存在，TDC 最近已成为了一个较为活跃的研究课题[28-33]。

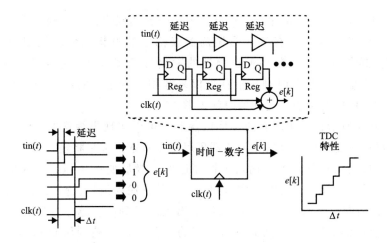

图 10.2　基于一个单延迟链的时间-数字转换器

由于 ADC 最终必须在电压信号下工作，TDC 在此应用中不发挥作用，除非存在将电压信号转化为基于时间信号的方式。在众多的电压-时间转换器实现方法中，图 10.3 展示了一种简单的方法。在该方法中，VCO 用来将输入电压转化为一系列边沿的，其周期取决于电压。然后 TDC 可以用来测量边缘之间的时间差，从而产生一个数字输出代码，其与 VCO 的输入电压成比例。因此，VCO 和 TDC 的组合呈现了一个实现 ADC 的简单方式。需要注意的是，实现电压-时间转换的其他方法还有很多[26,27]。在与其他技术的比较中，如图 10.3 所示的量化器的优势在于提供了一个简单、高效的数字实现。

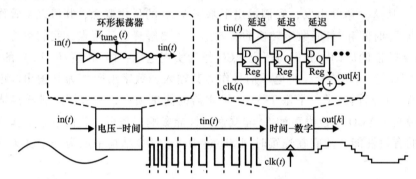

图 10.3　使用一个 VCO 来实现电压-时间转换的基于 TDC 的电压量化器

不幸的是，图 10.3 中的简化量化器也存在着一些缺点。除了噪声和非线性问题（我们将简要讨论），在边沿上运行 TDC 的方式会产生非均匀的输入采样。这种非均匀采样会导致输入信号的失真。解决这个问题的一种方法是在量化器整体[26]的前端加入一个采样器，但是这种方法却引入了额外的模拟复杂性。另一个方法是使用算法来处理非均匀采样[27]，但会在量化器中引入时间延迟，这在反馈系统内是不合适的。

图 10.4 显示了 TDC 量化器实现方法的一个有趣变化，设计趋于简单化还减小了非均匀采样的影响。所有的环形振荡器级都是通过将它们的输出直接接入到 TDC 的寄存器中而不是限制环形振荡器的输出且仅接入到一个级中。通过此举，TDC 在环形振荡器的每个时钟边沿都可以采样相位状态，而不是采样某一振荡器级的输出和相应的时钟边沿之间的时间误差。

如图 10.4 所示，利用所有的环形振荡器级可以实现更为均匀的输入采样。为了详细解释这一点，请注意每个振荡器延迟阶段基本上都是将输入采样为通过其的边沿信号，边沿的时刻是关于输入采样穿过所有级后所产生积累效应的函数。因此，可以将边沿之间的时间差看作时间窗口，其中输入信号被平均化处理。在每一个 TDC 时钟周期中，当只有一个振荡器边沿被测量到时，这个时间窗口会相对于 TDC 时钟边缘而剧烈变化。然而，当所有的振荡器边缘被利用起来后，时间窗口会更加对准 TDC 时钟边缘，并产生更均匀的输入采样。

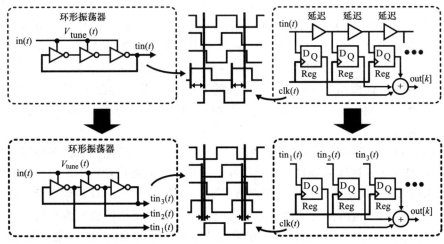

图 10.4　基于 VCO 的量化器可看成是环形振荡器和 TDC 的组合

图 10.5 展示了图 10.4 中量化器的有效高速实现方法, 该量化器集成了一些其他的数字处理逻辑[14,18,19,34]。这里环形振荡器的 N 级, 其频率受控于输入电压 $V_{tune}(t)$, 并被馈送到采样寄存器组中, 由 Ref(t) 信号记录。采样寄存器的输出和与之前一系列 XOR 门所产生的值相比较, 产生的数值"1"值将被添加进去以形成整体输出。

一个简化的高速量化器框图显示在图 10.5 的上半部分和右半部分。如图, 采样寄存器组成一个量化器, XOR 门处理一阶差分运算, 该运算受到了一定制约, 因为 VCO 的相位总是增加[14]。

最后, 一个高速量化器的频域模型如图 10.5 的下边部分与右边部分所示。该

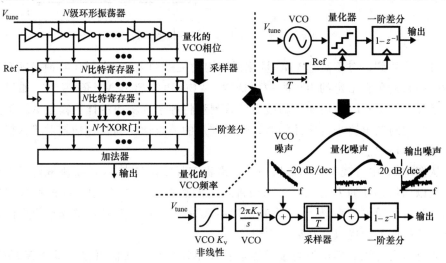

图 10.5　基于高速 VCO 的量化器及其相关模型

模型表明，VCO 可将输入电压转化为相位信号，相位信号由寄存器采样和量化。XOR 门的一阶差分运算将量化的 VCO 相位转换为相应的频率信号。一阶差分操作的一个关键优点是，它对 VCO 的相位噪声和由采样寄存器引入的量化误差进行了噪声成形。因此，VCO 的相位噪声在低频不再出现，量化噪声在高频不再出现。然而不幸的是，该模型还显示，一个实际的基于 VCO 量化器会在电压-频率特性中产生非线性。正如我们将看到的，这种非线性的影响为寻求高 SNDR 的 ADC 带来了一个障碍。

图 10.6 显示了在若干 Ref 时钟周期下基于 VCO 高速量化器的更多细节。量化器的输出对应于延迟级的数量，即边沿在给定的 Ref 时钟周期数下通过的延迟级数量，如图 10.6 中的阴影图片中的延迟级所示。当 V_{tune} 增加 VCO 的频率后，在给定的 Ref 时钟周期内边沿会通过更多的延迟级，因此瞬时量化器输出值会增加。反之亦然，当 V_{tune} 降低了 VCO 的频率，在给定的 Ref 时钟周期内边缘会通过更少的延迟级，因此瞬时量化器输出值会减少。

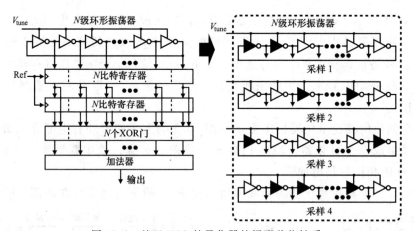

图 10.6 基于 VCO 的量化器的桶形移位性质

可以注意到，对于高速 VCO 量化器结构的关键约束在于，Ref 时钟必须有足够高的频率来避免在给定的 Ref 时钟周期内，VCO 边缘超出 N 个延迟级。如果违反这一条件，在 Ref 时钟周期内的边沿计数测量将等于真实边沿计数模量 N。虽然可以添加其他封装电路来修正此问题，但是增加的复杂性、面积、功耗对于这样的电路来说并不可取。

从图 10.6 中可观察到的最后一点，是我们可以在基于 VCO 高速量化器中发现边沿是以桶形移动的方式来对延迟级进行访问。在 ADC 家族中，以桶形方式通过单元会产生一阶失配整形[17]。当我们把注意力转移到置于 ADC 整体结构中的量化器时，这种属性的优点将在后文中讨论。

通过与更传统的模拟闪光量化器进行简单比较后，我们可以对基于 VCO 量化的背景进行总结。图 10.7 展示了一个经典的模拟高速转换器，它采用一个电阻梯来产生增量电压比较值, 利用预放大器和比较器来进行量化操作。前置放大器降低了比较器失调的影响, 对于比较器上的时钟馈通进行了反向隔离并提高了量化器的亚稳态行为。然而, 电阻梯和前置放大器需要更大的功率和面积, 尤其是在高速运行的时候。

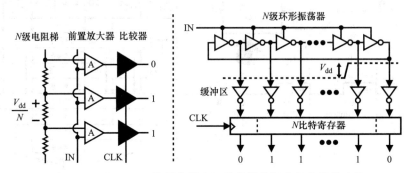

图 10.7　基于 VCO 的量化器和经典的模拟闪光量化器的比较

相反, 在基于 VCO 的量化器的实现中主要是以数字电路的形式呈现。而不使用电阻梯, 增量比较值由振荡器的延迟级在时间域中形成。由于比较信号包括边沿, 而不包括电压波形, 可以利用简单的反向器来代替前置放大器。亚稳态行为并不在主要的考虑范围内, 因为所有的环形振荡器级将在电源端或接地端输出而不是在过渡级中输出。最后, 正如前面所讨论的, 基于 VCO 量化器提供了量化误差的噪声成形, 这是通过 XOR 门进行的一阶差分运算来实现的。此外, 通过单元的桶形移位的作用, 会形成级之间的一阶失配整形。需要注意的是, 经典的模拟量化器不具备任何这类噪声成形的特性。

10.3　第一次在连续时间 Sigma-Delta ADC 结构中使用基于 VCO 的量化

现在, 我们已经叙述了基于 VCO 量化的背景, 之后我们将目光转向在连续时间 Sigma-Delta ADC 中的电路使用。乍一看, 这是很简单的, 因为我们只是把量化器放置在 ADC 的反馈回路中。然而, 如图 10.8 所示, 我们可以更深入进行探寻, 将反馈 DAC 单元直接连接到基于 VCO 量化器独立寄存器比特位上。通过此举, 我们避免了增加量化器比特的需要, 从而在量化器实现中省去了数字逻辑。进一步来说, 在这样的安排下, 基于 VCO 量化器的桶形移位特性被转移到 DAC 的单元元件中。这种桶形移位方式便形成了 DAC 器件中的动态元素匹配 (DEM) 机制, 大大降低了其配比的要求。如图 10.8 所示, 由 VCO 量化器形成的 DEM 操作可以在无额外硬件、无额外延迟和无额外电源或面积[35]下进行实现。

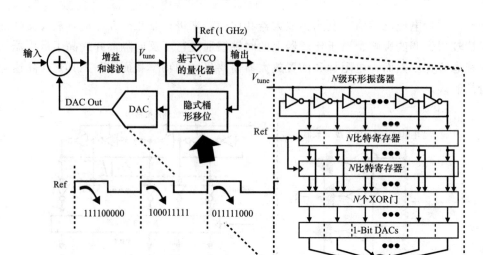

图 10.8　使用基于 VCO 的量化器的连续时间 Sigma-Delta ADC

除了能够提供隐式 DEM 操作的能力，我们还可以利用 VCO 量化器的量化噪声成形性能来进一步简化 ADC 的实现。为了说明这一点，图 10.9 展示了一个简单的连续时间 ADC 实现方法，它由基于 VCO 的量化器、两个反馈电流 DAC（I_{DAC1} 和 I_{DAC2}）和一个基于运放的反馈电路[14]组成。这种结构的开环传递函数包含一个积分器、一个由运放反馈电路提供的零点和由电流 I_{DAC1} 传入节点 V_A 的电容所形成的一个二级有损积分器组成。因此，此结构具有二阶动态特性，通常会产生二阶噪声成形。

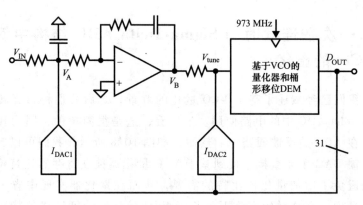

图 10.9　一个简单的连续时间 Sigma-Delta ADC 拓扑
在单个运放下提供三阶量化噪声成形

然而，事实上我们从这种 ADC 拓扑中得到三阶噪声成形是通过基于 VCO 量化器中的额外噪声成形得到的，因此其显示出基于 VCO 量化对于改进量化噪声性能的优势。

为展示图 10.9 中所示的 ADC 结构的实用性，我们在 0.13 μ CMOS 中实现了原型结构。该 ADC 的简易型使其允许在相对较低的功耗（40mW）和较小面积（700μm）下实现 973MHz 的高采样率[14]。

图 10.10 显示了假设在 20MHz 信号带宽和 1MHz 输入信号下所测量原型的 SNR 和 SNDR。在这一简单的结构中，峰值 SNR 非常优异，可达 75dB。不幸的是，由于基于 VCO 量化器的 K_v 非线性引起的谐波失真，使得峰值 SNDR 仅达到约

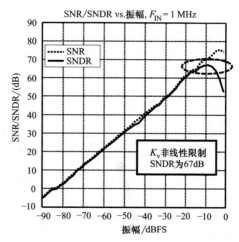

图 10.10　在 20MHz 信号带宽和 973MHz 采样率下，图 10.9 中的 ADC 所测得的 SNR 和 SNDR 特性

67dB。这说明我们必须克服这这类非线性问题以提高 SNDR。

10.4　解决基于 VCO 的量化器中的非线性问题

前一节中列出了在连续时间 Sigma-Delta ADC 中使用基于 VCO 量化器的一些关键性优点，包括增加噪声成形的阶数，以及在 DAC 单元中提供 DEM 的简单方法。然而，上文也指出了在整体 ADC 中实现高 SNDR 的一个关键性瓶颈——基于 VCO 的量化器的电压-频率的非线性特性。其中一个可考虑的方法是增加模拟或数字复杂性来提高 VCO 的电压-频率的线性特性，这是一种富有吸引力的解决方案，因为它在整体 ADC 的设计过程中可以保持简易性。然而，虽然看起来数字校准是处理这种非线性的一种很有前景的手段[36]，但较长的校准时间在许多应用中可能是不能容忍的。

图 10.11 显示了一种结构方法，即利用量化器的相位信息将基于 VCO 的量化器的非线性影响大幅减少。我们从研究图 10.11a 开始，如本章所假定的那样，该图显示了将频率作为量化器的关键变量。关键的想法在于为了实行量化器输出在全量程上的线性，VCO 的全频率范围都必须进行改进。因此，电压-频率的非线性特性可以得到全部研究，而非线性会导致 SNDR 性能的相应损失。

相反，图 10.11b 显示了使用相位作为量化器的关键变量，该相位是由 XOR 比较电路轻微的重组以及纳入 DAC 电路反馈得到的。如图所示，使用相位作为量化器的关键变量，使得在 VCO 的输入端只有轻微的变化的情况下，就可以对量化器

的全量程输出进行测量。通过对 VCO 进行整合，在把输入电压转换成输出相位的过程中，输入偏差得以减少。由于仅利用了 VCO 电压-频率特性中的一小部分，和以频率作为关键变量相比，非线性特性的相对影响会显著减少。因此，VCO 相位的使用使得在整体 ADC 中能够实现更高的 SNDR。我们将看到，为了改善 SNDR 性能，只需要适度增加 ADC 实现的复杂度。

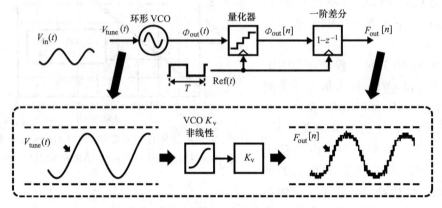

a) 基于VCO的量化器使用频率作为关键变量

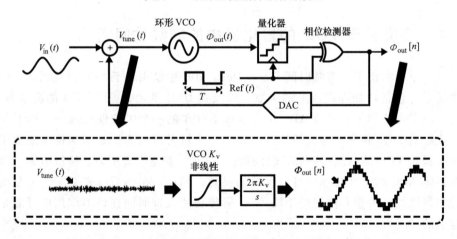

b) 基于VCO的量化器使用相位作为关键变量

图 10.11   基于 VCO 量化器使用相位作为关键变量与使用频率作为关键变量的比较

为了说明基于 VCO 的量化器使用相位作为关键变量的好处，图 10.12 展示了图 10.11 的两个系统中产生的量化噪声行为模拟 FFT 图[15]。SNDR 的计算是假设带宽为 20 MHz，2MHz 的 -1 dBFS 的输入信号，1GHz 采样率和包含 K_v 非线性的 31 级环形振荡器结构作为一个四阶多项式。如图 10.12 所示，使用相位作为关键变量抑制了谐波失真，其中 VCO 的 K_v 非线性不再是实现高 SNDR 的瓶颈。

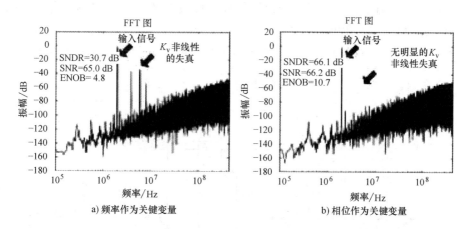

图 10.12　图 10.11 中的系统的模拟频谱，展示了基于 VCO 的量化器使用相位
作为关键变量的谐波失真显著减小

10.5　在 20MHz 带宽下实现 SNDR 为 80dB

图 10.12 从量化噪声的角度揭示了，如图 10.11b 所示的一阶结构是能够在 20 MHz 带宽下实现 SNDR 的值为 66dB。为了将 SNDR 值提高至接近 80dB，量化噪声必须通过增加采样率或/和增加在 Sigma-Delta ADC 中的噪声成形阶数来进一步减少。然而，从图 10.12 的模拟结果中可以得出，假设采样率为 1GHz——不采用比 0.13μCMOS 更先进的制造工艺，进一步提高采样率（即过采样率）是具有一定难度的。因此，我们现在来讨论在基于 VCO 的量化中使用相位作为关键变量时，如何提高噪声成形的阶数。

当我们审视使用基于 VCO 的量化器实现高阶噪声成形 ADC 拓扑这一方法时，首先值得思考的是使用相位或频率作为关键变量之间的权衡。我们之前讨论了一阶量化噪声成形的好处和将频率作为关键变量的基于 VCO 量化器提供的内在 DEM 操作。不幸的是，当使用相位作为一个关键的输出信号时，由于去除一阶差分操作使得我们失去了这些优势。然而，使用相位作为关键输出变量确实在直流中存在着能够提供无限增益积分器的优点，因为相位从理想意义上说就是对频率的积分。一个具备无限直流增益的积分器在 ADC 中是非常有用的，因为它有助于避免死区问题[37,38]，而且与更先进的 CMOS 工艺相关，CMOS 工艺正面临着自身增益不断减小的问题，即 CMOS 器件的 $g_m r_o$。

当选择更高阶的 ADC 拓扑时，必须考虑量化器中包含一个积分器的结构。比如，图 10.13a 显示了一个高阶连续时间 Sigma-Delta ADC 的拓扑，它使用了传统的量化器。更高阶的动态性能是通过级联积分器得到的，并使用前馈路径整合它们的输出。同时，量通过在量化器周围使用额外的反馈 DAC 可以有效减小量化器时延对 ADC 动态稳定性的影响[2]。

相反，图 10.13b 展示了将相位作为关键输出的基于 VCO 的量化器相对应的拓

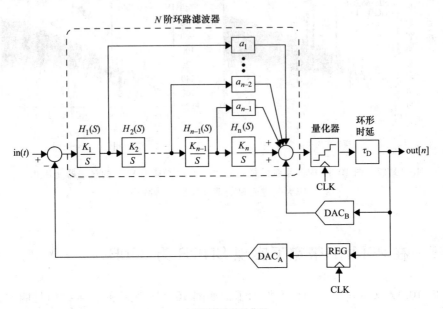

a) 使用传统的量化器

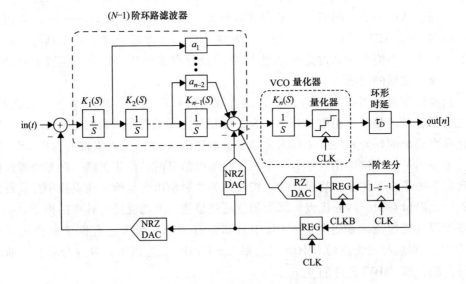

b) 基于VCO的量化器将相位作为关键输出变量

图 10.13　一个 4 阶连续时间 Sigma-Delta ADC 的框图

扑结构。应该注意到的是，在得到相同阶数的噪声成形的情况下，这两种方法的主要区别是基于 VCO 的量化器的自有积分器允许运行时少一个显式积分器。然而，整合的积分器/量化器的实现方法要求前向反馈求和节点应当置于积分器前面，而不是量化器之前。如图 10.13b 所示，这个问题通过将一个前馈路径更换为一个附加的 DAC 反馈路径并修改相应的前馈系数[39]来解决。同时，环路延迟补偿通过对量化器输出（即使用基于 VCO 量化器的频率）进行差分来弥补基于 VCO 量化器的积分运行。在环路延迟补偿反馈路径使用频率的一个好处是，其相应的 DAC 会通过基于 VCO 量化器的桶形移位行为而产生单元的失配噪声成形。

就如何实现积分器和 DAC 的问题，图 10.13b 所示的框图给出了几种实现方法。积分器的两个最通行的选择是基于运算放大器或 gm-C 型单元。至于 DAC，它们可以是基于电流的，也可以是基于开关电容[40]的，还有一种利用归零（RZ）结构或非归零（NRZ）信号的结构。

图 10.14 展示了在这一章中的 ADC 原型，它采用基于运放的积分器和基于电流型的 DAC。如图所示，DAC 使用 RZ 和 NRZ 信号的组合。基于运放的积分器，通常在功耗方面高于 gm-C 型，它们的优势在于其线性性能。RZ DAC 在量化器的小回路中可以吸收量化器[2]的传播延迟。然而，对于主反馈 DAC 以及辅助小回路反馈 DAC，选择 NRZ 信号是为了最大限度地减少 DAC 转换波形对馈回运放输入的影响[15]。对于一个连续时间的 ADC，值得关注的是，运放输入端的大瞬态将引入失真，这会导致整形的量化噪声的对折交叠，因此在整体 ADC 中信噪比会降低。

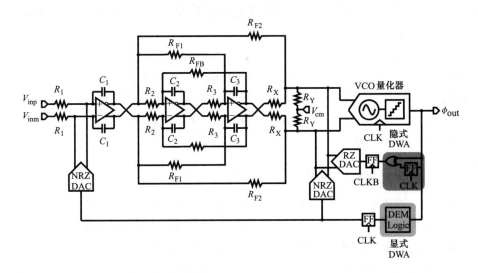

图 10.14　图 10.13 中展现的 4 阶连续时间 Sigma-Delta ADC 的简化电路级实现

为了评估图 10.14 所示的 ADC 拓扑的潜在性能，CppSim 构建了详细的可行性模型可供下载[41]。在这个模型中，关键的非理想因素，如 VCO Kv 非线性、器件噪声、有限增益和运算放大器的有限带宽，DAC 和 VCO 元件之间的不匹配都已经包括在内，并利用 SPICE 模拟软件中的 0.13μ CMOS 工艺电路模块进行预估。为了抵消 NRZ DAC 元件的不匹配问题，一个显式 DEM 电路被包含在如图 10.14 所示的可行性模型中。但是请注意，对于基于 VCO 的量化器

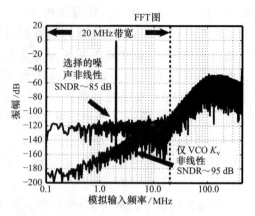

图 10.15　在 2MHz 输入信号，-1dBFS 下，图 10.14 中展示的基于详细的可行性仿真的 ADC 拓扑的模拟输出频谱

中将频率作为关键变量而非相位作为关键变量控制的 RZ DAC 元件，其本质上是桶形移位的。如图 10.15 所示，可行性模型的仿真结果表明，在 20 MHz 带宽下，理论峰值 SNDR 可达到 85 dB 而不存在谐波失真。因此在理论上，当使用相位作为基于 VCO 的量化器的关键变量时，在 0.13μm 技术节点中，从基于 VCO 的量化器的设计中得到的 VCO K_v 非线性并不会阻碍 SNDR 达到 80dB 以上。

10.6　0.13μCOMS 工艺四阶连续时间 Sigma-Delta ADC 拓扑的电路细节

在这一章我们给出了一个四阶连续时间 Sigma-Delta ADC 拓扑的电路细节，该电路为使用将相位作为关键输出变量的基于 VCO 量化器。系统拓扑结构基本上基于图 10.14 所示，在这里我们将重点放在基于 VCO 的量化器、积分运算放大器、电流 DAC 和 DEM 电路的实现上。

10.6.1　基于 VCO 的量化器

如图 10.16 所示，基于 VCO 的量化器是由一个环形压控振荡器（VCO），一个感测放大触发器[42]用于量化 VCO 输出相位，还有附加的异或门和寄存器组成，寄存器和异或门将量化的相位转化为频率，用于如图 10.14 所示的 RZ 反馈 DAC 而将量化相位转换为频率。值得注意的是，拓扑结构中所使用的是 4 比特版本，而图 10.16 中所示的是 3 比特的简单版本。

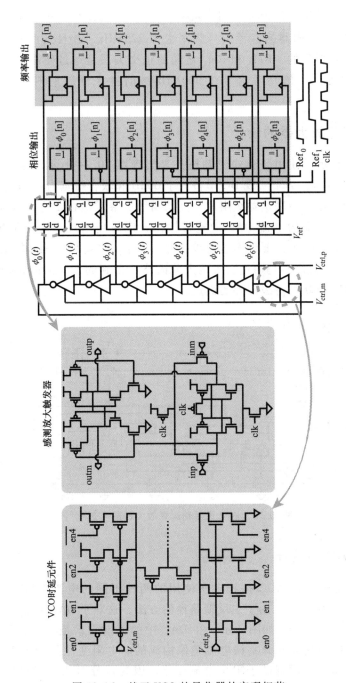

图 10.16　基于 VCO 的量化器的实现细节

环形振荡器 VCO 上的振荡频率为 225MHz，但当控制电压被扫描时，振荡频率可以在近乎 0Hz 到约 450MHz 的范围内变化。压控振荡器的延迟单元是基于饿电流的反向器，并能够进行伪差分控制、频率和 K_v 调谐的工作，可对全部过程中的变化进行覆盖[14]。鉴相器的参考信号频率也为 225MHz，并且是由 900MHz 的 ADC 时钟频率除以 4 得到的。Ref_0 和 Ref_1 之间的正交关系是通过使用寄存器来延迟某一参考信号得到的，该参考信号在 900MHz 的时钟采样周期内的其他参考信号相关。

10.6.2　运算放大器的设计

图 10.17 显示了使用嵌套式米勒拓扑来实现图 10.14 所示的运算放大器的方法[1,43]。如图所示，为了实现 DC 增益大于 60dB 和联合带宽为 4GHz，该运算放大器的拓扑结构由若干级联增益级组成。高均匀增益带宽是必要的，因为运放可以有效追踪馈入其输入端的电流 DAC 的宽带输出，以避免出现过度的量化噪声折叠。注意在 0.13μ CMOS 中需要许多增益级，这是由于设备提供了相对较低的固有增益（即 $g_m r_o$ 产品）。稳定性是通过引入两个前馈路径得到的，该前馈路径使得左半平面为零，以补偿级联增益级额外的极点。

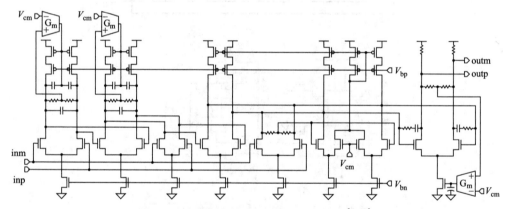

图 10.17　嵌套式米勒运算放大器的实现[1,43]

10.6.3　DAC 的设计

图 10.14 显示了在 ADC 拓扑中所使用的两种不同的电流 DAC 拓扑结构。图 10.18 显示了将 NRZ DAC 用于主反馈路径的方法，这对于 DAC 在整体 ADC 中实现高 SNDR 是最为关键的。如图所示，在 DAC 中的关键元素是一个差分对，其电流源是由一个电阻退化成共源共栅电流镜像构成的。电阻变性降低了 $1/f$ 噪声[38]的影响，共源共栅电流镜有助于阻止电流变化，因为差分对的输出可发现电压的变化。保持恒定的电流对减少非线性失真是十分重要的，否则会降低整体 ADC 的 SNDR。为了进一步改善这一问题，差分对的输入，V_{inm} 和 V_{inp} 被约束在图中的低摆幅缓冲中。在电流源中，小摆幅可对电压变化最小化，进一步提高其输出电阻需要增加一个额外的级联级[15]。最后，注意到其他的 NRZ DAC（其输出连接到 RZ

DAC 输出上）也有如图 10.18 所示的类似实现过程，但它们的初衷是功耗更少，并消除反馈电阻。这些改变是可以接受的，因为 DAC 馈入置于若干 ADC 增益级后的某个节点上，使其噪声性能在实现高 SNDR 的前提下对于整体 ADC 来说不再是最为关键的因素。

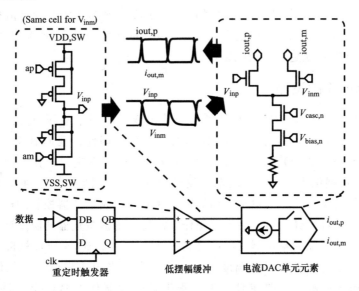

图 10.18   主反馈 NRZ DAC 的简化图

图 10.19 显示了图 10.14 中的 RZ DAC 的一个简化示意图，为了在整体 ADC 中获得稳定性，RZ DAC 有助于弥补量化器的延迟[13]。由于 DAC 馈入放置在 ADC 若干增益级之后的一个节点上，使其噪声性能在整体 ADC 中对实现高 SNDR 不再是最为关键的因素。因此，这样的一个简单实现是合乎逻辑的，如图 10.19 所示的原型系统，将 DAC 作为三向互补电流转向器件，其由通过数字逻辑门产生的全摆

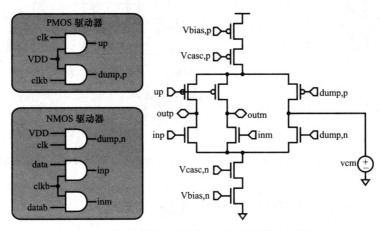

图 10.19   环路延迟补偿 RZ DAC 的简化原理

幅信号馈入。注意到最上方的 PMOS 电流转向装置被时钟所控制，因此当时钟频率较低时，最上方的电流馈入节点 outp 和 outm，而当时钟频率较高时，最上方的电流馈入自结节点。当时钟信号较低时，数据信号控制底部电流发送到节点 outp 或 outm 上，从而产生或正或负的差分电流。当时钟信号较高时，底部电流被馈送到自结节点上。注意，在 DAC 周期的"归零"阶段，顶部和底部的电流被转移到自结节点，在 DAC 周期的"开始"阶段，DAC 的开关电流被馈送回节点 outp 和 outm 上，这可以实现更快的瞬态切换。

10.6.4 DEM 的设计

使用相位作为基于 VCO 量化器的关键输出变量的一个不利因素，是较之于频率输出变量量化器，其不再具备 DEM 运行的功能。因此，我们需要实现图 10.14 所示的显式 DEM。图 10.20 展示了显式 DEM 原型中所选定的拓扑结构，它在主反馈 NRZ DAC 中提供了一个一阶动态加权平均（DWA）操作[17]。如图所示，DWA 电路的实现旋转了量化器的输出，而该输出在由二进制累加器控制的桶形移位器的帮助下实现了以温度计码格式的编码操作。注意，电流量化器的温度计代码需要被转移的次数等于之前的量化器输出值总和的 2^N。因此，DWA 可以被拆分为两个平行的路径，一个用来转移输入温度计码，另一个用来记录先前的量化值并更新指针。在 $0.13\mu m$ 技术中，即使对于布线寄生效应和器件电容留出足够大的空间，DWA 全静态 CMOS 实现仍无法满足时序要求。相反，尽管功耗花费的成本较高，人们仍然选择使用 PMOS 负载来实现更快的伪 NMOS 逻辑[44]。

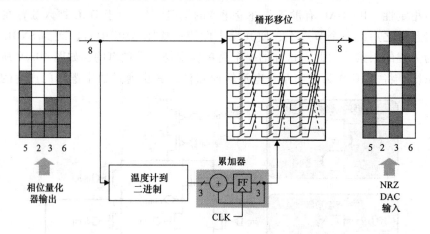

图 10.20　使用一个桶形移位，一个温度计-二进制转换器和二进制收集器的显式 DWA 计算

10.6.5　在 0.13μm CMOS 工艺中的整体实现

利用 $0.13\mu m$ CMOS 工艺制造的 ADC 原型的模板照片如图 10.21 所示。ADC

的活性硅面积是 0.45mm^2，芯片总面积包括 48 个盘，即 $2.3\text{mm}\times1.8\text{mm}$。ADC 的原型在 1.5 V 电源供电下功耗约为 87mW，模拟和数字电源大约分别消耗 46mA 和 12mA。虽然没有直接的方法来测量子系统的电流，但偏置电流表明 DAC 消耗 15mA，运算放大器消耗 30mA，VCO 消耗小于 1 mA。仿真结果表明，数据加权平均逻辑电路囊括了大部分（>75%）的数字功耗，这是由于温度计-二进制转换器和收集器中使用了伪 NMOS 逻辑，而 VCO 相位量化触发器，时钟产生和分配电路组成了其余部分的功耗。

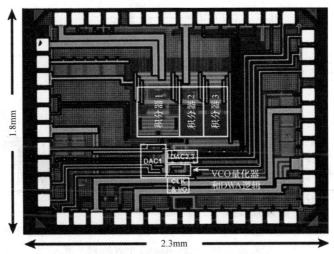

图 10.21　由 $0.13\mu\text{m}$ IBM CMOS 工艺制成的原型 ADC 的照片。有效面积是 0.45mm^2

10.7　原型的测量结果

图 10.22 所示的测试设置用于评估四阶 ADC 的原型。一个模拟信号源（安捷伦 E4430B）将一个 2MHz 的音调通入无源带通滤波器（TTE KC7T-2M-10P），其中抑制了谐波和信号源的相位噪声。射频变压器（微型电路 ADT1-6T+）将这种纯频谱音调转换为差分信号以作为原型 ADC 的输入。ADC 的时钟信号通过一个高速图

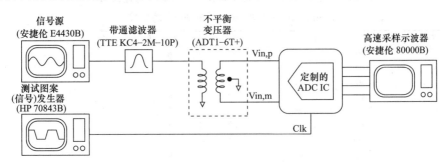

图 10.22　用于评估原型 ADC 的测试设置

形发生器产生（HP 70843B），它可以产生低抖动的方波（<1ps，目标带宽的均方根）。原型 ADC 产生的 4 比特数字输出存储到高速采样示波器（安捷伦 DSA 80000B）的存储器中，然后下载到电脑上进行后处理。

测量的 SNR 和 SNDR 与输入幅值曲线的关系如图 10.23 所示。为了得出测量结果，输入音的频率为 2MHz，模拟带宽为 20MHz，采样率为 900MHz。对于一个 −2.4dBFS（约为 $1.5V_{pp,diff}$）的输入音，ADC 得到的峰值 SNR 为 81.2dB，峰值 SNDR 为 78.1dB；上述结果对应的分辨率为 12.7ENOB，质量因数为 330fJ/conv，其中：

$$FOM \equiv \frac{功率}{2 \times BW \times 2^{\text{ENOB}}}$$

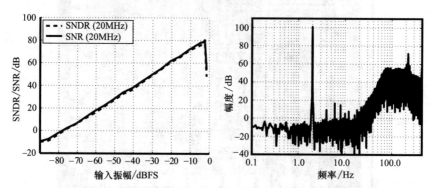

图 10.23　测量的 SNR/SNDR 与输入振幅的关系，从测量的原型
ADC 输出中得到的 100000 个点的 FFT 图

图 10.23 也展示了在 2MHz 的-2.4dBFS 输入信号下，ADC 输出结果的快速傅里叶变换。四阶量化噪声成形在 20～70MHz 的频率范围内都是可见的，而 70MHz 峰值则是由于寄生极点的存在，使得相位边缘降低。行为模拟结果表明，音调出现在 200～250MHz 的频率范围内，且中心频率为 225MHz（$F_s/4$），这最有可能是由于相位检测器的参考时钟信号和 VCO 输出相位寄生耦合到压控振荡器的控制节点造成的。幸运的是，这些音调远离频带，因此不影响 ADC 的分辨率和稳定性。

最后，表 10.1 展示了在相似的输入带宽和技术下，原型和最近提出的连续时

表 10.1　在相似的输入带宽和技术下，最近的连续时间
Sigma-Delta ADC 和传统的 ADC 的比较

Ref.	F_s/MHz	BW/MHz	SNR/dB	SNDR/dB	功率/mW	FOM/(pJ/conv)
[5]	276	23	70	69	46	0.43
[4]	340	20	71	69	56	0.61
[3]	400	12	64	61	70	3.18
[6]	640	10	72	66	7.5	0.23
[1]	640	20	76	74		0.12
[13]	640	10	87	82	100	0.49
[7]	1000	8	63	63	10	0.54
[14]	950	20	75	67	40	0.55
此项工作[15]	900	20	81	78	87	0.33

间 Sigma-Delta ADC 之间的性能比较。从表中可以看出，与传统的 ADC 拓扑相比，使用相位作为基于 VCO 的量化的关键变量在性能上更具有竞争力。因为这个原型第一次使用了基于 VCO 的量化，预计在未来的实现中将进一步根据如图 10.15 所示的系统分析的结果来提高 SNDR。

10.8　结论

本章研究了在宽带、连续时间 Sigma-Delta ADC 拓扑结构中使用基于 VCO 的量化方法。基于 VCO 的量化器可以被看作是一个电压-时间转换器和时间-数字转换器的有效组合。虽然这种结构存在若干优点，包括量化噪声和失配整形，但这种量化器结构却存在着非线性特性，从而阻碍了整体 ADC 获得高 SNDR 值。然而，如果利用相位作为量化器的关键输出变量，这种非线性的问题是可以克服的，超过80dB 的 SNDR 理论上可以在 20MHz 的带宽下实现。一个原型 ADC 的测量结果证实了在 20MHz 带宽下可实现 SNDR 为 78dB 的性能，同时得到 330fJ/conv。因此，基于 VCO 的量化器提供了一个极具吸引力的选择，比如应用于未来高性能连续时间ADC 中。

参考文献

1. G. Mitteregger, C. Ebner, S. Mechnig, T. Blon, C. Holuigue, E. Romani, A 20 mW 640-MHz CMOS continuous-time sigma-delta ADC with 20-MHz signal bandwidth, 80-dB dynamic range, and 12-bit ENOB. *IEEE J. Solid-State Circuits* **41**(12), 2641–2649 (2006)
2. S. Yan, E. Sanchez-Sinencio, A continuous-time modulator with 88-dB dynamic range and 1.1-MHz signal bandwidth. *IEEE J. Solid-State Circuits* **39**(1), 75–86 (2004)
3. S. Paton, A. Di Giandomenico, L. Hernandez, A. Wiesbauer, T. Potcher, M. Clara, A 70-mW 300-MHz CMOS continuous-time ΣΔ ADC with 15-MHz bandwidth and 11 bits of resolution. *IEEE J. Solid-State Circuits* **39**(7), 1056–1063 (2004)
4. L. Breems, R. Rutten, G. Wetzker, A cascaded continuous-time ΣΔ modulator with 67-dB dynamic range in 10 MHz bandwidth. *IEEE J. Solid-State Circuits* **39**(12), 2152–2160 (2004)
5. N. Yaghiniand, D. Johns, A 43 mW CT complex ΔΣ ADC with 23 MHz of signal bandwidth and 68.8 dB SNDR, in *IEEE ISSCC Dig. Tech. Papers*, 2005, pp. 502, 503
6. R. Schoofs, M. Steyaert, W. Sansen, A design-optimized continuous-time ΔΣ ADC for WLAN applications. *IEEE Trans. Circuits Syst. I, Reg. Papers* **54**(1), 209–217 (2007)
7. R. Schoofs, M. Steyaert, W. Sansen, A 1 GHz continuous-time sigma-delta A/D converter in 90 nm standard CMOS, in *IEEE MTTT-S Tech. Dig*, 2005, pp. 1287–1290
8. F. Esfahani, P. Basedau, R. Ryter, R. Becker, A fourth-order continuous-time complex sigma-delta ADC for low-IF GSM and EDGE receivers, in *IEEE Symp. on VLSI Circ. Dig. Tech. Papers*, 2003, pp. 75–78
9. L. Breems, R. Rutten, R. Veldhoven, G. Weide, H. Termeer, A 56 mW CT quadrature cascaded ΣΔ modulator with 77 dB DR in a near zero-IF 20 MHz band, in *IEEE ISSCC Dig. Tech. Papers*, 2007, pp. 238–599
10. R. Veldhoven, R. Rutten, L. Breems, An inverter-based hybrid ΣΔ modulator, in *IEEE ISSCC*

Dig. Tech. Papers, 2008, pp. 492–630

11. Y. Shu, B. Song, K. Bacrania, A 65 nm CMOS CT ΣΔ Modulator with 81 dB DR and 8 MHz BW Auto-Tuned by Pulse Injection, in *IEEE ISSCC Dig. Tech. Papers*, 2008, pp. 500–631

12. S. Ouzounov, R. Veldhoven, C. Bastiaansen, K. Vongehr, R. Wegberg, G. Geelen, L. Breems, A. Roermund, A 1.2 V 121-mode CT ΣΔ modulator for wireless receivers in 90 nm CMOS, in *IEEE ISSCC Dig. Tech. Papers*, 2008, pp. 242–600

13. W. Yang, W. Schofield, H. Shibata, S. Korrapati, A. Shaikh, N. Abaskharoun, D. Ribner, A 100 mW 10 MHz-BW CT ΔΣ modulator with 87 dB DR and 91 dBc IMD, in *IEEE ISSCC Dig. Tech. Papers*, 2008, pp. 498–631

14. M. Straayer, M. Perrott, A 12-bit 10-MHz bandwidth, continuous-time sigma-delta ADC with a 5-bit, 950-MS/S VCO-based quantizer. *IEEE J. Solid-State Circuits* **43**(Apr.), 805–814 (2008)

15. M. Park, M.H. Perrott, A 78 dB SNDR 87 mW 20 MHz bandwidth continuous-time delta-sigma ADC with VCO-based integrator and quantizer implemented in 0.13 μm CMOS. *IEEE J. Solid-State Circuits* **44**(Dec.), 3344–3358 (2009)

16. S.-J. Huang, Y.-Y. Lin, A 1.2 V 2 MHz BW 0.084 mm^2 CT ΔΣ ADC with −97.7 dBc THD and 80 dB DR using low-latency DEM, in *IEEE ISSCC Dig. Tech. Papers*, 2009, pp. 172, 173

17. R. Baird, T. Fiez, Linearity enhancement of multibit delta-sigma A/D and D/A converters using data weighted averaging. *IEEE Trans. Circuits Syst. II, Analog Digit. Signal Process.* **42**(7), 753–762 (1995)

18. U. Wismar, D. Wisland, P. Andreani, A 0.2 V 0.44 μW, 20 kHz ΣΔ analog to digital modulator with 57 fJ/conversion FoM, in *Proceedings of IEEE European Solid State Circuits Conference*, 2006, pp. 187–190

19. U. Wismar, D. Wisland, P. Andreani, A 0.2 V 7.5 μW, 20 kHz ΣΔ modulator with 69 dB SNR in 90 nm CMOS, in *Proceedings of IEEE European Solid State Circuits Conference*, 2007, pp. 206–209

20. A. Iwata, N. Sakimura, M. Nagata, T. Morie, The architecture of ΔΣ analog-to-digital converters using a voltage-controlled oscillator as a multibit quantizer. *IEEE. Trans. Circuits Syst. II* **46**(7), 941–945 (1999)

21. R. Naiknaware, H. Tang, T.S. Fiez, Time-referenced single-path multi-bit ADC using a VCO-based quantizer. *IEEE Trans. Circuits Syst. II* **47**(7), 596–602 (2000)

22. J. Kim, S. Cho, A time-based analog-to-digital converter using a multi-phase voltage controlled oscillator, in *Proceedings of the 2006 IEEE Int. Symp. on Circuits and Systems*, May 2006, pp. 3934–3937

23. V.B. Boros, A digital proportional integral and derivative feedback controller for power conditioning equipment, in *IEEE Power Electronics Specialists Conf. Rec.*, June 1977, pp. 135–141

24. J.P. Hurrell, D.C. Pridmore-Brown, A.H. Silver, Analog-to-digital conversion with unlatched SQUID's. *IEEE Trans. Electron Devices* **ED-27**(10), 1887–1896 (1980)

25. E. Alon, V. Stojanovic, M.A. Horowitz, Circuits and techniques for high-resolution measurement of on-chip power supply noise. *IEEE J. Solid-State Circuits* **40**(4), 820–828 (2005)

26. M. Park, M.H. Perrott, A single-slope 80 MS/s ADC using two-step time-to-digital conversion, in *ISCAS 2009*, May 2009, pp. 1125–1128

27. S. Naraghi, M. Courcy, M.P. Flynn, A 9 bit 14 μW 0.06 mm^2 pulse position modulation ADC in 90 nm digital CMOS, in *IEEE International Solid State Circuits Conference (ISSCC)*, Feb. 2009, pp. 168, 169

28. R. Staszewski, S. Vemulapalli, P. Vallur, J. Wallberg, P.T. Balsara, 1.3 V, 20 ps time-to-digital converter for frequency synthesis in 90-nm CMOS. *IEEE Trans. Circuits Syst. II* **53**(3), 2240–2244 (2006)

29. S. Henzler, S. Koeppe, W. Kamp, H. Mulatz, D. Schmitt-Landsiedel, 90 nm 4.7 ps-resolution 0.7-LSB single-shot precision and 19 pJ-per-shot local passive interpolation time-to-digital converter with on-chip characterization, in *IEEE ISSCC Dig. Tech. Papers*, 2008, pp. 548, 549

30. M. Lee, A. Abidi, A 9b, 1.25 ps resolution coarse-fine time-to-digital converter in 90 nm CMOS that amplifies a time residue. *IEEE J. Solid-State Circuits* **43**(4), 769–777 (2008)

31. V. Ramakrishnan, P.T. Balsara, A wide-range, high-resolution, compact, CMOS time to digital converter, in *VLSI Design (VLSID'06)*, Jan. 2006

32. J.-P. Jansson, A. Mantyniemi, J. Kostamovaara, A CMOS time-to-digital converter with better than 10 ps single-shot precision. *IEEE J. Solid-State Circuits* **41**(6), 1286–1296 (2006)

33. M.Z. Straayer, M.H. Perrott, A multi-path gated ring oscillator TDC with first-order noise shaping. *IEEE J. Solid-State Circuits* **44**(Apr.), 1089–1098 (2009)

34. M. Hovin, A. Olsen, T. Sverre, C. Toumazou, ΔΣ modulators using frequency-modulated intermediate values. *IEEE. J. Solid-State Circuits* **32**(1), 13–22 (1997)

35. M. Miller, Multi-bit continuous-time sigma-delta ADC, U.S. Patent 6,700,520, Mar. 2, 2004

36. G. Taylor, I. Galton, A mostly digital variable-rate continuous-time ADC delta-sigma modulator, in *IEEE International Solid-State Circuits Conference*, Feb. 2010, pp. 298, 299

37. P.J.A. Naus, E.C. Dijkmans, Low signal-level distortion in sigma delta modulators, 84th Convention of the Audio Engineering Society. *J. Audio Eng. Soc.* **36**(May), 382(1988)

38. S. Norsworthy, R. Schreier, G. Temes, *Delta-sigma data converters*, (Wiley, New York, 1996)

39. R. Schreier, ΔΣ Toolbox (MATLAB Central, 2009), http://www.mathworks.com/matlabcentral/fileexchange/19-delta-sigma-toolbox (The toolbox is generated in 2000 and updated in 2009)

40. R.H.M van Veldhoven, A triple mode continuous-time ΣΔ modulator with switched-capacitor feedback DAC for GSM EDGE/UMTS/CDMA2000 receiver. *IEEE. J. Solid-state Circuits* **38**(12), 2069–2076 (2003)

41. M. Park, Behavioral Simulation of a 4th-Order CT Delta-Sigma ADC with VCO-Based Integrator and Quantizer. (CppSim System Simulator, 2008), http://www.cppsim.com/tutorials.html

42. B. Nikolic, V.G. Oklobzija, V. Stojanovic, W. Jia, J.K.-S. Chiu, M.M.-T. Leung, Improved sense amplifier-based flip-flop: Design and measurements. *IEEE J. Solid-State Circuits* **35**(6), 876–884 (2000)

43. X. Fan, C. Mishra, E. Sanchez-Sinencio, Single miller capacitor frequency compensation technique for low-power multistage amplifiers. *IEEE J. Solid-State Circuits* **40**(3), 584–592 (2005)

44. J. Rabaey, *Digital integrated circuits: A design perspective* (Prentice-Hall, Upper Saddle River, 1996)

第 11 章 宽带连续时间多比特 Delta-Sigma ADC

J. Silva-Martinez，C. -Y. Lu，M. Onabajo，F. Silva-Rivas，
V. Dhanasekaran 和 M. Gambhir

11.1 引言

移动计算和无线互联网的最新发展，使得人们对便携式计算机和配备以 802.11g/n 标准操作的无线局域网的智能手机的需求呈指数级增长。这些器件所需运算速度增长遵循 Moore 定律，预计工艺可以将物理栅极长度继续下降到 10nm 以下。然而，将高性能的模数转换器（ADC）有效地整合到这些技术中仍然是一个挑战。

Delta-Sigma（ΔΣ）拓扑结构是一种有效的 ADC 架构，这是由于信号处理的很大一部分都是在数字域上进行的。模数转换是通过几个数模块进行的。图 11.1a 展示了一个 1bitΔΣ 调制器的框图。通过将高效的数字信号处理操作和模拟电路耦合在一起，且模拟部分基本上没有匹配的要求，而 1bitΔΣ 结构有望实现纳米技术工艺。因为 1bit DAC 在本质上是线性的，所以构件匹配并不是一个大问题。尽管如此，1bitΔΣ 调制器的应用，如在 WLAN 上应用的 ADC，仍面临着一些障碍。我们需要采用较高的过采样率（OSR）来满足信号量化噪声比（SQNR）的要求，而这会导致积分器和抽取滤波器的功耗增加。另一方面，在较低 OSR 和更高阶滤波的情况下实现所需 SQNR 值的做法受到过载效应的限制，并且会削弱调制器的稳定性[1,2]。和 1bit 的 DAC 相反的是，1bit 量化器是非线性的且在高性能应用中量化噪声过大。

另一种在不增加开关频率的前提下提高 SQNR 的方法是使用多层量化器和多比特反馈 DAC，如图 11.1b 所示。通过这种方法，由于多层量化器较小的量化噪声，环路滤波器中所需的噪声成形增益要求可以降低。多比特架构已成功运用在多兆赫兹的带宽设计中[3,8]。然而，1bit 结构的"数字友好"优点通常在这种解决方案中被折中对待。具体而言，反馈 DAC 的非线性显著影响着 ADC 的性能，因为它在未进行噪声成形的滤波器输入信号中直接加入误差。因此，动态元件匹配（DEM）技术已被提出用以解决这个问题[9,10]。然而，由这些技术得到的失配误差成形在低 OSR 设计中还不能发挥足够的作用，且在高转换速度下是不现实的。此外，在一些应用中增加额外的功率和 DEM 方法的复杂性是不可接受的。在本章的第 2 节

和第 3 节中我们讨论了两种方法。

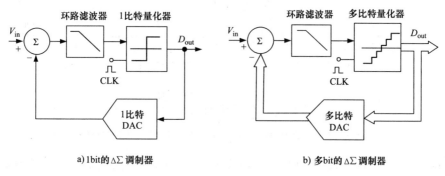

图 11.1

11.2   一个 20MHz 68dB 动态范围、基于时域量化器和反馈元件的 ΔΣ ADC

在现代数字 CMOS 工艺中实现高速和高精度的模拟功能的其中一个主要的挑战是低电源电压。使用低电源电压产生的一个重要结果是减少信号电压摆幅。但这反过来又要求在给定的信号噪声比（SNR）下实现较小的噪声电平。为了减轻动态范围的损耗，同时在等效的离散持续时间和固定振幅下，缩放电压和离散幅度波形的时间分辨率可以用来代表信号幅度的变化。因此，动态范围取决于精细的时间分辨率，且电路中的最高的开关频率是输入信号频率的一个函数。这将在信号活动上建立一个功耗相关性，即在许多情况下有助于降低平均功耗[11]。由于信号是在时间域中表示的，因此更重要的是尽量减少时钟抖动引起的噪声，与常规的多电流源 DAC 相比，常规 ADC 在反馈路径中的工艺变化和热噪声会限制 ADC 的性能。这一小结的重点是给出一个基于 ADC 架构的时间分辨率概述，即在超过 20MHz 的带宽下实现超过 10bit 的分辨率，以 TI 65nm 数字 CMOS 技术中的设计为基础。

11.2.1   多 bit 基于时间的 ADC 结构[12,13]

对 ΔΣ 调制器前瞻性的改进策略是：

1）使用数字电路尽可能地充分利用 CV^2f 规则来降低功耗；

2）在时域中表征信号，在缩放技术中实现精细的时间分辨率，同时避免电压裕度不足以及工艺变化的增加产生的局限性。

图 11.2 显示了基于时间域量化器/DAC 组合的 ΔΣ 架构；其中，脉冲宽度调制（PWM）发生器对输入信号进行编码和取样使之成为连续时间单级信号，且连接到一个单级 DAC 的时间-数字转换器（TDC）上，用来取代传统的多级量化器和 N 比特 DAC。

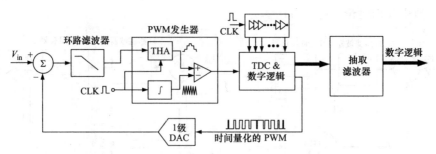

图 11.2 基于 Delta-Sigma 调制器的时间域量化器/DAC

在每个时钟周期内，宽度离散脉冲代表样本。PWM 发生器模块由一个跟踪/保持放大器（THA）和一个与主时钟同步的比较器组成。该模块提供一个脉冲，其宽度与每一个时钟周期内的输入信号的振幅成正比。TDC 块将定时信息进行数字化，变为一对与下降沿和上升沿相对应的数字编码。同时，它再产生一个"时间量化的"反馈脉冲，该脉冲在时间间隔 T_Q 上存在着离散的若干级取值，用来构建 DAC 的反馈信号。一个差分对用来产生 DAC 电流脉冲，目的是在合理准确的参考下实现较好的电源抑制。

11.2.2 低通滤波器的设计

设计环路滤波器是为了实现三阶准逆切比雪夫高通噪声成形。$H(z)$ 表示离散时间（DT）滤波器，并产生了如下的噪声传递函数：

$$H(z) = \frac{1.622z^2 - 2.093z + 0.8024}{z^3 - 2.922z^2 + 2.894z - 0.9721} \tag{11.1}$$

PWM 比较器和数字逻辑产生的组合延迟用以产生反馈脉冲，其计算值为 660ps。其大致等同于 2ns 时钟周期的 1/3。由于数字逻辑产生的回路延迟可以通过 $H_2(z^{1/3}) = z^{1/3} \cdot H(z^{1/3})$ 来有效补偿。DT 滤波器产生的 3 阶传递函数如下所示：

$$H/(Z^{1/3}) = \frac{0.4399Z^{2/3} - 0.7751Z^{1/3} + 0.3477}{Z^{3/3} - 2.985Z^{2/3} + 2.9764Z^{1/3} - 0.9906} \tag{11.2}$$

考虑由量化器和 DAC 引入的 $z^{1/3}$ 延迟，并添加一个常数项，得到如下形式：

$$Z^{1/3}H(Z^{1/3}) = 0.4399 + H_2(Z^{1/3}) = 0.4399 + \frac{0.538Z^{2/3} - 0.9613Z^{1/3} + 0.4358}{Z^{3/3} - 2.985Z^{2/3} + 2.9764Z^{1/3} - 0.9906} \tag{11.3}$$

其中常数项表示量化器反馈路径系数，用来补偿多余的环路延迟[14]。$H_2(z^{1/3})$ 可以利用脉冲不变 $Z \to S$ 变换转换为等效的 CT 传递函数，产生：

$$H_2(s) = \frac{7.312s^2 + 2.312 \times 10^{17} \, 7s + 4.223 \times 10^{25}}{s(s^2 + 1.414 \times 10^7 s + 1.279 \times 10^{16})} \tag{11.4}$$

$H_2(s)$ 提供了一个 37dB 的有限的带内增益，这是为了抑制量化噪声和随后的功能块在前向路径中引入的其他错误。用来实现传递函数的简化单端有源 *RC* 滤波器的拓扑结构如图 11.3 所示，其中前馈电容 C_B 和 C_H 分别提供了双二阶滤波器的二阶带通和高通输出。

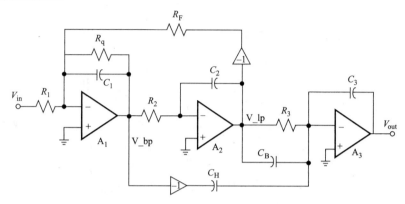

图 11.3　具有前馈轨迹的有源 *RC* 滤波器

11.2.3　时域量化器

通过比较输入信号与三角波信号，可生成脉冲宽度调制（脉宽调制）波。发生器由一个采样和保持（S/H）电路、一个斜率发生器和一对比较器组成。图 11.2 的 PWM 发生器在采样频率下使用一个斜率波，其差分振幅为 $1.2V_{pp}$。尽管时域量化器的数据吞吐量为 250MSPS，但量化之前的 S/H 被 500MHz 的时钟频率控制（双采样 PWM）。此时在一个给定的吞吐率下可将 OSR 乘以 2 倍。PWM-数字转换利用时间-数字转换器（TDC）来完成，该技术最初提出时是为了测量核试验中的单脉冲[15]。

TC 实现的功能如图 11.4 所示，具体细节也能在参考文献［13］中找到。在一个主时钟周期（TCLK）内，分隔为 N（在这个例子 $N=8$）个间隔长度为 T_Q 的相同时长。THA、斜率发生器和比较器产生了一个时间窗 $p(t)$。这段时间帧使用时钟相位 CK0⋯CK7 来量化，并用来触发一系列的 D 触发器。TDC 块提供了两个输出码，其对应于来自 PWM 发生器的输入脉冲的上升沿和下降沿。时间量化反馈脉冲，记为 $pq(t)$，在时钟变化（CK0-7 的上升沿）的同时发生变化。时间量化反馈脉冲 $pq(t)$，则由一对 OR 门和一个 SR 锁存器生成。D 触发器将测温码解码为二进制代码，产生所需的输出。在一个双采样的 PWM 信号中，信息包含在脉冲宽度和脉冲位置中。为了避免 PWM 音调的混叠，用一个脉冲-幅度转换器来提取最终的数字输出。

实际上，设计 TDC 是为了在 4ns 的周期内（1/250MHz）生成 50 个量化步长。为了支持这一方案，如图 11.2 所示，我们使用级联的数字逆变器延迟元件来产生 50 个时钟相位。每个时钟相位都用来驱动触发器的时钟输入。可以通过采样注入锁定技术来引入锁相环或环形振荡器，从而产生健壮的时钟[16]。数据相关延迟或触发器的"亚稳态"可以导致反馈脉冲的信号相关性误差。由于最大误差对应一

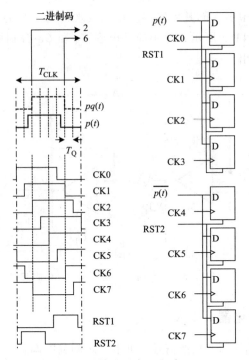

图 11.4 输出码产生电路

个量化步长（满量程的 1/50），所以误差发生概率需要被保持在 1.6% 或以下，以满足失真性能优于−70dB 的要求。此外，TDC 量化步长之间的静态匹配会在反馈中形成非线性。基于 ADC 模型的仿真，我们确定了 TDC 延时元件的步长之间的 RMS 失配必须小于 800fs，以实现失真性能优于−65dB 的目标。

11.2.4 PWM 信号 DAC 的频谱

PWM 频谱包括在信号频率（ω_S）上的音调和该音调的奇次谐波、参考音调——斜率基频（ω_R）及其谐波以及信号与参考音调的互调产物组成。双采样的 PWM 的频谱内容可被证明如下[17]：

$$v_p(t) = \frac{2V_a}{\pi} \sum_{n=1}^{\infty} \frac{1}{\left[n\dfrac{\omega_S}{\omega_R}\right]} J_n\left(n\frac{\omega_S}{\omega_R}\frac{\pi}{2}M\right) \sin\left(n\frac{\pi}{2}\right) \cos(n\omega_S t)$$

$$+ \frac{2V_a}{\pi} \sum_{m=1}^{\infty} \frac{1}{m} J_o\left(m\frac{\pi}{2}M\right) \sin\left(m\frac{\pi}{2}\right) \cos(m\omega_R t)$$

$$+ \frac{2V_a}{\pi} \sum_{m=1}^{\infty} \sum_{n=-\infty}^{\infty} \frac{J_n\left(\left[m+n\frac{\omega_S}{\omega_R}\right]\frac{\pi}{2}M\right)}{\left[m+n\frac{\omega_S}{\omega_R}\right]} \sin\left(\left[m+n\right]\frac{\pi}{2}\right) \cos(m\omega_R t + n\omega_S t) \quad (11.5)$$

其中，V_a 代表 PWM 信号的振幅，J_n 代表 n 阶的贝塞尔函数，M 代表 PWM 的调制指数。PWM 的一个主要功率部分由更高阶的参考谐波搬移。由于，TDC 在时域对 PWM 波进行量化，由 TDC 产生的反馈脉冲本质上是一个以采样周期 T_Q 被采样和保持的 PWM 脉冲。此采样过程会不可避免地造成输入的 PWM 波的频谱中存在着高频音调的混叠。可以看出，"量化噪声层"是由于 TDC 采样形成的。这类似于在传统的采样振幅量化器中量化噪声层，其中量化信号谐波失真被折叠，形成了量化噪声层[11]。对于一个给定数量的"量化步骤"，时域量化器相比振幅量化器能够得到不同的 SQNR。

由于式（11.5）的复杂性，通过仿真来评估量化噪声则更具建设性。基于振幅和基于时间量化器的 SQNR 与量化步骤的次数（N_Q）之间的关系可通过考虑 0 到 $1/(2T_s)$ 频率范围内的"综合噪声"来得到。对于一个给定的 N_Q，时间量化器具有更高的量化噪声（由于 PWM 互调分量的混叠而非信号谐波的混叠）。在 N_Q（>50）较大时，这种差异会减小，这是由于在非常高的频率下互调分量幅度较为平坦，从而降低了量化数为 50 和 200 时之间约 8dB 的差异[13]。需要指出的是，更高的量化噪声不一定是严重的性能缺点，因为时间量化器相对于幅值量化器可以更有效地完成大量的量化步骤数。

11.2.5　设计注意事项

研究发现，在基于时间的 ADC 结构中，有几种产生噪声的源头。滤波器（v_{nLF}）参考输入的带内 RMS 电压噪声直接出现在 ADC 的输入端，从而直接产生输入参考噪声。在图 11.3 中，DAC 和输入电阻（R_1）将噪声电流注入到一阶积分器的运算放大器中的虚拟接地。因此，DAC 输出（i_{nDAC}）端的带内 RMS 电流噪声通过由 R_1 确定的乘法因子转换为输入参照电压噪声。TDC（t_{nTDC}）的输出参照带内 RMS 定时抖动可以映射到输入参照噪声，这是通过利用 T_S、I_{ref} 和 R_1 来适当缩放完成的；其中，T_S 是时钟周期（4ns），I_{ref} 是 DAC 的参考电流。PWM 发生器（v_{nPWM}）的输入参照 RMS 电压噪声对输入参照噪声的贡献是 $v_{nPWM}/|H_{LF}|$，其中 $|H_{LF}|$ 定义为超过 20MHz 信号带宽的环路滤波器的平均带内增益。最后，整体输入参照噪声可以表示为：

$$v_{nin} = \sqrt{v_{nLF}^2 + i_{nDAC}^2 \cdot R_1^2 + \frac{t_{nTDC}^2}{T_s^2} \cdot I_{ref}^2 \cdot R_1^2 + \frac{v_{nPWM}^2}{|H_{LF}|^2}} \qquad (11.6)$$

在本设计中，ADC 的差分基准电压固定为 1.08V，环路滤波器的输入电阻（R_1）被选择为 3kΩ，DAC 的参考电流设置为 180μA。环路滤波器的集成输入参照 RMS 噪声为 84.5μV。表 11.1 分别列出了在这个例子中的不同块的噪声功率贡献。

TDC 量化步长之间的静态失配造成反馈非线性的形成。基于 ADC 模型的 SIMULINK 仿真，我们可以确定 TDC 延迟元件步长之间的 RMS 失配必须小于 800fs 从向在 95% 置信区间下实现优于 -65dB 的失真性能。

表 11.1　在基于时间的 ADC 中的不同块的噪声贡献

块	集成的输入参照电压噪声	噪声功率贡献的百分比
环路滤波器	85	41.6
DAC	66	25.1
TDC	67	25.8
PWM	36	7.5

　　另一个重要的设计约束存是在剩余相位和延迟存在的情况下环路的稳定性问题。多余延迟的主要源头是：用于生成反馈脉冲的 TDC 数字逻辑传播延迟，PWM 比较器的延迟和环路滤波器的剩余相位。保持 NTF 不变的一个选择是重新设计环路滤波器，使它具有一个 $H(z) \cdot Z^{+\Delta}$ 的传递函数来代替传递函数为 $H(z)$ 的理想滤波器。这里的 Δ 表示在环路中的比例时延（过剩时延与采样周期的比值）。重新设计需要在量化器的周围添加一个额外的反馈路径来保证系统的可控性[14]。图 11.5 展示了补偿方法的排布。一些二进制加权 CMOS 转换器和 MOS 电容器用来建立对反馈系数的编程。

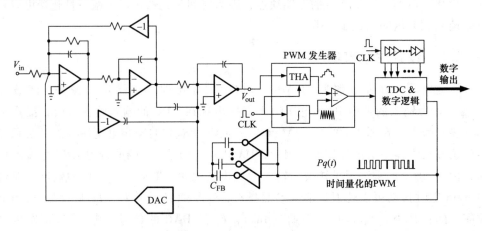

图 11.5　简化的 ADC 结构

　　时钟抖动仍然是连续时间调制器中的一个性能限制参数。由于时钟抖动引入 DAC 脉冲中的误差并不是通过环路滤波器进行噪声成形，因为它直接出现了调制器的输入端。此误差可以被建模为一个反馈脉冲的随机相位调制。在这种情况下，通过特定的反馈脉冲排布可以实现抖动性能的改善。从图 11.6 可以看出，由于低频和中频的时钟抖动，时钟周期内的反馈脉冲的上升沿和后沿经历了几乎相同的时间移位；时钟抖动的主要作用反映在脉冲的位置上。这一现象的原因是因为 CK0-7 的上升沿都来自于使用延迟元件的相同时钟沿。由于抖动引起的两个时钟沿的时间偏移几乎是相同的，返回 PWM 的反馈电荷的量保持不变。因此，时钟源的抖动主要影响反馈脉冲的位置；使得只留下每一个单独的延迟元件造成的抖动噪声作为主抖动噪声的贡献者，用于反馈电荷注入误差。

PWM 波的随机脉冲位置调制的影响利用方程分析是较为麻烦的，但基本的结果将第 11.3 节中给出。一些有价值的见解可通过使用在时钟波中包含加性高斯白噪声的 ADC MATLAB 模型来模拟得到。利用不同的 RMS 时钟抖动取值（最高到达 3.5ps）进行仿真，结果表明 PWM 调制器的 SNR 上限比使用 RZ 脉冲形状的常规反馈至少高 10dB[13]。这是由于 PWM 脉宽对时钟抖动的低灵敏度造成的。

11.2.6　实验结果

ADC 的原型是利用 TI 65nm 数字 CMOS 技术制造的。ADC 的低抖动时钟由一个板载 SAW 振荡器产生。从逻辑分析仪中捕获的数据表示量化脉冲时序边沿，其中的 PWM 波可在 MAT-LAB 中重建。图 11.7 显示了测量的调制器输出频谱。ADC 的动态范围为 68dB。峰值 SNR 和 SNDR 分别约为 62dB 和 60dB。峰的总谐波失真（THD）约为 67dB，且发生在 -6dBFs 的输入电平下。

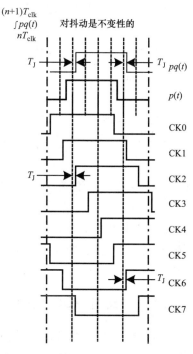

图 11.6　包含 PWM 反馈的调制器中的时钟抖动的影响

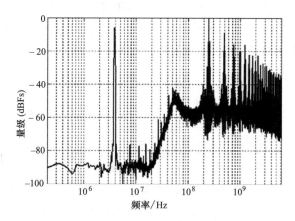

图 11.7　测量的调制器的输出频谱

表 11.2 比较了所描述的 ADC 和当前技术发展水平下的 $\Delta\Sigma$ ADC 的性能。以传统性能价值图 FOM = 功率/(2 · BW · 2^{ENOB}) 作为比较度量。因为所描述的 ADC 的输出数据速率比其他 ADC 的输出数据速率低得多，所以允许调制器之后的数字抽

取滤波器使用一个较慢的时钟频率。

表 11.2　当前技术下的 ADC 的性能比较

	[3]	[5]	[7]	此实验
SNDR/dB	70	69	55	60
功率/mW	27.9	56	38	10.5
面积/mm^2	1.0	0.5	0.19	0.15
输出率(MSPS)	420	680	950	250
FOM(fJ/step)	270	298	2058	319

11.3　一个 5 阶连续时间低通 Δ∑ 调制器[18]

在本节中提出了另一种包含 PWM 反馈的设计技术，并讨论了一个 ADC 设计的例子：在一个普通的 0.18μm CMOS 工艺中，具有 25MHz 的带宽和超过 67dB 的 SNDR。

11.3.1　多比特 ADC 架构

图 11.8 显示了全差分五阶低通 Δ∑ 调制器（前馈结构），其信号带宽为 25MHz，采样频率为 400MHz。一个由标准的 3bit NRZ 码 DAC 组成的局部反馈用来减轻过剩环路时延的影响，但器件的不匹配性远高于量化器前端的 DAC，这是由于其非线性误差是经过噪声成形的。为了在很宽的频率范围内（～DC 至 25MHz）实现噪声成形，我们采用了五阶准线性相位反向切比雪夫低通滤波器；它由两个级联的二阶低通部分和有损积分器组成。3dB 频率分别设置为 24.5、16.7 和 5.71MHz。求和放大器（∑）将所有的前馈路径耦合到量化器输入。一个 3bit 的两步量化器用来最小化与 PWM 反馈 DAC 结合的处理时延。

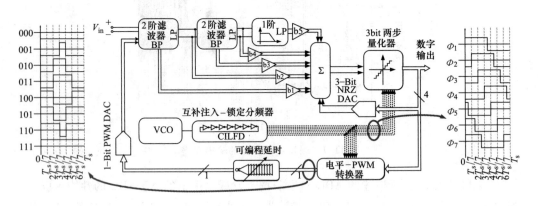

图 11.8　五阶 CT 调制器的系统结构

我们没有采用第 11.2 节中的 PWM 作为调制手段，而是将电平-PWM 转换器作为另一种架构实施到反馈路径中，以实现 3bit 量化器到时域 PWM 信号的数字编码转换，时域 PWM 信号与单比特的电流型 DAC 相兼容。这种实现方法也避免了源自单位电流源与传统的多比特 DAC 失配的性能退化。如图 11.8 所示，反馈 PWM 信号的脉冲形状在时钟周期内是尽可能对称排列的，用来最小化混叠音调的功率[17,19]。一个完全对称的 DAC 需要增加时钟相数；非对称脉冲的影响在 11.3.5 小节进行了分析。为了产生时钟均匀分布的七个阶段（$\Phi_1-\Phi_7$），LC 压控振荡器和互补的注入锁定分频器（CILFD）被组合起来用以实现低功耗与低抖动性能[20]。

11.3.2　设计注意事项

11.3.2.1　抖动敏感性

采用多相时域信号的缺点是增加了抖动噪声的敏感性，这是因为相比于传统的 3bit 非归零（NRZ）DAC，其 DAC 输出转换更大且更频繁。图 11.9 显示了仿真 SNR 性能与测试的调制器的时钟抖动之间的关系，和一个包含传统的 NRZ DAC 的 3bit 调制器（400MHz 采样）。如果 7 相时钟抖动是不相关的（假设最坏的情况），整合窗口将受到影响；当 $\sigma_\beta \approx 0.5\text{ps}$ 时，包含 PWM DAC 的调制器的 SNR 比在 400MHz 下的典型的 3bit NRZ DAC 的 SNR 小 5dB。然而，在实际中，七相是由相同的主时钟产生的。因此，它们是高度相关的，并使架构对时钟抖动具有更大的健壮性。我们可以发现，抖动的影响是以 $(1-Z^{-N})$ 形式的函数整形的，其中 N（>1）与量化器编码相关联。单一的元件 PWM DAC 不会受到 SNDR 减少的影响，而 SNDR 的减少是由于 3bit 多元件 NRZ DAC 的单位电流源不匹配产生的。从图 11.9 可看出，在最坏情况下，所描述的调制器 $\sigma_\beta < 0.54\text{ps}$，时钟抖动要求 SNDR 大于 68dB。

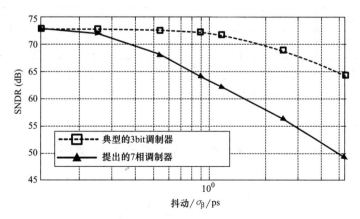

图 11.9　将 7 相 PWM DAC 和典型的 3bit DAC 进行比较，SNR（SQNR+SJNR）与调制器的抖动（所有的时钟相都是不相关的）之间的相互关系

11.3.2.2 静态设备失配

由于静态时序失配造成的 PWM DAC 非线性可以通过和传统的 3bit DAC 相比较从反馈电荷误差中进行评估。图 11.10 显示了最坏情况下的每个代码中的峰-峰电荷误差，这类误差是传统 DAC 中的每个电流细胞的静态失配 ΔI_i 和 PWM DAC 中的时钟相位 Φ_j 的静态定时误差 ΔT_j 的产物。ΔT_j 来源于静态 CILFD 失配，其并不等同于路由寄生产生的传播时延。注意，此处误差与传统 DAC 中的 7 个单元元件相关，但在 PWM 方案中最多只存在 2 个时序相。在最坏情况下，假设相同失配条件下（$\Delta I_i = \Delta I$，$\Delta T_j = \Delta T$）对于传统的 DAC 和 PWM DAC 分别产出 $\pm 7\Delta I \cdot T_s$ 和 $\pm 2\Delta T \cdot I$ 的误差。让 $\delta_{\%I} = \Delta I/(I/7)$ 和 $\delta_{\%T} = \Delta T/(T_s/7)$ 成为每个情况下的失配百分比标准偏差，而最坏情况下的误差为 $\Delta Q_{conv.-worst} = \pm 7\delta_{\%I} \cdot (I/7) \cdot T_s$ 和 $\Delta Q_{PWM-worst} = \pm 2\delta_{\%T} \cdot I \cdot (T_s/7)$。蒙特卡洛后布局仿真中包括了所有时钟相位的时延失配，仿真结果表明，$\delta_{\%T} = 0.16\%$ 的结果是由注入-锁定同步效果产生的。因为在标准 DAC 的良好布局下 $\delta_{\%I}$ 通常为 0.5%，因此预期最坏情况下的 PWM DAC 的线性误差较低。

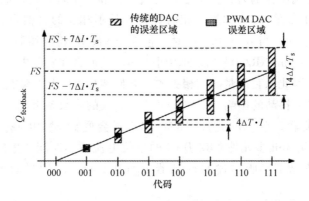

$|\Delta Q|$	000	001	010	011	100	101	110	111
Conventional DAC	0	$\Delta I_1 \cdot T_s$	$\sum_{i=1}^{2} \Delta I_i \cdot T_s$	$\sum_{i=1}^{3} \Delta I_i \cdot T_s$	$\sum_{i=1}^{4} \Delta I_i \cdot T_s$	$\sum_{i=1}^{5} \Delta I_i \cdot T_s$	$\sum_{i=1}^{6} \Delta I_i \cdot T_s$	$\sum_{i=1}^{7} \Delta I_i \cdot T_s$
PWM DAC	0	$(\Delta T_4 + \Delta T_5) \cdot I$	$(\Delta T_3 + \Delta T_5) \cdot I$	$(\Delta T_3 + \Delta T_6) \cdot I$	$(\Delta T_3 + \Delta T_6) \cdot I$	$(\Delta T_3 + \Delta T_5) \cdot I$	$(\Delta T_4 + \Delta T_5) \cdot I$	$2\Delta T_1 \cdot I$

图 11.10　相关的 3bit DAC 线性误差比较：传统的 vs. PWM

假设两个时序失配在基于 PWM 的 ADC 中得到积累，而所有的失配在常规的实现方法中积累，且在这两种情况下误差是不相关的。由此可以得出三次谐波失真（HD3）对比率，如下所示：

$$\frac{HD3_{PWM}}{HD3_{conventional}} \cong \left(\sqrt{\frac{2}{N}} \right) \left(\frac{\delta_{\%T}}{\delta_{\%I}} \right) \tag{11.7}$$

其中，N 是 DAC 的级数。对于 $N = 7$，且在上述分布下，由式（11.7）可得，我们所提出的 PWM DAC 的线性度要优于传统的 DAC15 dB。

11.3.3　滤波器和求和放大器

环路滤波器使用有源滤波器的拓扑结构，而求和放大器则展现出它们的线性优势。由于在第一个双二阶级中引入的噪声和失真对整体性能是最关键的，图 11.8 中的第一个双积分器回路有源 RC 滤波器被用于提供足够的线性度，同时实现较小的输入阻抗、较大的积分电容以及在 25MHz 情况下实现大于 40dB 的放大增益，以此来获得足够的热噪声级。图 11.11 的单端等效图表示的是一个全差分两级拓扑结构的实现，其中前馈补偿已被采用[21]。放大器的第一级设计为高增益，且由第一级的寄生电容（C_{L1}）和总输出电阻（R_{L1}）确定了一个重要极点。我们对第二级和前馈级进行了优化，在 25MHz 下获得大增益；设计细节可参考文献［18］。仿真结果表明，在 24.5MHz 时放大器的增益大于 44dB，在所有过程和温度角上可得到 400mV$_{P-P}$ 的输出摆幅和低于 -73.5dB 的 IM3；通过采用线性化技术可得到更好的线性数据（如果需要）[22]。为了补偿滤波器的时间常数变化，我们使用调谐范围在 ±30% 内的电容器组。这种可编程性允许性能自动调整，如在参考文献［23］中提出的例子。

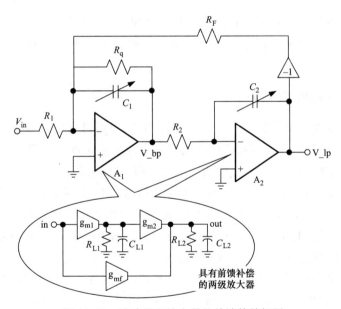

图 11.11　滤波器和放大器的单端等效框图

求和放大器是包含量化器的局部反馈路径的结构的关键模块。为了获得对于离散时间和连续时间之间循环传递函数的精确等价关系，要求该器件在局部反馈路径中保持一个采样周期延迟，通常这条路径定义为环路的高频行为，并需要确保环路的稳定性。图 11.12 中显示的求和放大器包含一个带宽扩展计划。反馈电阻被分为两段，其中一段由一个 T-RC 网络代替的。这种反馈网络创建了一个零极点对，这

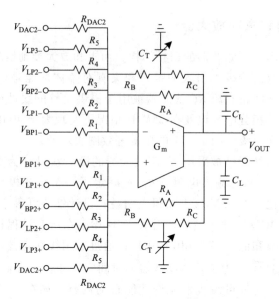

图 11.12　求和放大器级

将在整体传递函数中引入正过剩相位来调整求和节点的群延迟。微调电容 C_T 用来优化局部反馈路径中的环路时延，该局部反馈路径由求和放大器，量化器和二次NRZ DAC 组成。

11.3.4　3bit 两步量化器

与传统的全并行架构相比，当多个时钟相位/周期可用时，多步量化可以减少占用面积和功耗[24]。本节所提出的架构是一个四步量化器，它将一个 1bit MSB 和一个两步的概念结合在一起，其中输入与参考级进行连续比较。

如图 11.13a 所示，量化器采用七个时钟信号来控制四个顺序比较时刻（τ_1-τ_4），相对于一个典型的 3bit 全并行 ADC 来说，这样的做法将比较器的数目从七降至四。四步过程使 MSB 在第一步之后就可以发挥作用，同时为建立起 PWM DAC的数字控制逻辑创造时序裕度。在第二步中，其利用逐次逼近解决了由电平-PWM转换器处理的剩余比特。和 11.2 小节中将 PWM 发生器和 TDC 结合的做法相类似，1bit DAC 也是由 PWM 波驱动。然而，本小节所介绍的方法采用逐次逼近技术。逐次算法只有一个 MSB 和三个 LSB 量化步骤；与离散参考级的比较是一个简单的替代方案，如果需要，该方案也给出了分别校准每级的方法选择。量化器和相应的时序图如图 11.13b 所示，且按下列步骤运行。在周期为 T_s 的主时钟开始阶段差分输入信号 V_{in} 经 S/H 电路进行采样，然后通过 G_m 转换成电流 I_{in}。首先，通过比较 I_{in}与来自同一 G_m 阶段的 $V_{ref\ MSB}$ 的电流，τ_1 秒之后 MSB 得到了解决。根据时序控制位（CTRL）和 MSB 选择，复用架构（MUX）用来比较 I_{in} 和 I_{ref}，后者在每一个时

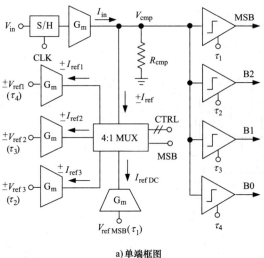

a) 单端框图

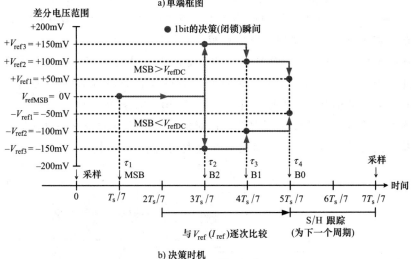

b) 决策时机

图 11.13　量化器

刻（τ_2-τ_4）由适当的差分参考电压（$\pm V_{ref1}$ ··· $\pm V_{ref3}$）得到。对于分布比较与输出比特的顺序选择，则是基于多相转换器控制电路中的时机需求，这是由于较大的信号幅度需要 DAC 反馈脉冲在下一个时钟周期的较早时期进行改变。比较电阻（R_{cmp}）将电流差值转换为正的或负的电压。因此，闩锁状态表示离散基准斜坡越过输入信号电平的瞬时时刻，这为 PWM DAC 提供了时域信息。

11.3.5　电平-PWM 转换器

图 11.14 给出了电平-PWM 转换器的全差分框图。脉冲波产生 SR 锁存器。在每一个采样周期中，根据量化器的输出码，与门决定何种脉冲形状得以通过 5 输入或门进入 1 比特 DAC。由一系列数字逆变器和 3bit MUX 组成的可编程延迟块被包

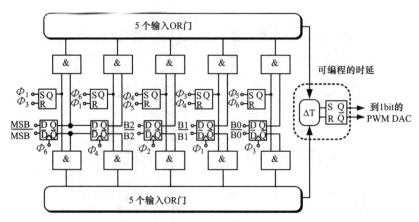

图 11.14   电平-PWM 转换器的实现

含在反馈路径中，确保过剩环路时延在 5% 以内以避免信噪比的下降。延迟微分 PWM 信号通过一个额外的 SR 锁存器同步，该过程发生在 1 级 PWM DAC 之前。布局以及路线需进行仔细地规划，以尽量减少时间失配问题。

传统的多层数字信号对 PWM 信号的映射产生了谐波失真，这可能会降低调制器的性能。图 11.15 显示了 PWM 脉冲形状为对称和非对称时的行为模拟输出频谱。伪对称的脉冲形状（7 阶段产生）产生 2 dB 的 SNDR 下降，这是因为更多的带外噪声由于非线性效应发生了混叠。伪对称脉冲形状下的带外失真比完全对称的脉冲形状下的带外失真大 5dB，这可以在放大的图中观察到。

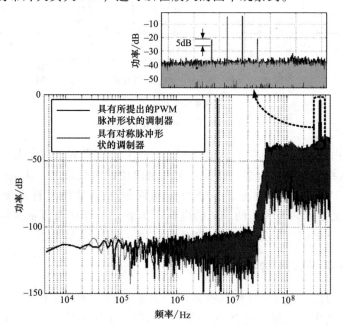

图 11.15   频谱比较：非对称脉冲形状 vs. 对称脉冲形状

这些结果表明，具有三角波的脉冲形状的调制器有着良好的带内线性度的性能，即使是在伪对称脉冲形状下也能得到该性能。

如果使用了一个正弦输入信号，则开环 3bit ADC 的量化误差在-27dB 的范围内。由于量化器是放置在 ADC 的前馈路径中，这种失真通过衰减因子（1+Loop_ Gain）^{3} 衰减，导致 HD3<-80dB。DAC 的非理想因素以不同的方式影响着系统性能。由于 DAC 处于反馈路径中，它的噪声和非线性性能直接影响调制器的性能。由于谐波之间的互调产物，从传统的多级信号到 PWM 信号的映射产生了谐波分量，即多倍基波信号，还有与采样时钟相关的谐波（PWM 基脉冲）以及谐波间的互调产物。这些分量的功率可由式（11.5）得到。当然，计算正弦输入转换为 PWM 输出（对称和非对称）是十分有趣的过程，结果可见参考文献[17]，

$$HD3 \cong \left(\frac{0.88M^2}{4}\right)\left(\frac{f_{\text{signal}}}{f_{\text{clock}}}\right)^2 \tag{11.8}$$

其中 M 是调制指数。当 $M = 0.5$（-6dBFS）和 $f_{\text{signal}}/f_{\text{clock}} = 20\text{MHz}/400\text{Mz}$ 时，HD3 预计将在-77dB 左右。

11.3.6　时钟发生器

时钟信号的产生是在 2.8GHz 的 VCO 下进行的，VCO 的差分输出信号被注入到 7CILFD 分频器上并在 400MHz 时提供 7 相输出。如图 11.16 所示，7CILFD 分频器在七环式逆变级上工作，该七环式逆变级由上尾部注入晶体管 M_{pt}，下尾部注入晶体管 M_{nt} 和逆变器晶体管（M_p，M_n）组成。

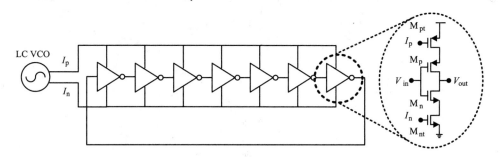

图 11.16　互补的注入锁定分频器（CILFD）图

当各个级被锁定时，环路振荡器的输出相位噪声主要由注入 VCO 信号的低相位噪声决定[20]。当环路中有 n 个逆变器时，CILFD 的相位噪声可以近似表示为

$$PN_{(\text{CILFD})} \cong PN_{(\text{VCO})} - 10\log_{10}(2n+1)^2 \tag{11.9}$$

从 2.8GHz VCO 注入的信号代表了在 1MHz 频率偏移下，相位噪声为-119dBc/Hz，7CILFD 输出显示了在 1MHz 频率偏移下，相位噪声为-136dBc/Hz。

11.3.7   仿真和实验结果

模型在 SIMULINK 中构建，且在 25MHz 带宽下可得到 SQNR 73.4dB，如图 11.17 所示。该模型是在 Jazz 半导体中用 0.18μm 1P6M CMOS 工艺制成的。不包括 VCO，在 1.8V 电源下，调制器中心的功耗为 44mW，CILFD 为 2.5mW，时钟缓冲器为 1.5mW。在这样的电源功率下，量化器和电平-PWM 转换器耗费 27mW（56%）。

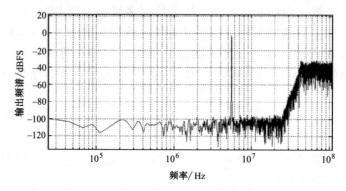

图 11.17   本文提出调制器的模拟输出频谱

图 11.18 展示的是，在单输入信号为 5MHz 时，不同的输入信号功率下所测得的 SNR 和 SNDR。当信号功率为-2.2dBFS 时，峰值 SNDR 则为 67.7dB。在这种情况下，三阶谐波失真（HD3）比测试音小 78dB，这展现了环路滤波器和 DAC 的高线性度。线性性能通过输入两个分频差为 2MHz 音调来进一步描述，每一个音调的功率均为-5dBFS。来自不同频率位置的双音测试 IM3 比 25MHz 的 DC 好 72dB。

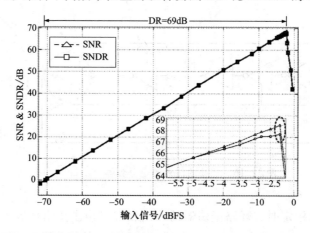

图 11.18   测出的 SNR 和 SNDR vs. 输入信号功率

该调制器的阻断抑制能力也采用输入功率为-10dBFS、390MHz（来自时钟频率的 10MHz 偏移）的信号来模拟另一个信道的阻滞性能。这一干扰功率电平是在

10MHz 下测量的，并衰减到 −66dBFS，实现了 56dB 的阻断抑制。表 11.3 显示了所描述的调制器结构和最近报道的基于 FOM = 功率/（2·BW·2^{ENOB}）调制器之间的比较。尽管我们提出的调制器是以较为经济的技术制造的，但调制器核心所取得的 444 fJ/bit FOM 成为了目前最有竞争力的性能优势，并能够对阻滞模块提供较高的抑制特性。如果能采用深亚微米技术，FOM 必将会有进一步的改善，从而在更高效的数字电路下降低量化器和电平-PWM 转换器的功率。

表 11.3　所提出的调制器与先前提出的 LP ΔΣ ADC 的比较

参考	技术 （nmCMOS）	f_{clock} /MHz	BW /MHz	阶数	峰值 SNDR /dB	功率 /mW	FOM/ （fJ/bit）
[3] ISSCC 2008	90	420	20	4	70	28[②]	271[④]
[5] ISSCC 2007	90	340	20	4	69	56[③]	608
[6] JSSC 2006	130	640	20	3	74	20[②]	122
[8] JSSC 2008	130	950	10	2	72	40[①]	500
[12] ISSCC 2009	65	250	20	3	60	10.5[②]	319
[25] ISSCC 2008	180	640	10	5	82	100[②]	487
本项工作	180	400	25	5	67.7	44[②]	444

① 包括时钟产生电路。
② 仅用于调制器电路。
③ 包括 RC 传播和噪声消除滤波器的数字校准。
④ 离散时间调制器（将需要抗混叠滤波器）。

11.4　结论

通过讨论两种设计的案例，本文对关于下一代宽带连续时间 ΔΣ 调制器的相关问题进行了探讨。这两种架构都利用基于时间的量化和反馈技术，并根据适应缩放技术的目标进行改善。最重要的是，该方案实现了利用单元件数模转换器进行多比特反馈，避免了典型多元件数模转换器中的匹配问题，因为随着缩放的使用，其匹配性能会变差。同时，基于时间的方法采用了增加的时钟频率和改进的时序分辨率。当产生低抖动时钟信号时，这些类型的 ADC 为高性能应用提供了可行的替代方案。

致谢　作者通过与 Prof. E. Sanchez-Sinencio，M. Elsayed，E. Pankratz，Y. C. Lo，V. Gadde 和 V. Periasamy 的合作，实现了本文这些 ADC 的改进。作者感谢由德克萨斯仪器和 Jazz 半导体公司赞助的芯片。

参考文献

1. J.A. Cherry, W.M. Snelgrove, *Continuous-Time Delta-Sigma Modulators for High-Speed A/D Conversion: Theory, Practice and Fundamental Performance Limits*. (Kluwer, New York, 2002)
2. S.R. Norsworthy, R. Schreier, G.C. Temes, *Delta-Sigma Data Converters: Theory, Design, and Simulation*. (Wiley-IEEE Press, New York, 1996)

3. P. Malla, et al., A 28 mW spectrum-sensing reconfigurable 20 MHz 72dB-SNR 70dB-SNDR DT $\Delta\Sigma$ ADC for 802.11n/WiMAX receivers, in *IEEE ISSCC Digest of Technical Papers*, San Francisco, CA, Feb 2008, pp. 496, 497

4. G. Mitteregger, et al., A 14 b 20 mW 640 MHz CMOS CT $\Delta\Sigma$ ADC with 20 MHz signal bandwidth and 12 b ENOB, in *IEEE ISSCC Digest of Technical Papers*, San Francisco, CA, Feb 2006, pp. 131–140

5. L.J. Breems, et al., A 56 mW CT quadrature cascaded $\Sigma\Delta$ modulator with 77 dB DR in a near zero-IF 20 MHz band, in *IEEE ISSCC Digest of Technical Papers*, San Francisco, CA, Feb 2007, pp. 238, 239

6. G. Mitteregger, et al., A 20-mW 640-MHz CMOS continuous-time $\Sigma\Delta$ ADC with 20-MHz signal bandwidth, 80-dB dynamic range and 12-bit ENOB. IEEE J. Solid-State Circuits **41**(12), 2641–2649 (2006)

7. M.Z. Straayer, M.H. Perrott, A 10-bit 20 MHz 38 mW 950 MHz CT $\Sigma\Delta$ ADC with a 5-bit noise-shaping VCO-based quantizer and DEM circuit in 0.13 u CMOS, in *Proceedings of IEEE VLSI Circuits Symp.*, Kyoto, Japan, June 2007, pp. 246, 247

8. M.Z. Straayer, M.H. Perrott, A 12-bit, 10-MHz bandwidth, continuous-time $\Sigma\Delta$ ADC with a 5-bit, 950-MS/s VCO-based quantizer. IEEE J. Solid-State Circuits. **43**(4), 805–814 (2008)

9. R.E. Radke, A. Eshraghi, T.S. Fiez, A 14-bit current-mode $\Sigma\Delta$ DAC based upon rotated data weighted averaging. IEEE J. Solid-State Circuits. **35**, 1074–1084 (2000)

10. E. Fogleman, I. Galton, A dynamic element matching technique for reduced-distortion multibit quantization in delta-sigma ADCs. IEEE Trans. Circ. Syst. II. **48**(2), 158–170 (2001)

11. Y. Tsividis, Digital signal processing in continuous time: A possibility for avoiding aliasing and reducing quantization error, in *Proceedings of International Conference on Acoustics, Speech, Signal Processing*, Montreal, Canada, May 2004, vol. II, pp. 589–592

12. V. Dhanasekaran, M. Gambhir, M. Elsayed, E. Sanchez-Sinencio, J. Silva-Martinez, C. Mishra, L. Chen, and E. Pankratz, A 20 MHz BW 68 dB DR CT $\Delta\Sigma$ ADC based on a multibit time-domain quantizer and feedback element, in *IEEE ISSCC Digest of Technical Papers*, Feb 2009, pp. 174, 175

13. V. Dhanasekaran, Baseband analog circuits in deep-submicron CMOS technologies targeted for mobile multimedia, Ph.D. Dissertation, Texas A&M University, College Station, TX, Aug 2008

14. H. Frank, U. Langmann, Excess loop delay effects in continuous-time quadrature bandpass sigma-delta modulators, in *Proceedings of IEEE International Symposium on Circuits and Systems* (*ISCAS*), vol. 1, May 2003, pp. 1029–1032

15. Y. Arai, T. Baba, A CMOS time to digital converter VLSI for high-energy physics, in *IEEE VLSI Circuits Digest of Technical Papers*, Tokyo, Japan, June 1988, pp. 121, 122

16. S. Verma, et al., A unified model for injection-locked frequency dividers, IEEE J. Solid-State Circuits. **38**(6), 1015–1027 (2003)

17. D.G. Holmes, T.A. Lipo, *Pulse width modulation for power converters: Principles and practice.* (IEEE Press, Piscataway, NJ, 2003)

18. C.-Y. Lu, M. Onabajo, V. Gadde, Y.-C. Lo, H.-P. Chen, V. Periasamy, J. Silva-Martinez, A 25 MHz bandwidth 5th-order continuous-time lowpass sigma-delta modulator with 67.7 dB SNDR using time-domain quantization and feedback. IEEE J. Solid-State Circuits **45**(9), 1795–1808 (2010)

19. F. Colodro, A. Torralba, New continuous-time multibit sigma-delta modulators with low sensitivity to clock jitter. IEEE Trans. Circ. Syst. I. **56**(1), 74–83 (2009)

20. Y.-C. Lo, H.-P. Chen, J. Silva-Martinez, S. Hoyos, A 1.8 V, sub-mW, over 100% locking range, divide-by-3 and 7 complementary-injection-locked 4 GHz frequency divider, in *Proceeding of IEEE Custom Integrated Circuits Conference* (*CICC*), Sept 2009, pp. 259–262

21. B.K. Thandri, J. Silva-Martinez, A robust feedforward compensation scheme for multi-stage operational transconductance amplifiers with no miller capacitors. IEEE J. Solid-State Circuits **38**, 237–243 (2003)

22. C.-Y. Lu, F. Silva-Rivas, P. Kode, J. Silva-Martinez, S. Hoyos, A 6th-order 200 MHz IF bandpass sigma-delta modulator with over 68 dB SNDR in 10 MHz bandwidth. IEEE J. Solid-State Circuits. (to be published (2010))

23. F. Silva-Rivas, C.-Y. Lu, P. Kode, B.K. Thandri, J. Silva-Martinez, Digital based calibration technique for continuous-time bandpass sigma-delta analog-to-digital converters. Analog Integr. Circ. S. **59**, 91–95 (2009)

24. B. Verbruggen, et al., A 2.2 mW 1.75 GS/s 5 bit folding flash ADC in 90 nm digital CMOS. IEEE J. Solid-State Circuits. **44**(3), 874–882 (2009)

25. W. Yang, et al., A 100 mW 10 MHz-BW CT $\Delta\Sigma$ modulator with 87 dB DR and 91dBc IMD, in *IEEE ISSCC Digest of Technical Papers*, Feb 2008, pp. 498–631

第12章 过采样数-模转换器（DAC）

Andrea Baschirotto，Vittorio Colonna 和 Gabriele Gandolfi

12.1 引言

通过使用过采样结构，高分辨率（≥16bit）的数模转换器（DAC）已成为几个重要新产品的发展目标。首先，过采样 DAC 已在音频应用方面得到了发展，即在更高的采样频率下利用缩放技术处理更大的信号带宽。

音频信道的整体结构如图 12.1 所示。

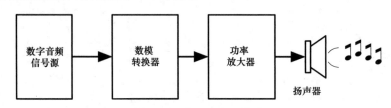

图 12.1　典型的音频信道

在 44.1kHz 的数据速率下，数字音频信号为一个 16bit 的数据流，所处频带为 20Hz~20kHz。相关的音频信号的频谱如图 12.2 所示。

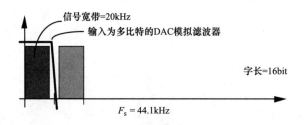

图 12.2　音频信号频谱

信号从数字到模拟的转换出现了两个主要的问题。首先，对音频信号图像的滤波：图像信号从 24.1kHz 开始，比如从音频信号中滤除 4.1kHz 的分量。而这需要一个非常良好且精准的滤波器频率响应性能。其次，对于 16bit DAC 的精度要求要高于基于单元阵列 DAC 能实现的最大精度，因此对于视频频道还不够用。这两个问题都需要由过采样 $\Sigma\Delta$ DAC 来解决，其一般结构如图 12.3 所示。$\Sigma\Delta$ DAC 的功能可简述如下。内插器将采样频率从 F_s（=44.1kHz）提高到 $k \cdot F_s$，此时除了那些在 $k \cdot F_s$ 上的图片，其他均被剔除。这意味着对于图像抑制滤波器的频率响应精度要求被大大缓解，如图 12.4 所示。

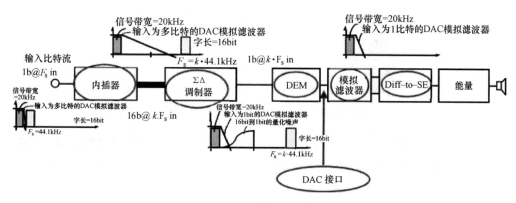

图 12.3　过采样 DAC 结构

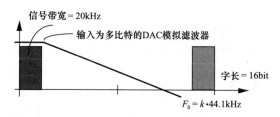

图 12.4　内插器输出的信号频谱

　　此外，DAC 的精度通过一个数字 ΣΔ 调制器得到解决。DAC 接口必须保证线性性能超出输入信号的质量，即对音频来说为 16bit。合适的解决方案是使用 1bit 的 DAC，从而保证无限线性（任意两条 DAC 的输出级中会有一个无限线性输出级）。然而，使用 1bit 的 DAC 接口，要求把 16 字节转换成 1 字节。这样的截断操作会引入截断/量化误差，从而降低了信号的精度。通过使用数字 ΣΔ 调制器可避免上述问题，与模拟 ΣΔ 调制器对量化噪声成形类似，该调制器对截断/量化误差谱进行成形，减少以增加的带外能量为代价（增加的代价可忽略）减少带内能量。其产生的输出谱如图 12.5 所示。

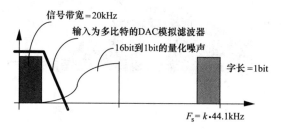

图 12.5　ΣΔ 调制器输出的信号频谱

　　ΣΔ 调制器的比特流随后由 1bit DAC 和模拟滤波器进行处理，即排除信号图像和带外截断/量化误差，并产生一个模拟输出信号，其频谱如图 12.6 所示。

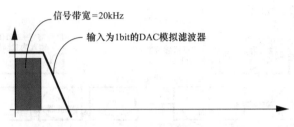

图 12.6　模拟滤波器输出的信号频谱

图 12.3 中展现了其他的功能块结构，如 DEM，差分到单端模式转换器和功率放大器。它们将在随后的章节中进行介绍。

12.2　规范分析

音频 DAC 需要符合和音频应用相关的规范。为了更好地理解在音频 DAC 设计中的选择缘由，一些最重要的规范将在下文罗列出来。

12.2.1　带内动态范围（DR）

带内动态范围（或概括为动态范围）被定义为信号的振幅和在音频带［20Hz-20kHz］中的噪声+失真（$N+D$）之间的比值：

$$DR = \frac{S_{\mathrm{MAX}}}{N+D_{[\,20\mathrm{Hz}\text{-}20\mathrm{kHz}\,]}} > 96\mathrm{dB}$$

带内（$N+D$）是来自数字部分的截断/量化噪声和来自于模拟滤波器的电子噪声（热噪声，$1/f$ 等）$N+D$ 的加和。后者即模拟噪声（$N+D$）的影响通常占主要地位，在模拟滤波器的设计中，必须对它进行准确地最小化处理（图 12.7）。

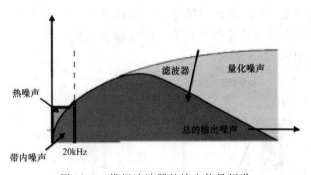

图 12.7　模拟滤波器的输出信号频谱

过采样 DAC 的噪声源主要有：量化噪声，有源器件的 $1/f$ 噪声（运算放大器、参考电压）、热噪声（运算放大器、基准电压、开关）、D/A 接口噪声（抖动相关、ISI）和折叠噪声（由于失真）。主要的失真来源：模拟滤波器的非线性（运放有限增益失真、转换率等）、SC 相关的失真源（开关等）、输出阶段的最终非线性（差分到单端模式和功率放大器）、符号间干扰（ISI）和 DAC 接口不对称。而对于噪声性能，典型的具有挑战性的要求是：采用全差分结构，满足 THD<−80dB（或更多）。在音频 DAC 的规范中，在 $0dB_{FS}$ 和 $−60dB_{FS}$ 的信号中要求有谐波失真。$0dB_{FS}$ 的信号性能展示了对于大振幅信号的处理质量。另一方面，对 $−60dB_{FS}$ 信号的测试是因为来自前一个 ∑Δ 调制器的输入信号的特殊频谱，如图 12.8 所示。对于在 f_{in} 上的小输入信号（作为 $−60dB_{FS}$ 测试）中，在 $F_S/2$ 左右有若干以 f_{in} 为间隔的大的假音调。任何模拟滤波器的非线性都会产生这类音调的互调，导致在直流附近出现以 f_{in} 间隔的音调。

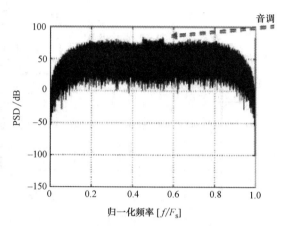

图 12.8　∑Δ 调制器的输出信号频谱

这意味着，即使在一个小振幅输入信号下，仍然会存在一些直流附近的音调。由于必须通过上述两类测试，因此高线性 DAC 中必须配备高性能 DAC 接口和模拟滤波器。

在 DR 定义中没有给出针对带外噪声的规范：因此，该规范在带外性能设计方面为设计人员提供了较大的自由度。由于任何附加的滤波块都会增加带内噪声，对于 DR 性能的最佳解决方案就是一个没有滤波器的结构，因为滤波器会产生大的带外噪声[1,2]。

12.2.2　低功耗

音频 DAC 通常被嵌入在音频编解码器中，而解码器是非常复杂的 SoC 器件。如今已经出现了数款 ADC 和 DAC，并搭载 DSP 进行音频信号处理。几个典型的 ADC 和 DAC 都是连同一些 DSP 进行音频信号处理。而后来生产出的大型器件（如图 12.9 所示的一个例子），就必须面对功耗和散热问题。这就意味着器件中的每个模块都必须把功耗都大幅度降低。同样对于便携式器件中的独立 DAC 部件，功耗也必须进一步减少。

12.2.3　单端输出

利用全差分结构可以实现音频的高线性性能。然而音频编解码器需要一个单端输出信号，以驱动接地负载，并将外部引脚数量减半。这意味着我们需要高性能的差分到单端转换器，以保证输出单端节点具备相同的高品质性能，从而实现全差分结构。

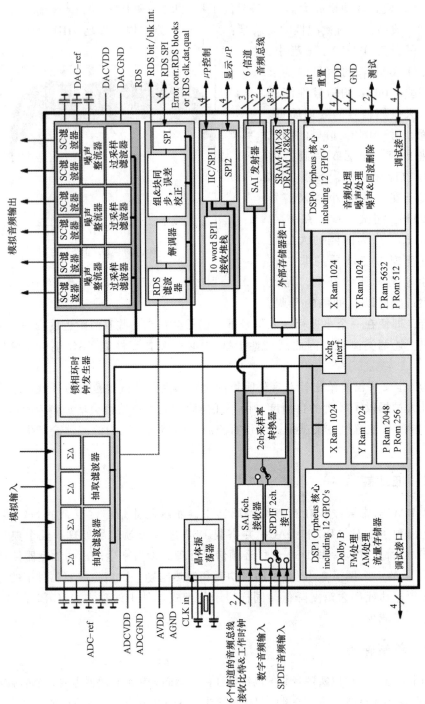

图 12.9 典型的音频编码解码架构

12.2.4 完全集成性

完整的 DAC 信道必须充分集成，避免出现外部组件和/或附加的滤波器。

12.2.5 性能健壮性

当存在一些干扰数字信号时，如通常出现在音频 IC 产品中的时钟抖动（典型的时钟抖动值为 200ps），我们必须保证 DAC 的性能。

12.2.6 准确的带内和带外频率响应

在信号频带上，音频信号处理需要非常精确的频率响应。在 ［20Hz-20kHz］信号频带上最大振幅纹波大约为几十 dB。两个可能的解决方案是：

1）将滤波器极点设计放置在远离信号带宽的位置，以减少它们在信号频带中的衰减效应。特别是对于连续滤波器的情况，其频率响应通常是非常不准确的；

2）实现准确的模拟滤波器频率响应，并补偿其在数字部分中的信号频带下降（如图 12.10 所示）。这是针对实现 SC 重建滤波器的情况。

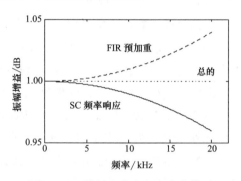

图 12.10　模拟和数字频率响应修正

12.2.7 带外 SNR$_{out}$

另外一个用于描述音频 DAC 的参数是带外信噪比 SNR$_{out}$，其定义为满量程信号和带外噪声总量的比值。

$$SNR_{out} = \frac{S_{MAX}}{N\left[\frac{F_{Sout}}{2};2\cdot F_{Sout}\right]}$$

SNR$_{out}$ 体现了重建滤波器在带外滤波性能上的实现性能。一个小的 SNR$_{out}$ 意味着存在显著的高频能量，可能对与相邻模块的耦合关系及随后的输出驱动器造成危险。在增加额外的空间以及功耗的代价下，通过增加滤波器的复杂性，可以改善 SNR$_{out}$ 的值（图 12.11）。

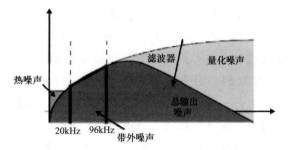

图 12.11　模拟滤波器的输出信号频谱

12.2.8 输出功率放大器

输出模拟信号通常被馈送到

一个功率放大器中，用以驱动外部负载（扬声器、耳机等）。在一些最近开发的音频数模转换器中，功率放大器被嵌入在模拟滤波器上，使得滤波器也能够驱动外部负载。随后会给出一些解决方案的例子。

12.3　音频 DAC 的权衡设计

在过采样 DAC 的设计中，人们必须对数字部分（主要是 $\Sigma\Delta M$）和模拟部分之间的性能和开销进行权衡。

人们一般从 $\Sigma\Delta M$ 的过采样率（OSR）的选择上出发。由于音频信号的数据速率是固定的（44.1 kHz），OSR 值的选择将确定数字数据速率和模拟滤波器的工作频率（$F_s = 44.1 \text{ kHz} \cdot \text{OSR}$）。

在最早的音频数模转换器中，通常将单比特量化器用作线性量化器。

DR 给出的规范值可在高阶（但是考虑稳定性因素会避免使用）或高 $\text{OSR}\Sigma\Delta M$ 上实现。高 $\text{OSR}\Sigma\Delta M$ 已成为一种比较好的方法。在这种情况下，使用单比特量化器将面临对于模拟滤波器的性能挑战，如下文所示。单比特量化器会呈现出带外噪声大（需要更高的滤波器阶数）和阶跃输入大（需要高运算放大器压摆率）的特点。此外，大 OSR 会产生高数据率（F_s），并需要在模拟滤波器中配备高速运算放大器。所有这些手段都会造成模拟滤波器功率变大。但是该解决方案还是非常受欢迎，因为它避免了使用任何 DEM 算法，这种算法在非缩放技术中对于功耗和空间开销极大。OSR 的典型值为 128 或 256。

正是由于这些原因，只要缩放技术能使数字部分有效实现，我们可以使用一个完全不同的方法。使用一个较小的 OSR 只需要较低的 F_s，模拟滤波器则只需要保证低速性能（运算放大器的带宽等）且功耗更小。然而这需要一个高阶 $\Sigma\Delta M$（考虑稳定性因素会避免使用）或多位量化器。多位量化对模拟滤波器会产生两个积极的影响：较低的运算放大器转换速率要求和较低的带外噪声功率。所以功耗可以进一步降低。然而，为了使 DAC 接口线性化，使用多位量化器需要额外添置一个动态元件匹配（DEM）模块，从而增加电路复杂性、功耗和数字噪声。在缩放技术中这类损耗逐渐变得微不足道，所以更为通用的选择是使用低 OSR 值（通常为 64，因为较低的 OSR 将会在信号频带中产生大的量化噪声）和一个多位量化器。有几种 DEM 算法已经被开发出来了。它们必须对电路复杂性和性能之间的权衡进行优化。目前最流行的解决方案是数据加权平均（DWA）算法及其改进版本。其中一个重要的发现是，由于 DEM 电路没有被嵌入在回路（如 A/D $\Sigma\Delta Ms$）中，其延迟时间对结构稳定性来说并不重要。这对 DEM 算法的实现提供了一定的灵活性。

12.4   数模接口

数模接口的选择，主要是对接口比特数和对产生的模拟信号（开关电流或开关电阻 DAC 的电流或开关电容 DAC 的电荷）性质的选择。

12.4.1   单比特和多比特的比较

使用单比特 SDM 输出数据速率，存在一些关键优势：无限线性 DAC（不需要 DEM 算法），且电路简单。但是有一些关键点，如在数字频谱中存在的音调（单比特 $\sum\Delta Ms$ 遭受空闲音的影响），$\sum\Delta M$ 的稳定性必须得到妥善处理。此外，一个大的输入被应用在模拟滤波器中，但这需要较大的运算放大器转换速率。最后，电流模式 D/A 接口表现出高抖动灵敏度。

另一方面，多位量化器的使用保证了良好的 SDM 稳定性，没有空闲音，小的输入步进可以实现小的输入信号和低抖动敏感性。然而这需要一个线性化的多比特 DAC 接口技术。文献中有两大类线性化技术：校准和动态元件匹配（DEM）。在任何多比特的 DAC 中，DEM 是最流行且最常采用的。它包括 DAC 单元的选择，从而使非线性误差平均化并归零。人们已经提出了几种单元的选择算法。它们必须对目标匹配进行评估。在适度的部件匹配下，DEM 可以实现良好的积分和微分线性。DEM 只能补偿部件变化但不能补偿系统错误（如运放有限增益等）。这也意味着 DEM 只能校准零均值误差；所以作为替代，我们必须考虑校准技术，但它们很难实现与 DEM 一样的性能。DEM 的另一个重要特征是，它不需要任何关于实际部件匹配（在校准中是无效的）技术的参与。这意味着，由于使用年限/温度，DEM 对小的匹配变化是不敏感的，它的效力能够长期有效。然而，DEM 允许修正一定的失配误差直至一定值（由 Montecarlo 分析进行评估），即超出性能恶化时的值。几种 DEM 算法中，对于算法的选择取决于电容失配是否被校正完全，应用要求是否达到，数字机复杂性是否已经实现。而最受欢迎的 DEM 算法为：随机数发生器、时钟电平平均（CLA）、个体电平平均（ILA）、数据加权平均（DWA）、失配整形（MS）、树状结构，还有一些其他的算法。其中最常用的算法是 DWA，它可以在更小的数字机复杂性下实现优良的性能。其唯一的缺点是会产生音调，但对于基本的 DWA 算法通过引入小的改进可以降低/取消该音调。

12.4.2   开关电容器 D/A 接口

SC 和 D/A 集成接口如图 12.12 所示。根据输入数据和存储的电荷（ $=C_s \cdot V_{r+}$ ），一个电容器（C_s）被预充电到 V_{r+} 或 V_{r-}，然后注入到虚拟接地。这种结构的优点是其对时钟抖动不敏感。事实上，电荷从 C_s 到 C_f 的迁移发生在积分阶段 ϕ_2 开始时，并且最终 ϕ_2 长度的任何变化不会影响注入的电荷。这种机制保证了开关电容器电路可以提供良好的系数匹配和稳定的频率响应，频响可由数字滤波器的频率响应来补偿。该解决方案的一个例子在参考文献［3］中进行了叙述，其可达到以下的性能：92dB-DR，−89dB-SNDRpeak，电源±5 V，功耗为 17mW。

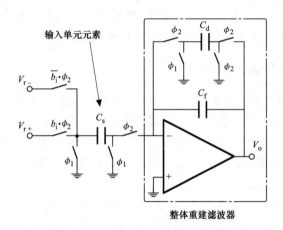

图 12.12　SC 和 D/A 集成接口

另一方面，不利的一点是，运放必须以一个大的采样频率（等于数据率）工作，其中还包括性能和功耗问题。正如之前已述，模拟滤波器的线性度是至关重要的。因此，在这个方案中，所有可能提高线性度的解决方案都需要被采用。对于开关来说，四相时钟方案使得时钟升压（即使输入信号只能有两个值，也会产生有限的线性度问题）。对仅连接到输出节点的开关导通电阻至关重要的。此外，还使用了大增益、大转换率、大输出摆幅运放。这里转换率尤为重要。因基于这个原因，可以采用图 12.13 的限变器方案（也称直接电荷转移 DCT）[4]。该方案展现了一些重要的优势：运放到积分电容无电荷转移，不要求噪声采样。这两个特点都会减少运放的功率消耗。

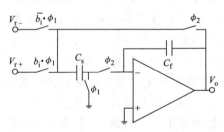

图 12.13　限变器 SC D/A 接口

文献中，几种 SC 的实现方法表明了该改进方案的有效性，改进采用多比特结构，一个附加的输入 FIR，或引入一个高阶滤波器。

图 12.14 显示了参考文献［5］中的多比特结构，一个三阶 ΣΔM 产生一个 5b 的数据流，并经由复杂的二阶 DEM 处理（限二阶 DWA）以解决非线性问题。这使得设备产生−120dB 的 SNR，和−100dB 的 THD，其中采用 5V 电源供电且功耗为 200mW（0.35μm CMOS）。参考文献［6］中的电源减小到 1.5V，得到的性能为 DR ＝ 90dB，$SNDR_{peak}$ ＝ 81dB，功耗为 4.1mW。

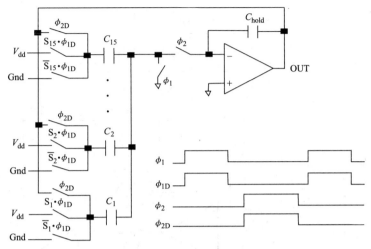

图 12.14 DCT 和多比特结构

DCT 耦合一个 FIR 输入的结构如图 12.15 所示[7]。得到的性能是 DR 为 120dB，SNDR_peak 为 102dB，采用 5V 电源供电且功耗为 310mW。

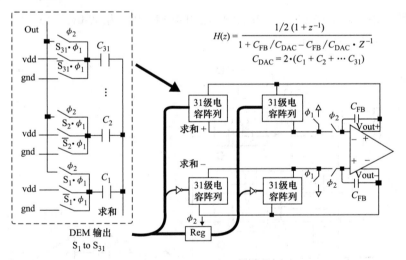

$$H(z) = \frac{1/2\,(1 + z^{-1})}{1 + C_{FB}/C_{DAC} - C_{FB}/C_{DAC} \cdot z^{-1}}$$

$$C_{DAC} = 2 \cdot (C_1 + C_2 + \cdots C_{31})$$

图 12.15 DCT 和 FIR 结构

图 12.16 中 DCT 方案与一个高阶滤波器耦合[8]。一个伪 DCT 结构的三阶滤波器使得带外量化噪声显著降低。该结构也呈现低噪声特性，因为只有一阶运放的噪声在输出端实现了均匀增益。这种方法实现的性能是 DR 为 98dB，SNDR_peak 为 86dB，3.3V 电源供电且功耗为 28mW。

参考文献[9]给出了一个非常简洁的方法。DAC 输入信号的数字特性在 D/A 接口中被加以利用（图 12.17）来实现一个单端结构，这样就避免了使用全差分结构和全差分到单端的变压器。因此，该器件具有小尺寸和低功耗的特性。这种器件

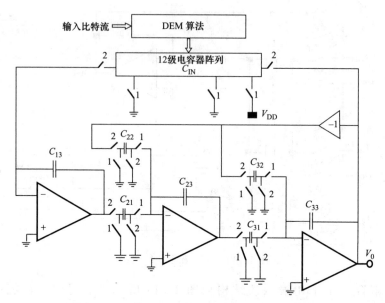

图 12.16 伪 DCT，多比特和高阶滤波器结构

得到的性能是 DR 为 97dB，1.22mm^2 的面积中 SNDR$_{out}$ 为 39dB，3.3V 电源供电且功耗为 7.25mW（0.13μm CMOS）。

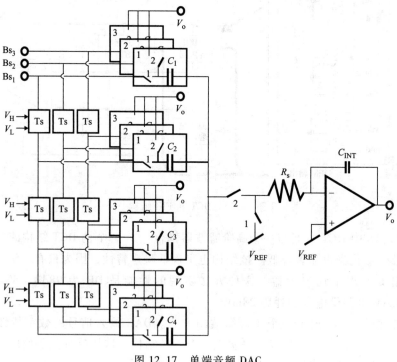

图 12.17 单端音频 DAC

12.4.3　开关电流

替代 SC D/A 接口方案的是开关电流 D/A 方案。一个无源输出网络不需要很好的驱动性能[10]。另一方面，图 12.18 显示了两种有运放输出节点的可能解决方案：一个指的是开关电流方法，另一个指的是开关电阻方法。在这些方案中，每个时钟周期会给出一定的电荷量 $Q_{\text{inj}} = I_R \cdot T_s$ 注入到虚拟接地中并集合进反馈阻抗。模拟滤波器采用有源 RC 结构（可实现二级结构），其中的运算放大器的规格相对于 SC 方案较为松弛。然而，如图 12.19 所示，注入的电荷在脉冲开始和结束时会受多个实现方式的缺陷影响，如下文所述。在脉冲开始阶段，由于输入电流是一个步骤，运放有限的响应速度会使虚拟接地产生一个移动，并改变注入的总电流。为此，该运放的带宽要求不能降低。在另一种方法中，电流与虚拟接地电压无关，即表现出非常大的输出阻抗。这里通常使用共源共栅电流源。脉冲结束时，负边缘可能会由于时钟抖动（τ_{jit}）而变化，这会导致电荷注入虚拟接地时会产生一个误差（$Q_{\text{inj}} = I_R(T_S + \tau_{\text{jit}})$）。

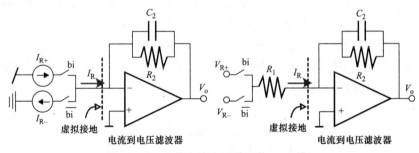

图 12.18　开关电流和开关阻抗 D/A 接口

由于抖动引入的误差非常严重，它显著地限制电流模式 DAC 的性能。为了克服这个限制，人们已经提出了几种解决方案。第一个解决方案利用合理生成、可控的电流注入，特别在 SC 技术中采纳了该解决方案[11,12]。另一个解决方法是使用多比特量化器：图 12.20 中的灰色区域是由于抖动而产生的误差，而多比

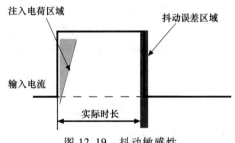

图 12.19　抖动敏感性

特量化器中产生的误差远远小于单比特量化器。由于这个原因，几乎所有的电流模式 DAC 都采用多位量化器。第二个解决方案是指在数据转换中考虑引入的抖动误差。然后，限制数据转换将减少抖动误差。这意味着在完成两个连续的数据转换时不需要执行打开和关闭输入电流操作，如图 12.21 所示的在非归零（NRZ）方案。

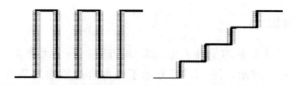

图 12.20　单比特和多比特量化器对抖动影响的限制比较

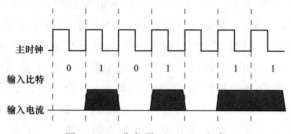

图 12.21　非归零（NRZ）方案

从另一个角度来看，由于码间干扰（ISI），相比于两个分离的数据转换，两个连续的数据转换给出了不同的注入电荷总量。由于要求每一个都要注入相同的电荷，因此所有连续的转换都必须被分离，如图 12.22 所示的返回到零的方案。在这种情况下，每一个数据转换都存在一个正和负的边缘，且不会发生 ISI 误差。一个更复杂的方法是采用双归零方案[2]来实现（用一个 6 比特的 ΣΔM）113dB DR，100dB $SNDR_{peak}$ 和 250mW 的功耗。

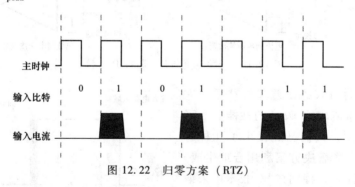

图 12.22　归零方案（RTZ）

注意，NRTZ 方案（用于降低抖动效果）和 RTZ 方案（用于减少 ISI 的影响）之间存在着权衡关系。

12.5　高级过采样 DAC

12.5.1　增加量化器输出比特

在参考文献[13]中，一种二阶 8b 的 ΣΔM（OSR = 64）在无后模拟滤波器的情况下达到低带外噪声的要求。这种更精密调制器的分辨率降低了对于时钟抖动输出级的灵敏度，减轻了对应用中的时钟要求。然而，在 8b 的 ΣΔM 输出端上直接使用 DEM 技术对于设计来说不切实际。为此，人们利用噪声成形分割技术[2,13]将 8 比特字节分割为 3 个分段输出，即一个 4 比特字节和一对包含相关权重的 3 比特字节。一个辅助一阶调制器被嵌入进 DEM 算法中，用于将 DAC 到 DAC 的增益误差整形为高通噪声，同时保持主调制器的 8b 分辨率。8bit 的输出字节可以使用电流舵 D/A 接口，其时钟抖动的敏感性可以忽略不计。D/A 输出电流被注入到一个有源 RC 中，并产生模拟输出信号。在 $0.18\mu m$ 的 CMOS 工艺中，其性能为 108dB DR 和 -97dB $SNDR_{peak}$，1.8V 电源供电且功耗为 1.1mW。

12.5.2　模拟滤波器中嵌入功率放大器

在文献里的几个例子中，功率放大器都不是音频信道的外部部件（如图 12.23 所示），而是被嵌入在 DAC 重建滤波器中。该方案展现了紧凑性、功率效率方面的优点，减少外部噪声路径被耦合进音频信号路径的机会。然而，它必须在一个连续的时间输出级上操作，最终工作功耗会变得更高。此外，有时对于信号路径的优化技术（用于模拟和信号电路的短沟道器件）与电源路径的优化技术（如 DMOS 通常被优先使用）并不匹配。文献中给出了几个输出级的实现方案。AB 级优先使

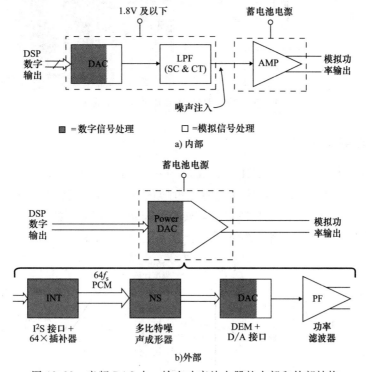

图 12.23　音频 DAC 中，输出功率放大器的内部和外部结构

用，因为它们不产生噪声，避免扰乱 DAC 运行。然而，此举将导致功率效率的降低，虽然其他使用更复杂输出级的方法会得到更高的功率效率，但信号纯度却会变得更低。

上述解决方案[14]的一个例子是利用 1b -ΣΔM 去耦合一个 D 类输出级来驱动 8Ω 的输出阻抗。该器件可提供 70% 效率的 2×1 平方根功率（Wrm）。在 1W 电能消耗下性能可以实现 83dB DR 和−59dB THD。

另一种解决方案[15]在车载收音机调频接收器中得到了应用，其使用一个 AB 类的输出级，以减少与射频前端的相互干扰。该方法是为了能够驱动高功率（40W），然后采用大的输出级。一个三阶的 7bΣΔM（OSR = 64）提供一个电流型 D/A 接口。图 12.24 展示了有源 RC 重建滤波器的使用情况。在这个方案中，第一个运放工作在低电压（5V）下并使用"信号"设备来增加带宽，然后减少虚拟接地移动的影响。另一方面，二阶运放工作在高电源（18V）下且使用高电压设备来正常驱动低输出节点。该装置可提供高达 40W 的电源，且 DR 为 100dB。

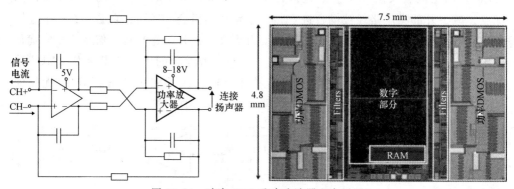

图 12.24　功率 DAC 重建滤波器和布局图

12.5.3　改善电源抑制比

参考文献[16]的电源抑制比（PSRR）是通过采用级联源作为 D/A 接口单元来优化的。传统的电流源匹配度比电阻或电容的低，因此要使用 DEM 来校正单电流失配（见图 12.25）。人们将改进段翻转技术与级联 DEM 算法一道引入进设计用以提高匹配和抖动容限。该器件使用一个 OSR 为 64 的 ΣΔM，且包含 17 个输出电

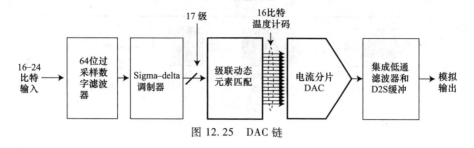

图 12.25　DAC 链

平（D/A 接口由 16 个单元组成）。级联 DEM 使用 1 个主 DEM 块和多个从 DEM 块。每个 DEM 块可以是简单的 DWA 或高阶失配整形或任何现有的 DEM。该 DAC 采用 4 个从块来保护 4 个分段（见图 12.26）。

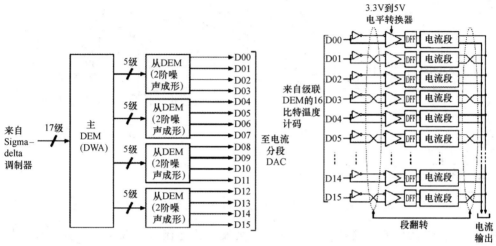

图 12.26　分段和翻转 DEM 的实现[16]

电流段对电源具有高耐受性，但它会受到两种类型的不匹配的影响。一个是段之间的不匹配，另一个是差分特性的不匹配。前者不匹配通过级联 DEM 来处理。而段翻转技术消除了后者的不匹配。在满量程输入的 3.39mm² 的芯片中，设备工作在 5V 电源下的性能为 SNR 106.1dB，THD 0.0018%。

12.5.4　级联 ΣΔM

在参考文献[17]中，使用了一个包含平行数模转换器的级联调制器结构，这些 DAC 可以被任意加权，以更大的灵活性来实现高效的分辨率水平，如图 12.27 所示。通过主调制器的误差信号被放大 "k" 倍，然后传递给二级调制器。在模拟侧会发生缩减现象，即将通过主调制器的误差信号缩小为 "1/k" 倍。

因此，当 K 值较大时，次级信道的成本显著较低。对于一个简单的二级级联系统，组合输出的传递函数可以写为：

$$Y(z) = X(z) + \frac{1}{K} \cdot NTF(z) \cdot E_2(z)$$

如果二级调制器具有 M 级，则在组合中，最终输出将具备有 $K \cdot M$ 级分辨率。错配改变传递函数为：

$$Y(z) = X(z) + \left(1 - \frac{K_d}{K_a}\right) \cdot NTF(z) \cdot E_1(z) + \frac{1}{K_a} \cdot NTF(z) \cdot E_2(z)$$

其中，K_d 和 K_a 分别是数字和模拟系数。一级和二级 DAC 之间的任何不匹

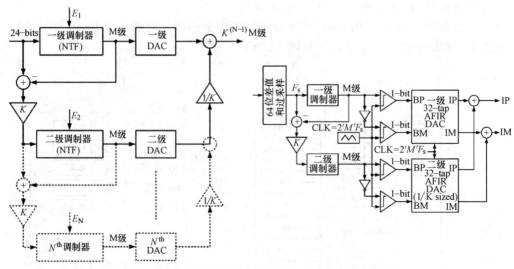

图 12.27　级联 ΣΔM-DAC 结构和 D 类完整的 DAC 架构

配都来自 K_a 的偏差。这种不匹配可由二级噪声传递函数（NTF）调整，且当与二级调制器调制的带内量化噪声相比较时，这种不匹配对带内信号几乎没有影响。

理论上，在开始限制失配之前。1% 的不匹配度允许将 K 设置为 100。在此结构中，一级和二级调制器不需要完全相同。每个路径可以单独进行优化，以最大限度地提高整体分辨率。一级调制器的量化噪声加载到二级调制器上，这可提供更精细的分辨率。因此，在整体优化方案中，当选择一级调制器时，人们可以把重点放在减少量化噪声，而选择二级调制器时可放在稳定性上。这种方法也将 K 值最大化，反过来说即增加了有效分辨率。级联操作可以进一步地进行重复，OBN 可以完全被热噪声掩埋。然而在一个调制器路径中，这种操作会受到器件的最小尺寸以及失配灵敏度的限制。每一级的缩放倍数为 K 的 N 个级联将在输出端产生 $K_{N-1} \cdot M$ 级。之前的噪声成形分割方法[1,2]仍然可以应用于每个调制器路径中，其取决于每个路径上选择的量化级以及失配成形操作。两个路径的输出由两个 D 类输出级耦合，以提高能源效率，减少连续时间电流模式 DAC 中的码间干扰引起的噪声和失真。该器件的性能是 DR 110dB，$SNDR_{peak}$ -100dB，在 45nm 技术节点中的功耗大小只需 15mW。

12.5.5　减少 ΣΔM 的空闲音

在参考文献[18]中，ΣΔM 进行了改进以降低空闲音能量，这种能量通常在低幅度信号下产生并加到 ΣΔM 上。改善的 SDM 方案如图 12.28 所示，其中数字比特 ΣΔM（OSR=128）的参考水平是由一个整形过的量化噪声调制的。另外，一种改进的 DWA 的版本被应用于 16 级的 SC D/A 接口。重建滤波器由一个 DCT SC 级和一

个双极点有源的 *RC* 滤波器的级联而成。

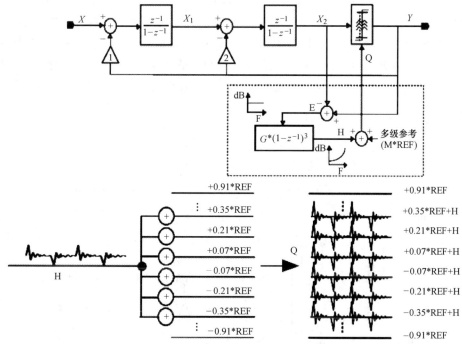

图 12.28　经改善的 ΣΔM，用于减少闲音

12.5.6　混合 DAC

　　在一些文献中也存在着一些混合数模转换器，这种转换器使用 SC 技术（主要用于 D/A 接口）和连续时间有源 *RC*（用于过滤阶段）[19]。

　　这种混合的过采样 DAC 的详细内容将在本节进行叙述，它包含一个嵌入式功率放大器以及驱动外部负载（扬声器）。嵌入式功率放大器可以减少一个运放的使用，面积和功耗可以进一步减小。此外，功率放大器被嵌入在滤波器回路中，对失真和噪声方面的要求可以降低。另一方面，混合结构在输入阶段会利用开关电容技术和反馈 DAC，使得对于时钟抖动的灵敏度降低（从而增加总谐波失真和噪声性能），在输入/输出模式的设计上也更加灵活。最后，我们需要考虑一个负载直流连接的输出级。该解决方案避免了去耦电容的使用，但在最终会产生偏移，这就意味着电能被不断传递到负载上，电池持续时间成为主要的限制。为了解决这个问题，在这里我们提出一个新的技术，它可以减少偏移并在数字调制器的输入端实现反馈。

　　图 12.29 显示了重建滤波器的结构：一个二阶全差分混合 SC／连续时间结构，其中的功率放大器（PA）被安置在循环内的第二阶段。输入数字信号通过 8 个 SC分支注入进第一阶段的虚拟接地上。为了在高带内功率 SQNR（>100dB）和低带

外噪声 SQNR（>50dB）之间取得一个很好的妥协，一个低阶 ΣΔM 多比特结构和 DEM 被应用在多比特 D/A SC 接口上。采用 SC D/A 接口可轻易实现（$1+Z^{-1}$）的滤波器，这带来了两个好处：降低带内量化噪声且允许减少电容器大小情况下实现了音频频带的 2 倍增益。在图 12.29 的双二阶单元方案中，二级积分器利用 PA 极点来代替一个与 R_2 并联的电容器。这将节省额外的功率（功率放大器的带宽可以较小）和面积（共交运算面积被避免了）。一些最重要的设计参数在下表进行了罗列。

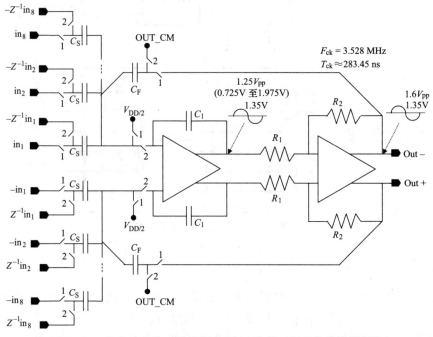

图 12.29　包含功率放大器的混合型 SC 连续时间重构滤波器结构

技　　术	混合、开关电容/连续时间
时钟频率(F_s)	3.528MHz
工作带宽	20Hz~20kHz
OSR(过采样比)	88.2
输入分支	28
输出差分电压	$3.2V_{pp,diff}$
整流滤波器结构	切比雪夫定理,二阶
开环极点	0(积分器)80kHz(具有电阻反馈的功放)
闭环极点	~70kHz
静态电流功放	<600μA

当感性负载被连接到扬声器、耳机、听筒上时，这些器件中都有一些范围在数十毫亨利内的电感元件，为了消除不稳定，PA 的带宽应足够小。为了符合通用的执行器的条件，功放的带宽应该低于 100kHz。在这种情况下，利用与 R_2 并联的电

容器（如果由 PA 引入的 3 阶极点十分接近会导致不稳定产生），不可能实现二阶滤波器极点（80kHz）。因此，PA 极点被用来实现二阶重建滤波器极点。这是对这种架构最重要的借鉴，因为如果 PA 的输出阻抗在时钟频率下不够低，则反馈开关的安置会受到负载的限制。这一缺陷必须要仔细进行评估和模拟，以防引入失真。图 12.30 显示了重建滤波器的信号传递函数：在 2MHz 下，斜率的变化是由于第一个积分器的 SC 性质。只有当频率远离 $F_s/2$（3.528/2MHz）时，该积分器才有 20dB/dec。这只会轻微影响对带外噪声抑制。

本文所采用的结构存在一个 THD，其与输入频率存在很强的相关性。考虑到 SC 一阶积分器可以保证 THD 达到 -100dB，PA 成为了 THDd 的主要因素。THD 与输入频率的相关性为 40dB/dec。其中一个 20dB 是由于功率放大器的增益：可见图 12.31，在工作频带内它随 20dB/dec 降低。另一个 20dB/dec 是由于 SC 一阶积分器的衰减，随着频率的降低而下降 20dB。

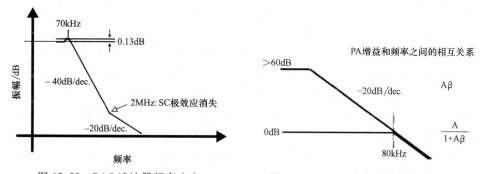

图 12.30　DAC 滤波器频率响应　　　　图 12.31　THD 和频率之间的相互关系

图 12.32 收集了 THD 在各种输入增益和信号频率下的模拟结果，随着输入频率的减小，相关性表现为 40dB/dec。

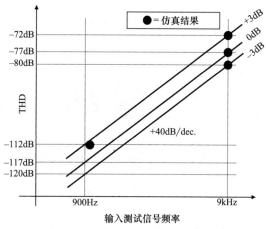

图 12.32　THD 和输入频率之间的关系

设备的噪声分析是对每个噪声进行单独模拟评估得到的，结果在下表中给出。

	模拟/计算值 [V²]	传递函数	过采样效应	功率输出@ [V²]
信号功率				$3.2^2/2 = 5.12$
功率负载				$1.28W(4\Omega)$
量化噪声	55.6p	—	—	80p
运放闪变噪声	49p	$(1+\sum C_S/C_F)^2$	1	237p
运放热噪声	9n	$(1+\sum C_S/C_F)^2$	1/OSR	496p
kT/C 取样帽	$2 \cdot 2 \cdot 14.4p$	$(\sum C_S/C_F)^2$	1/OSR	536p
kT/C 采样帽	$2 \cdot 2 \cdot 8.6p$	1	1/OSR	447p
未滤波			—	67p
PA 闪变噪声				
未滤波的 PA 热噪声				46p
R1/R2 噪声	—			9.5p
总值				1843p
DR				94.3dB

两个主要的问题会削弱该设备的性能。在一个直流耦合的差分输出功率级上，功率放大器的输出偏移的存在，会消耗更大的功耗。奇数级的 DEM DWA 算法[3]在低输入信号幅度下就可以产生同一序列。这就产生了一些空闲音，从而降低 DEM 算法的有效性。

图 12.33 描述了一个闭环控制系统，以补偿模拟模块产生的偏移量。在功率放大器输出端的最终偏移量可通过一个读取电路来检测，其通过一个窄带偏移补偿比较器来实现。它的输出被馈送到随后的偏移量调整算法中（可以简单地用一个上下计数器实现，即数字低通滤波器），同时还要在 Sigma-Delta 调制器输入端添加一个"校准输入偏移"。

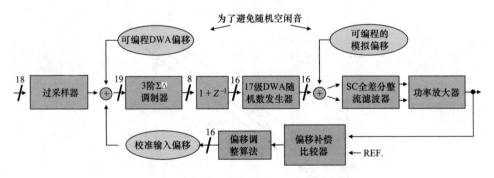

图 12.33　偏置补偿电路的 DAC 原理框图

除了进行偏移补偿，直流手段（可变振幅）也被添加了进去。这一方法禁止 DWA 算法进入限制环中，因为一旦进入会增加谐波的产生。这种额外的偏置因素只有在 DWA 层面上才会存在，而该因素在模拟模块中是存在危险的，因为它会减少模拟模块的有效摆幅，引入失真，并减小最终的动态范围。

为此，通过使用一个标准单元阵列上的特定单元，我们可以在多比特数字-模拟接口中将这一偏移量减去。使用这种方式，额外的偏移就不会进入模拟部分。

该解决方案可通过取消 SDM 输入端的附加 DWA 偏移而得到进一步优化。在这种情况下，环会对 PA 输出端偏移量去除进行控制。如果在 D/A 接口上添加一些偏移量，则该偏移量由伺服环路的校准输入偏移来补偿。这样，伺服回路可以产生附加偏移，即之前专门介绍过的"可编程 DWA 偏移"。此偏移的振幅现在由"可编程模拟偏移"振幅控制。

第二种方法更加简单，因此也更加有效。在 SDM 调制器前端进行偏移控制是因为该点具有最大的可用精度（18bit）。此分辨率对应于功放输出偏移消除的精度。该精度也受到"偏移调整算法"的影响：这是一个连续的近似算法，迭代数等同于分辨率比特数。假设一个计数器（低通滤波器）的计数窗口长度会影响其准精度，那么就需要在较短的算法收敛时间和精准的偏移消除（实现了一个长算法的收敛时间）之间进行权衡。

本文的装置是以 $0.15\mu m$ 的 CMOS 工艺制成的，特点是 DR 为 94dB（包含一个 8Ω 的负载），SNRpeak 为 76dB。其静态功耗为 $600\mu A$。

12.6　高速过采样 DAC

当缩放技术使过采样 $\Sigma\Delta M$ 使用较高采样频率成为可能时，前面章节所描述的概念就可以扩展到高带宽应用中。在这种情况下，面临的关键选择受到有限过采样频率的制约，这一受限的过采样频率用于数字部分；而以上制约则是为了避免功耗进一步上升。因此，人们使用了多比特 D/A 接口，其基于开关电流和有源 RC 滤波器的（这里需要一个较低的 UGB 运放）。DEM 算法是一种典型 DWA，在面积和功耗方面，在较小成本下其表现出充分的失配校正能力。

在参考文献 [20] 中，在 OSR = 100，采样频率为 200MHz 下，人们实现了 1.1MHz 的信号带宽（ADSL 中心办公调制解调器）。该装置在 82mW 功耗和 1.8V 电源供电（$0.18\mu m$ CMOS 工艺）下，实现了 DR 86dB 和 $SNDR_{peak}$ 71dB。在参考文献 [21] 的相同应用中，在 $0.18\mu m$ 工艺结点、较低 OSR，时钟频率为 35.3MHz 时，$SNDR_{peak}$ 为 73.9dB，SFDR 为 79.8dB，功耗为 55mW，电源电压 1.8V。另外的一些扩展应用案例可参阅文献 [22-24]，它们使用开关电流 DAC 接口，在 F_s = 350MHz（即 OSR=6）下实现了 29.16MHz 的信号带宽处理。该结构还展现了一个有源跨阻输出级来提供输出电压。在 $0.13\mu m$ CMOS 工艺中，该设备的性能为 DR 73.4dB，THD 76dB，电源电压 1.5V，功耗 5mW。

参考文献

1. H.J. Schouwenaars, D.W.J. Groeneveld, C.A.A. Bastiaansen, H.A.H. Termeer, An oversampled multibit CMOS D/A converter for digital dynamic audio with 115-dB range. IEEE J. Solid-State Circuits. **26**(12), 1775–1780 (1991)
2. R. Adams, K. Nguyen, K. Sweetland, A 113-dB SNR oversampling DAC with segmented noise-shaped scrambling. IEEE J. Solid-State Circuits. **33**(12), 1871–1878 (1998)
3. J. Peicheng, K. Suyama, P.F. Ferguson Jr., L. Wai, A 22-kHz multibit switched-capacitor sigma-delta D/A converter with 92 dB dynamic range. IEEE J. Solid-State Circuits. **30**(12), 1316–1325 (1995)
4. N. Sooch, High order switched-capacity filter with DAC input. US-Patent #5,245,344
5. X.-M. Gong, E. Gaalaas, M. Alexander, D. Hester, E. Walburger, J. Bian, A 120 dB multi-bit SC audio DAC with second-order noise shaping, in *ISSCC*, 2000, pp. 344, 345, 469
6. I. Fujimori, T. Sugimoto, A 1.5-V 4.1-mW dual-channel audio delta–sigma D/A converter. IEEE J. Solid-State Circuits. **33**, 1879–1886 (1998)
7. I. Fujimori, A. Nogi, T. Sugimoto, A multibit delta-sigma audio DAC with 120 dB dynamic range. IEEE J. Solid-State Circuits. **35**(8), 1066–1073 (2000)
8. M. Annovazzi, V. Colonna, G. Gandolfi, F. Stefani, A. Baschirotto, A low-power 98 dB multibit audio DAC in a standard 3.3 V 0.35 μm CMOS technology. IEEE J. Solid-State Circuits. **37**(7), 825–834 (2002)
9. V. Colonna, M. Annovazzi, G. Boarin, G. Gandolfi, F. Stefani, A. Baschirotto, A 0.22 mm^2 7.25 mW per-channel audio stereo-DAC with 97 dB-DR and 39 dB-SNR$_{out}$. IEEE J. Solid-State Circuits. **40**(7), 1491–1498 (2005)
10. T. Hamasaki, Y. Shinohara, H. Terasawa, K.-I. Ochiai, M. Hiraoka, H. Kanayama, A 3-V, 22-mW multibit current-mode DAC with 100 dB dynamic range. IEEE J. Solid-State Circuits. **31**(12), 1888–1894 (1996)
11. M.-Y. Choi, S.-N. Lee, S.-B. You, W.-S. Yeum, H.-J. Park, J.-W. Kim, H.-S. Lee, A 101-dB SNR hybrid delta-sigma audio ADC using post integration time control, in *CICC*, 2008, pp. 89–92
12. M. Ortmanns, Y. Manoli, F. Gerfers, A continuous-time sigma-delta modulator with reduced jitter sensitivity, in *ESSCIRC*, 2002, pp. 287–290
13. K. Nguyen, A. Bandyopadhyay, B. Adams, K. Sweetland, P. Baginski, A 108 dB SNR 1.1 mW oversampling audio DAC with a three-level DEM technique, in *ISSCC*, 2008, & IEEE J. Solid-State Circuits. **43**(12), 2592–2600 (2008)
14. K. Philips, J. van den Homberg, C. Dijkmans, Power DAC: a single-chip audio DAC with a 70%-efficient power stage in 0.5 μm CMOS, in *ISSCC*, 1999, pp. 154, 155
15. C. Meroni et al., A 100 dB 4 Ω 40 W digital input class-AB power DAC for audio applications, in *IEEE Int. Solid-State Circuits Conf. (ISSCC) Dig. Tech. Papers*, Feb. 2003, p. 130
16. T. Ido, S. Ishizuka, T. Hamasaki, A 106 dB audio digital-to-analog converter employing segment flipping technology combined with cascaded dynamic element matching, in *VLSI*, 2005, pp. 174, 175
17. R. Hezar, L. Risbo, H. Kiper, M. Fares, B. Haroun, G. Burra, G. Gomez, A 110 dB SNR and 0.5 mW current-steering audio DAC implemented in 45 nm CMOS, in *ISSCC*, 2010, pp. 304, 305
18. Y.-H. Lee, M.-Y. Choi, S.-B. You, W.-S. Yeum, H.-J. Park, J.-W. Kim, A 4 mW per-channel 101 dB-DR stereo audio DAC with transformed quantization structure, in *CICC*, 2006, pp. 145–148

19. B.M.J. Kup, E.C. Dijkmans, P.J.A. Naus, J. Sneep, A bit-stream digital-to-analog converter with 18-b resolution. IEEE J. Solid-State Circuits. **26**(12), 1757–1763 (1991)

20. A.C.Y. Lin, D.K. Su, R.K. Hester, B.A. Wooley, A CMOS oversampled DAC with multi-bit semi-digital filtering and boosted subcarrier SNR for ADSL central office modems. IEEE J. Solid-State Circuits. **41**(4), 868–875 (2006)

21. P.A. Francese, P. Ferrat, Q. Huang, A 13b 1.1-MHz oversampled DAC with semidigital reconstruction filtering. IEEE J. Solid-State Circuits. **39**(12), 2098–2106 (2004)

22. M. Clara, W. Klatzer, A. Wiesbauer, D. Straeussnigg, A 350 MHz low-OSR $\Delta\Sigma$ current-steering DAC with active termination in 0.13 μm CMOS, in *ISSCC*, 2005, pp. 118, 119

23. D. Giotta, P. Pessl, M. Clara, W. Klatzer, R. Gaggl, Low-power 14-bit current steering DAC, for ADSL2+/CO applications in 0.13 μm CMOS, in *ESSCIRC*, 2004, pp. 163–166

24. P. Seddighrad, A. Ravi, M. Sajadieh, H. Lakdawala, K. Soumyanath, A 3.6 GHz, 16 mW $\Sigma\Delta$ DAC for a 802.11n/802.16e transmitter with 30 dB digital power control in 90 nm CMOS, in *ESSCIRC*, 2008, pp. 202–205

第3部分　射频识别技术

虽然射频识别技术（RFID）不是一项新的技术，但它近年来还是吸引了更多的关注。其中一个原因就是它在市场上的成功运用。射频识别真的越来越受欢迎，这当然是由于标签技术发展到目前为止，其价格、尺寸和性能已经达到了一定的水平，使之进入商品市场成为可能。但是，技术并不止步于制作标签本身；公司都希望在工艺中融入进新的方法，但这需要时间和新的技术，但从另一方面来说，这些投入在之后的装配和制造技术方面都是有巨大意义的。毋庸置疑的是，现在以及将来，在大规模应用方面，行业标准都将是至关重要的一个要素。

抛开这些形成前进趋势的因素，还有一个原因可以解释人们对它不断上升的关注：新技术可以打开全新的市场和应用。最重要的是，有机电子对基硅基技术和印刷技术提供了一种替代品，它（通常指有机电子的组合，但也不一定就是指组合）能保证灵活性产品的批量生产在成本上足够低廉。

这一部分对 RFID 的介绍从对自布鲁塞尔标准协会 GS1 全球办公室的 Henri Barthel 所作出的贡献开始。他把 RFID 标签放入一个大背景下，从不同的角度：历史、市场、应用、标准、隐私问题和规则来观察。

接下来的 3 章都是由硅集成电路技术实现标签的。第 1 章是来自日立公司的 Mitsuo Usami，他提出了一种以硅为基础的迄今为止全世界最小的标签集成电路设计，成本非常低廉。除了集成电路设计方面，他还融入了新的制造和组装技术，使得制造成本也得以降低。第 2 章出自德州仪器的 Raymond Barnett，他从分析和设计方面对各种复杂的标签块进行了处理，而这样的标签能完成各项功能。第 3 章是来自格拉茨大学和 Infineon 公司的 Albert Missoni，他介绍了一种针对多模标签的前端设计，这种多模标签可以在 RFID 的两种频段下进行操作，即 UHF 和 HF 频段。

本部分最后 2 章，主要描述的是利用新兴技术制成的第一个应答器模块。第 1 章的作者是来自 PolyIC 的 Jürgen Krumm，文章主要关注印刷电子学的相关内容。第 2 章是来自于 IMEC/Holst 中心的 Kris Myny，该文章主要关注有机电子学方面的内容。2 章都描述了相应领域内技术的发展状况和对未来的展望。

作者 H. M. van Roermund

第13章 RFID——一项在工业应用中蓄势待发的技术

Henri Barthel

13.1 射频识别的历史

近几十年来，射频识别（RFID）的应用已经随处可见了。总体来说，RFID 技术可追溯到第二次世界大战时期。那时候，德国、日本、美国和英国都使用雷达对距离他们若干英里以外并不断靠近的飞机进行报警。但问题是他们无法判断这是敌军的飞机还是己方完成任务归来的飞机。德国人发现，调转飞机返回基地的时候，反射回来的雷达信号将会改变。用这种粗略的方法警示地面上的雷达机组人员，提醒他们这些都是德国飞机（这就是第一个无源射频识别系统）[1]。后来英国研制出第一个有源敌我识别（IFF）系统。他们在每一架英国飞机上放一个发射器。当它接收到来自地面上雷达站的信号时，它就开始广播一个反馈信号来证明这架飞机是友军飞机。RFID 工作的基本概念与其类似。一个信号被发送到应答器上，随后应答器被激活，然后反射回来一个信号（无源系统）或广播信号（有源系统）。

在 20 世纪 70 年代，美国能源开发部要求美国洛斯-阿拉莫斯（Los Alamos）实验室开发出一种能够追踪核材料的系统。科学家提出了一个概念，把一个应答器放在卡车上，阅读器放在安全设施的门上。安置在门上的天线会激活卡车上的应答器，然后应答器会回应一个 ID 号或是一组其他的数据，例如驾驶员的 ID 号码。在 20 世纪 80 年代中期，一个效力于该项目的 Los Alamos 实验室的科学家开办了一家公司，该公司主要研究自动收费系统。至此该系统得以商业化。这些系统已广泛应用于世界各地的道路、桥梁和隧道等应用当中。

在美国农业部的要求下，Los Alamos 实验室还开发了一个无源 RFID 标签来跟踪奶牛。它要解决的问题是当奶牛生病的时候，它们将会被注射激素和药物。但该技术很难保证每一个奶牛都得到正确的剂量，且不会发生注射两次药物等意外。于是，Los Alamos 实验室就想出了一个使用超高频（UHF）无线电波的无源 RFID 系统。该装置从阅读器接收信号能量，并将调制后的信号反射回阅读器，这种技术后来被称为后向散射。后来，一些公司开发了一种使用低频率（125kHz）配备较小应答器的系统。这种封装在玻璃瓶里的应答器可以注射到牛的皮肤里。今天，世界各地仍旧在牛身上使用这个系统。另外，低频应答器还被放置在卡片中，用于控制进出大楼。

随着时间的推移，一些公司把 125kHz 系统商业化，然后把射频频谱提高到高频频段（13.56MHz）上，在世界上大多数地方这个无线电频段都未被使用且不受管制。高频可以提供更宽的频谱范围和更快的数据传输速率。一些公司，尤其是在欧洲的那些公司，开始使用它来跟踪可重复使用的集装箱和其他货物。现如今，13.56MHz RFID 系统被用于访问控制、支付系统和非接触式智能卡。它也可用于汽车的防盗装置。汽车转向柱中的一个阅读器可以读取钥匙中用塑料包裹的无源RFID 标签。如果它没有收到其所希望收到的 ID 号码，汽车将不会被发动。

在 20 世纪 90 年代初，IBM 工程师开发并获得超高频（UHF）RFID 系统的专利。UHF 提供了更宽的读取范围和更快的数据传输。IBM 与沃尔玛进行了一些早期的试验合作，但从来没有把这一技术商业化。直到 20 世纪 90 年代中期时，IBM遇到了财务危机，就把该专利权卖给了 Intermec 公司，这是一个条码系统提供商。Intermec 的 RFID 系统已被广泛应用于从仓库追踪到农业等许多不同的场合中。但是由于销量低且缺乏对外开放的国际标准，使得该技术的使用较为昂贵。

1999 年，由美国统一代码委员会、国际物品编码协会、宝洁和吉列公司资助，在麻省理工学院建立自动识别中心之后，超高频 RFID 的市场使用率得到了大大的提升。该识别中心的两个教授，David Brock 和 Sanjay Sarma 一直在做有关方面研究，希望把低成本 RFID 标签应用到所有的产品中，并使通过供应链进行跟踪这一设想成为可能。他们的想法是只把一个序列号放到标签上，以使成本下降（一个存储非常少的信息的简单芯片，会比生产一个具有更多内存的复杂芯片便宜）。标签上序列号的数据将被存储在一个可访问的互联网数据库中。

Sarma 和 Brock 从本质上改变了人们对于供应链中 RFID 的老旧想法。在此之前，标签是一个移动数据库，这就意味着在它们移动的时候可以携带产品或集装箱的信息。Sarma 和 Brock 则把 RFID 变成了一种网络技术，可以通过标签连接物品与互联网。对于企业来说，这是一个重大的变革。现在，制造商可以让商业伙伴自动获取货物离开制造厂或仓库的具体时间，零售商也可以让制造商自动获得货物到达的时间。

在 1999~2003 年间，自动识别中心获得了超过 100 家大型终端公司的支持，还包括美国国防部和许多关键的 RFID 供应商。该中心在澳大利亚、英国、瑞士、日本和中国建立了研究实验室。它开发了两个空中接口协议（Class 1 和 Class 0）、电子产品代码（EPC）的编号方案，以及一种可以在互联网上寻找相关 RFID 标签数据的网络架构。2003 年，这项技术被授权给美国统一代码委员会（UCC），并且UCC 和国际物品编码协会（EAN）共同创办了 EPCglobal 合资公司，使 EPC 技术商业化。自动识别中心在 2003 年 10 月关闭，但它的研究责任被继承给了自动识别实验室。2005 年，美国统一代码委员会成为 EAN 的成员，新组织的名字被称为GS1。108 个国家的 EAN 组织更名为 GS1 加国家名的形式，例如 GS1 美国、GS1 法国等。

13. 2　RFID 的市场格局

BRIDGE 工程（具体细节将在 13.4 节进行描述）对无源 RFID 技术进行了详细的市场分析，并于 2007 年初发表。直至 2022 年之前这些数字将呈现显著增长，到那时候我们预计在 450000 个地点会有超过 600 万阅读器投入工作，每年将会有 860 亿个标签被购买和使用。

我们相信这些数字是保守的，因为它们只代表了所有可标记的物体的潜在数值中的一小部分。例如，我们的预测是基于 2012 年所有零售商品数量的 2% 来进行标记估计的。我们预测在 2022 年，零售商品中将近 25% 的非食品商品和 5% 的食品将被标记。如果我们在未来的 15 年内经历一次技术上的飞跃，一个 RFID 标签的成本就可能减少到不足 1 美分，而且上述的这些数字还可能大幅增加。尤其是在食品标签上的数值，可能会增加到 1000 亿个。

本研究的其他主要发现包括：

1）高价值物品标记可能是 RFID 标签和阅读器数量的最大潜在增长点。在短期内，我们预计在时装、文化商品（光盘、书籍等）和电子产品方面的标签技术会有显著增长。在这些类型的商品中，RFID 将有助于改善商店的库存管理，可以帮助减少缺货现象的产生。

2）对于许多的 RFID 应用程序来说，它们在市场真正得到成功运用可能需要两三年的时间。其中的原因可能是技术和价格方面的问题，或是在开放式供应链上对成本和效益分布的讨论，而这些都将使其在市场上的发展受到抑制。

3）从长远来看，我们预计硬件成本将会大幅下降。这是技术创新和规模经济的结合的成果。一个无源 RFID 阅读器可能花费 200 欧元，标签价格可能会跌落到几欧分。无芯片技术的一个潜在突破，就是可能使标签价格低于 1 欧分（这是没有基于假设的情况下，因此我们的预测更加保守）。

图 13.1 所示为 2007~2022 年 RFID 市场规模[2]。

	2007年	2012年	2017年	2022年
每年购买的标签总数 / 百万个	144	3.220	22.400	86.700
RFID阅读器的安置地点总数	2.750	30.710	144.000	453.000
放置的RFID阅读器总数	7.630	176.280	1.161.800	6.268.500

图 13.1　2007~2022 年 RFID 市场规模[2]

4）不管从短期还是长期来看，零售和消费品仍然是 RFID 标签和阅读器的最大市场，约占市场总容量的 2/3。

5）除了零售业之外，邮政速递市场也提供了最大的市场潜力。在短期内，市场将重点关注可回收运输物品，但长期来看可能将 RFID 技术运用到其核心流程上：包裹和邮件。

6）在航空领域，RFID 将被广泛用到各种应用当中。在 2012 年，我们预计欧洲将实现首个大型的行李跟踪管理，而这些需求在未来将继续增长。

7）在未来的五年中，我们可能无法实现在欧洲范围内广泛地使用电子标签对抗假冒药物。相反，我们希望在不久的将来，制药行业专注于二维条码的实现。较长期而言，业界可能会改变思路来使用 RFID。

8）在追踪物理对象方面，UHF 将成为主要频段，HF 则被使用于一些小众市场，例如图书馆图书管理。

总体来说，RFID 正在以不同于大多数人几年前设想的那种发展方式进行着。从现在起的五年内，我们可能会再次发现，RFID 的采用并没有像我们在研究中所预测的那样发展起来。然而，这种不确定性只是与在不同 RFID 应用中人们对其的接受速度有关。

毫无疑问，RFID 技术的性能将继续得到发展，价格也将继续下降。可以肯定的是，未来的无源 RFID 将成为欧洲商业的一个组成部分，每年，数以百万计的阅读器将读取数十亿的标签（见图 13.1）[2]。

13.3 RFID 标准

13.3.1 核心结构

RFID 标准已经公布并正在推广一种 RFID 系统，那就是通过标签与商业合作伙伴进行数据交换，其内容覆盖各个方面。图 13.2 展示了一个 RFID 系统的整体架构[3]。

该体系结构中的一些标准仍处于开发阶段。目前，还没有应用使用所有的组件，甚至包括已发布的标准。

我们把结构分为如下四个组成部分：

1）处理各个方面事物的企业系统，RFID 作为一个数据载体，用来实现业务或商业运营方面的功能。

2）基于互联网的数据交换组件，属于企业系统的内部组件。

3）基于互联网的数据交换，属于合作伙伴与其他股东在企业外部的数据交换。

4）ISO 注册机构，用于制定数据格式，为旧数据转换提供支持，制定全新的项目标识符的形式。

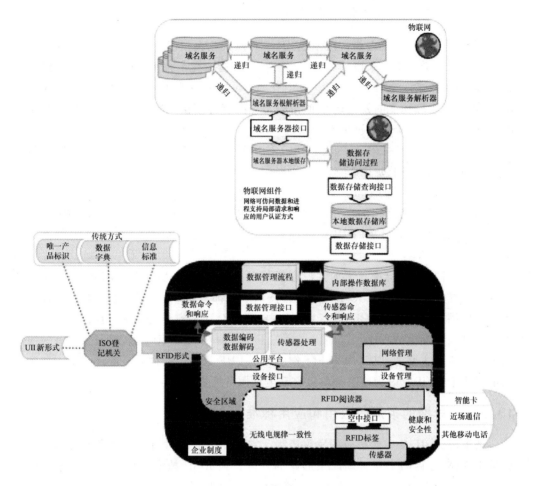

图 13.2　RFID 系统结构

13.3.2　ISO/IEC JTC1 SC31 WG4 的组成

1997 年的 3 月 13 日，针对 ISO/IEC JTC1/SC31 自动识别和数据采集技术，业界提出了首个发展 RFID 标准的倡议。该倡议的核心是，定义一个通信协议，用于定义基于无线网络、非接触式的全向射频识别器件实现可相互操作性，其能够接收、存储和传输数据；且该器件的功率消耗等级与国际上使用的公共免费频段相兼容，这些频段主要用于条目识别与管理供应链，例如完成良好的资产管理，原材料资产管理，材料可追溯性，库存控制，电子物品监控，保修数据，生产控制/机器人和设施管理。

随着这一新的工作项目的提案被接收，SC31 工作组（WG4）建立起来。SC31 WG4 首次会议于 1998 年 8 月 26~28 日在日本东京举行。

13.3.3　早期的 RFID 标准和应用

在 SC31 WG4 形成之前，用于规范 RFID 及其相关技术的多项举措就已经得以实施了。对于 ISO 本身来说，关于 JTC1 SC17 在智能化卡技术上的应用工作已经得到了很好的实施；这也代表了该项工作在 13.56MHz 频段上与 JTC1 SC31 WG4 RFID 在项目管理功能的发展越来越相似。美国有许多由 ANSI/INCITS 委员会制定的标准，都成为了 ISO 标准的有力候选标准。

ISO 与其他组织一道，已经就 RFID 技术开发与相关的特定场合应用问题进行了大量的工作，其中包括：

1）针对动物 ID 的 RFID 技术和应用标准。

2）在道路交通远程信息处理方面使用的有关 RFID 技术的欧洲和 ISO 标准。

3）一系列正在制定的 UPU 标准，其中明确规定了在每一个主要频段上的 RFID 技术。

除了美国 ANSI 标准，之前并没有任何其他关于单针对技术和 RFID 频率覆盖范围的标准的相关工作。大多数的候选技术最初都为 WG4 专利持有。由于该技术为专利使用，大多数的应用程序，包括一些最终会迁移到开放系统，且在封闭系统里往往被限制规模的程序。这些程序涵盖了得以应用的 RFID 技术的先驱。有的应用可以在所有主要的 RFID 频率下工作；除了 UHF 技术，在世界上的许多地方此频段都不用于 RFID，因为这个频段被移动电话服务所占用。

13.3.4　早期的条形码应用和应用标准

条形码和 RFID 有着类似的发展历程，它们在类似的时间点上被发明出来，也就是 1950 年之后的十年时间。条形码的发展，和 RFID 技术一样，都来自于专用技术，以及一些公司开发针对封闭系统解决方案的技术。

条形码的主要发展期可以追溯到到 20 世纪 70 年代中期。发展的主要标志是美国统一代码委员会（UCC）的成立；之后在很短的时间内，国际物品编码协会（后改名为 GS1 2005）成立。其他许多重要的组织是也在同一时期得到了发展。在 1972 年，条形码技术的制造商建立了他们自己的行业协会，即自动识别制造商（AIM）。该组织最初是作为材料处理研究所的一个生产部门，其任务是开发技术解决方案，并促进技术的发展。技术交流的大量增加，使得以前专有的条形码符号成为实质标准。这些标准以一组符号规范规定的形式在 1982 年正式出版。1983 年，AIM 在美国已经成为一个独立的贸易协会，并在不久之后，向国际发展并成立了两个机构，即英国 AIM 和欧洲 AIM。

随着发展的不断深入，来自许多不同部门的 AIM 成员都开始关注应用标准的发展。发展的另一个里程碑是为基本产业建立的数据字典；最初它被称为 FACT 数据标识符，后来经 ANSI 通过并采用。

到之前所谓的"新时代"之前，SC31 WG4 RFID 项目以及之前 SC31 WG1、WG2 和 WG3 的建立都主要在解决条形码的相关问题。在这之前，CEN TC225 就已经成立一段时间了。

这里我们可以体会到一种网络效应，即在"新时代"来临之时，条码供应商们已经对应用需求有了一个深刻的理解，而负责开发应用程序的用户群体对条形码技术也有了深刻的认识，或能够为了该技术而投入行业资源。

根据人们的观点和分析，RFID 技术的进步是在实现条码技术之后的 12~25 年之间。

13.3.5　早期的 RFID 标准化活动

如前面所强调的，SC31 在标准化条形码和 RFID 上有着本质的区别。在 SC31 被创建以前，大量的条形码符号（数据载体）已被 AIM（ANSI 的一个正式的标准委员会）、制定欧洲标准的 CEN 和其他国家机构作为标准出版了。因此，条码的最初任务是解决标准的质量问题而不是技术问题。随着时间的推移，更多的条形码符号由 SC31 提交，但通常碰到的情况是大量的工作在之前已经做过了。

相比之下，RFID 的相关工作几乎是一个空白。虽然在这之前，已经举行过两次关于 RFID 的临时会议，也有了一些明确的方向。在很长一段时间中，尽管已经有专家给出了一些技术交叉上的经验，有关空中接口协议和应用程序接口协议的工作被看成是独立的一部分。应用程序接口有关工作简而言之就是开发建立编码规则，这在很大程度上与空中接口方面技术相独立。

采用回顾性分析，我们可以知道空中接口标准化工作已经经历三个阶段。第一阶段关注的是标准之间的结构规则。然而，其中每个条形码符号都使用截然不同的数据载体技术标准，因为在早期对人们认为 RFID 会使用一个特定的、由 ISO／IEC 18000 规定的频率。当时的设想是能够一个频率对应着一个空中接口协议，这一设想借鉴了当时基于通用邮政联盟 RFID 的模型。然而，虽然有许多技术候选，但其中的大部分都属于专用技术。

在第二阶段中，有将近 30 个候选标准在最后的决定中落选。很长一段时间里，人们一直对于在最佳技术的认定上缺乏共识。因此，每当对技术进行评估和比较时，其他专家的既得利益就会频频阻挠，导致许多非正式的投票结果都对参评技术表示否定，而不是持肯定态度。在法国 Marseille 举行的一次关键会议上，与会的所有技术赞助商被下了最后通牒，要么对取消建立 RFID 标准作永久性投票，要么正式或非正式地一起合作来减少候选技术的数量。这才形成了大量在 ISO 范围外的合作，使得 ISO／IEC 18000 标准继续前进，并引来了更新、更实际且每个频率最多只有两个空中接口协议的标准。

此时，人们对于基于市场期望，对未来依旧抱着十足的热情，许多会议都有 40~60 名专家参加。毫无疑问新的技术解决方案将会出现。自 SC31 以来，之前已经在条形码标准化进程中得到使用的一系列客观标准，都应用到了 RFID 技术中。通常，任何新的空中接口协议都会与之前的已经标准化的协议有显著的不同，或是必须获得一些主要应用的支持。在此基础上，人们做出的第一次尝试是使 UHF 频率被全球所接受，而随之带来的就是 ISO/IEC 18000-6 得以开发，并以 A 型和 B 型协议出版。

下一个最为重要的发展阶段，包含了 ISO 专家、Auto-ID 实验室以及 EPCglobal 三者之间的交流工作，这些发展进步催生了 EPCglobal Class 1 Gen 2（ISO/IEC 18000-6 Type C）空中接口的建立。现在的修订版本包括：

1）在 ISO/IEC 18000-6（UHF 技术）中将包括四个空中接口协议：A 型、B 型、C 型、D 型（过去称为 TOTAL）。

2）在 ISO／IEC 18000-3（HF 技术）中将包括三种模式：模式 1、模式 2、模式 3。

13.3.6　ISO/IEC JTC1 SC31 WG4

本标题中的 ISO/IEC JTC1 SC31 WG4 意思是"RFID 项目管理工作组"。自成立以来，该工作组已发表了 22 项标准和技术报告。现在，WG4 所发表文件中的 9 个正在被修订，13 个新的文件正在研究当中。

SC31／WG4 包含以下结构：

1）子小组 1——应用接口协议；

2）子小组 3——空中接口；

3）子小组 5——实现指南；

4）子小组 6——RFID 性能和一致性测试方法。

13.4　BRIDGE 项目

13.4.1　项目概述

BRIDGE（Building Radio Frequency IDentification for the Global Environment）是为了回应欧盟信息社会技术（IST）董事会于 2005 年 5 月提出的项目要求而建立的，该项目是欧盟第六框架计划（FP6）中"整合和加强欧洲研究区域"计划中的一部分。

BRIDGE 是一个综合性项目，2006 年 7 月开始，2009 年 8 月结束。该联盟由 31 个合作伙伴组成，其中包括 7 个 GS1 组织、5 所大学、11 个解决方案供应商和 8 个用户公司，由 GS1 全球办公室来协调。

BRIDGE 的目标是研究、开发和实现 RFID 和 EPCglobal 网络应用的部署。该项目已针对欧洲商界开发出了易于使用的技术解决方案，其中包括中小企业

（SME），确保在高效协同 EPCglobal 系统的基础上，快速、有效和安全地保证供应链运作。

该项目包括一系列的业务、技术开发和横向业务。七个业务工作包（WP）被设立起来用以寻找机会，建立商业案例以及在各部门进行试验和实施，其中包括防伪、医药、纺织、制造，可重复使用资产、产品、服务和非食品零售项目。该项目中包含了对于 RFID 硬件、软件、网络和安全等各个方面的重要研究和开发计划。一系列横向工作为与 BRIDGE 项目相关/不相关的部门提供培训和传播服务，使得该技术在欧洲被大规模的采用。

图 13.3 显示了 BRIDGE 项目中各工作包小组所涉及的三个主要工作范围。

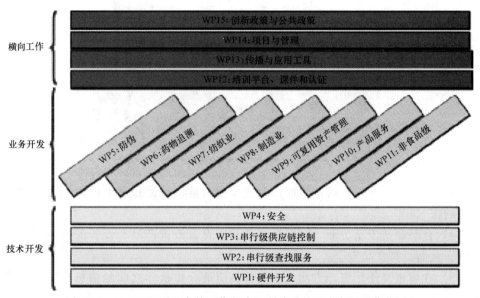

图 13.3　BRIDGE 项目中的工作包小组所涉及的三个主要工作范围

技术开发：有四个工作组主要负责 RFID 硬件、串行查找服务、串行供应链控制和安全方面的事务。主要成果包括：

1）硬件团队开发了新的 RFID 标签（更灵活、配备传感器、更小、更便宜、更适用于金属和一些介质对象），新的 RFID 阅读器和阅读器天线（较为便宜、性能更强），新设计的 RFID 系统可以还原一些智能对象的环境。

2）串行级查找服务中开发了一个发现服务，包括需求分析和产生技术设计文档；这极大地促进了发现服务的标准化开发。本组还开发了一个软件原型，实现了原始的发现服务概念。

3）串行级供应链控制中开发了一种基于跟踪和跟踪概率算法的跟踪模型。

4）安全性小组发布了一个用来记录针对开放型、合作性基于 RFID 商业应用需求的安全分析系统。该小组专注于安全和隐私方面问题，包括 RFID 系统的安全性和完整性以及网络基础设施的安全性，并开发了几个原型。

业务开发：七个工作组研究了在各种行业中所使用 RFID 技术的业务发展。他们的工作可以归纳为一个通用形式（见图 13.4）。

大多数的试验是在不同的应用程序工作包下进行的，从该项目的第二年开始，在第三年或最后一年结束。许多试验从经验学习以及最佳实践方面，提供了令人印象深刻的成果和有趣的结果。这些试验包括：

1）防伪方面——EPCglobal 网络新业务的发展将减少盗版商品的产生。

2）药品方面——通过改善源头来提高病人的安全性，并全程验证了药品从制造商到医院/药房的历程。

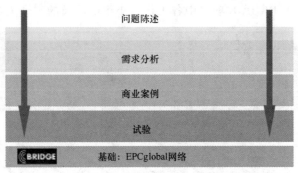

图 13.4 BRIDGE 项目中的业务应用程序的开发

3）纺织业方面——通过增加供应链和商店信息的流量和准确性以更好地满足客户的需求。

4）食品制造工艺方面——减少浪费和库存，改进产品和设备的透明度和可追溯性，从而提高食品安全。

5）在可重复使用资产方面——改善供应链合作伙伴之间的信息交流和资产管理，以减少损失和成本。

6）产品服务方面——研发系统和工艺以提高产品在整个生命周期内升级、维修、更换过程的可靠性。

7）零售环境方面——优化零售店的销售过程，通过将 RFID 应用到消费者消费装置中以提高对消费者的服务质量。

横向工作：在项目实施的第一年，该项目会制作概念动画（多媒体学习对象，用以展示 RFID/EPC 及其应用）以支持培训要求。对 RFID 市场规模进行研究，用以预测在 5 年、10 年及 15 年内使用 RFID 技术阅读器、标签和位置的数量；该研究成果在 2007 年初发布。在该项目的第二年，用于展现实际工作条件下 EPC/RFID 的供应链是如何工作的演示范本最终完成，现在可以在公共网站 http://www.bridge-project.eu 上下载。

BRIDGE 项目还开发了五个涵盖从基础到专家级的高级培训课程。在提高对于 RFID 的认识方面，该项目已经被翻译成五种语言在网站 http://discoverrfid.org 公布，并对关于数据保护的问题进行了大量分析。

该项目为欧洲提供了一个巨大的机遇，即建立一个标准化的 RFID 技术以便在全球供应链中使用。该 BRIDGE 项目毫无疑问地促成了所有企业的新型解决方案的发展，无论是小企业还是大企业。在 RFID 技术和网络信息共享方面提高技术和专业知识水平，可以提高欧洲公司的竞争力并为客户和公民谋求利益。

13.4.2　BRIDGE 项目的硬件开发情况

BRIDGE 项目致力于推进国家层面的先进 RFID 硬件发展。其目标是开发：

新的 RFID 标签：

1）配备更灵活的传感器；

2）更轻便和更廉价；

3）更适用于金属和介质对象。

新的 RFID 阅读器和阅读器天线：

1）更廉价；

2）更好的性能。

新的 RFID 系统来模拟一些智能对象环境。

图 13.5　一个兼容 EPC Gen2 协议的传感器标签的原型

在传感器标签方面，人们首先进行了基础性研究，用以调查不同的技术、标准和用户需求。上述内容被编译成一个传感器 RFID 手册，降低了公司为发展这种标签系统所付出的学习成本。后来的设计工作首先构建看一个通用的平台，提出了操作模式、数据管理程序和协议扩展，用来建立模块化的传感器 RFID 标签。最后，基于上述通用平台，一些多传感器标签原型被建立起来（见图 13.5）。

针对市场对更小标签的大量需求，从针对分形图形使用不同的材料出发，人们进行了标签的小型化研究。最后，一种具有小形状和大读取范围的标签设计出来了，这是从金属材料研究——开环谐振器（SRR）中借用的一个概念。金属和介电材料的标签设计遵循相同的原则：用最小厚度的材料进行隔离，但要求标签和被标记的物体共形。这是一个非常有竞争力的研究领域，在该行业已经提出了一些高性能设计。BRIDGE 项目的贡献是在双蝴蝶结谐振器的基础上实现了一个非常薄的设计。

人们设定了两条不同的研究线来设计一种低成本的 RFID 阅读器。同时，第一种基于特定的 RFID 阅读器芯片的原型被设计和模拟了出来。预计未来的芯片价格和现今市场相比，将会减少 1/5。而另一方面，人们开始致力于设计采用普通 CMOS 工艺的 RFID 芯片以降低其价格，而不选择在 RF 和芯片的数字部分使用不同的工艺。这种做法可以保证至少降低 1/10 的成本。

针对提高阅读器性能的研究也一直在进行。对于该研究，BRIDGE 项目的重点放在了阅读器的天线上。首先，项目组对一种新的相控阵天线虚拟设计进行了测试，提高了标签的静态星座图读取率。众所周知，因为多路径盲点消除方法往往是静态的，所以移动标签更容易被读取。当标签是静态的，相控阵阅读器天线会轻微移动光束，并随机地移动多路径盲点，从而增加了一大部分静态标签的可读性。

下一个棘手的需要解决的问题是金属货架。小型架子的概念是架子知道本身所放置的东西，这是一个旧的 RFID 研究范式，但实践起来面临着困难，因为现今大部分使用金属货架且已经找到了无依赖的、健壮的、经济的方式，即用 RFID 天线来装备这样的架子。为了解决这个问题，一种基于缝隙天线的具体设计已经被成功塑造并在零售环境中测试成功，超过一个月的测试中产生 100% 的读取率。在这个测试中，用复用方式来减少在超市货架上 RFID 天线上的金属总成本（见图 13.6）。

最后，进行了一个更为理论化的研究，目标是突破如今阅读器在 1s 内读取标签的个数。这个数字是由防碰撞协议限制的。由于所有的标签与阅读器的通信都是使用相同的协议，所以阅读器在同一个时间内只可以与一个标签通信，并需要采用多址接入策略，类似于那些一对多的网络，以

图 13.6　测试环境中的配备
RFID 技术的金属架

解决碰撞问题。盲信号分离（BSS）算法的使用表明了允许单个阅读器同时与多达

四个标签进行通信。对于这种算法来说，阅读器必须配备至少四个 RF 前端。这四个 RF 前端中的每一个都将接收到来自四个标签的信号的不同组合。BSS 算法的作用是将每个标签的响应分离开。一旦这样做，阅读器也可以同时向四个标签反馈信息。

研究的第三个领域表明，RFID 技术会运用到构建智能对象系统中去。首先，智能货架原型配备了算法，可以利用 RFID 天线来管理商店书籍的库存，在货架上准确定位，发送乱层警报，并产生错误项目的列表。其次，智能对象范式被应用到重型设备的远程服务。对于这个领域，洗衣机的实验室原型被建立起来，它使用 RFID 阅读器和传感器来检测故障（过热、振动、漏水），误用（过量的衣服使用错误的洗涤程序），使用非原始备件，以及当特定的零件需要维修或更换时发送警告。一个基于 Web 的平台被开发用来远程控制所有这些功能，展示如何可以显著提高管理一个较大的和地理上分散的机器群（洗衣机、自动售货机、车辆、农业和采矿设备等）的质量和效率。

总之，对 BRIDGE 项目的研究有助于开发国家最先进的 RFID 硬件，一组模型已经准备好推进工业化了。前景光明的概念还需要在实验室中进一步研究，并需要一些理论结果。这些成果将成为专利，并且当中的一些将进行商业利用。

13.5　隐私问题

一般情况下，RFID 技术还不是一个被广泛接受的技术，因为它的隐私性和安全性受到了更多的关注。几年前，因为隐私性和安全性的问题，早期服装业和零售业的采用者开展了抗议活动。虽然这些事件现在似乎与我们关系不大，因为这些问题于 2008 年已经在欧洲的 RFID 公众咨询网站（http：//www.rfidconsultation.eu）[4] 被证实了。

因此，隐私和安全问题将影响 RFID 技术的采用，也意味着我们需要发展安全的 RFID 技术，这反过来又使得电子标签的设计、生产和部署更复杂、更昂贵。

无源 RFID 标签，像那些附加的产品，几乎是看不见的。这意味着人们可以随身携带且无需意识到它的存在。但这也意味着产生不同种类的风险。首先，RFID 标签附加到产品中，买这种产品的人们可能被其他机器"审问"，这就暴露了一个人包里的物品（包括药品）或者衣服标签的价格是多少。并且，虽然一个人所携带的东西是变化的，但这个列表通常不会完全改变。这样的列表，被称为 RFID 影子或是一个人的一系列相关事物，如果定期更新，可能会提供个人的有效跟踪服务。这引发了组织和个人间的隐私问题。

一些消费者害怕功能潜变，即利用 RFID 系统合法的使用大量数据以达到不同的目的而非系统的原始目标。

对抗未经授权地读取相关物品的 RFID 标签的有效方法是在超市收银时对物品

的标签去活化处理。

隐私和安全问题的一个重要的经济含义是需要遵循技术和法律措施，使 RFID（单标签以及整个系统）更复杂，因此也更昂贵。在标签层面上，一些措施已经在 EPCglobal 标准下强制执行了。然而，对标签的安全问题来说存在着一个限制，用于项目级的标签大多是被动的，且不支持执行复杂的功能。

隐私的需求可以被看成是市场的一个机遇。除了将安全性需求加入到 RFID 系统中，我们还可以预见人们对于能够帮助使用者管理标签的个人设备的需求。

13.6 规则

RFID 在一定的电磁频谱下工作，而电磁频谱资源在全球各个国家都是受到严格管理的一种资源。最常见的 RFID 技术通常使用低频（LF，低于 135kHz）、高频（HF，13.56MHz）和超高频（UHF，860~960MHz）。RFID 在低频和高频上使用的规则在世界范围内都是适用的。

超高频 RFID 技术代表了一个快速增长的市场，在过去的 10 年里取得了巨大的进步。2010 年，保守的估计是，占全球国民收入 96% 的国家都针对 RFID 技术建立了完善的规则。

在欧洲，RFID 使用的 UHF 频段为 865~868MHz。最大输出功率小于 2W 的阅读器使用 4 个带宽为 200kHz 频道。其他频道被标签使用以回应阅读器（见图 13.7）[5]。

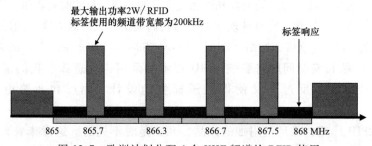

图 13.7 欧洲计划分配 4 个 UHF 频道给 RFID 使用

随着标签数量的增加带来的更高的使用密度、更快的数据速度、更大的使用范围、更快的阅读速度等需求，RFID 技术需要得到更多的频谱资源。为了满足这一要求，有必要为其分配更多的频谱资源，为高性能阅读器频道提供足够的信道资源。针对高性能的 RFID 系统，额外指定的频段范围为 915~921MHz。此举将大大优化 RFID 在欧洲的运作，因为许多其他非欧洲的主要国家的操作频率一般都在 900~930MHz 的范围内。

根据最近的一项调查，物流业和 RFID 系统供应商已表示：

1）在一个典型的负载或传输单元中，RFID 标签的密度可以高达 1000~1500

个标记对象。标签之间的分隔通常可在 2~3mm 到 30cm 之间。

2）根据应用程序的要求固定的询问器间以及手提/移动的阅读器间的最小间隔可以在 0~1m 之间。这就意味着需要多个频道，以避免标签与标签间的交叉干扰。

3）读写范围最高可以到 9m。

4）在批量/平台环境中读取所有标签的时间范围为 0.5~2s。一个标签所携带的数据范围为 96bits~256bits。

5）平台上可接受的读写性能应接近 100%。对于增加的读写冗余则需要更高的功率以及更高数据速率。

6）额外的功能（如温度、冲击、湿度、压力监测）将在关键应用中得以运用，以保证交货的要求。这可能需要更高的功率和更大的数据容量。

7）欧洲的 RFID 系统和 RFID 标签的性能应符合全球的性能要求。目前这一点还不能得到保证，因为欧洲的频率和功率水平还不能提供与美国、南非、加拿大和南美等国家类似的读写性能。

13.7　结论

RFID 技术是一项非常吸引人的技术。它给大量的应用提供了机遇，其中大部分技术仍然有待发展。然而 RFID 技术本身并不是一个目标，它是一个在提高效率、方便企业和人们生活方面的推动者。近年来，很多研究和标准化工作主要还是集中在 RFID 技术上。研究和标准化工作需要继续前行，使 RFID 成为商品并将其无缝集成到越来越多的产品和服务中去。

参考文献

1. M. Roberti, The History of RFID Technology, RFID Journal (Dec, 2005), http://www.rfidjournal.com/article/view/1338
2. European passive RFID Market sizing. LogicaCMG & GS1, BRIDGE project (2007–2022)
3. P. Chartier, G. van den Akker (Jan, 2010), D1.5 RFID Standardisation State of the art report—Version 3, available on http://www.grifs-project.eu/index.php/downloads/en/
4. A. de Panizza, S. Lindmark, P. Rotter (2010), RFID: Prospects for Europe, item-level tagging and public transportation, EU Joint Research Center, JRC58486 (2010), ISBN 978-92-79-16026-4, http://ftp.jrc.es/EURdoc/JRC58486.pdf
5. ETSI TR 102 649-2 V1.1.1 Electromagnetic compatibility and Radio spectrum Matters (ERM); Technical characteristics of Short Range Devices (SRD) and RFID in the UHF Band; System Reference Document for Radio Frequency Identification (RFID) and SRD equipment; Part 2: additional spectrum requirements for UHF RFID, non-specific SRDs and specific SRDs (2008, 2009)

第14章　世界上最小的 RFID 芯片技术

Mitsuo Usami

14.1　介绍

在各个领域中，针对连接对象与网络信息系统的有效技术一直是人们关注的热点。在这些技术中，半导体射频识别（RFID）技术[1,2]，对促进 IT 业革命做出了重大的贡献。产品的制造和物流要求高质量和准确的库存控制。一种既小巧又廉价且融入了 RFID 技术的芯片，被称为 μ 芯片，它可以被安装到纸制媒体和其他小对象中，在市场中可防止假冒品兜售并可以追踪产品。在日本爱知县举办的 2005 年世界博览会上，一个 0.4mm×0.4mm 的 RFIDμ 芯片[3]（见图 14.1）被成功应用。它实现了 2.45GHz 运行主频，配备了高度可靠的 128bit 只读存储器，2200 万个门禁卡在制造过程中没有出现重复现象。利用基于安全 ID 管理的网络，ID 技术已经被发展起来，并可靠地应用于认证系统当中。多年来，RFID 芯片的尺寸已经越来越小；2001 年日立公司宣布了一项小型芯片的突破性进展。日立公司已经开发出了一种更小的芯片，尺寸小于 0.1mm^2。最现如今互补金属氧化物半导体（CMOS）的精密加工技术已经可以生产这种尺寸很小的芯片，但在研究中我们必须考虑电路的简化和优化。超小型 RFID 芯片的另一个突出特点是可在芯片上嵌入天线，如图14.2 所示。

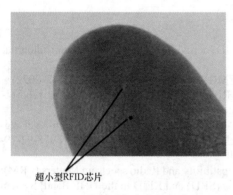

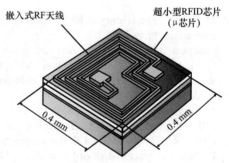

图 14.1　现已开发出来的超小型
RFID 芯片的图片

图 14.2　超小型 RFID 芯片的嵌入式天线模型
（小天线使用 2.45GHz 频段
进行通信，而无需专用电容）

14.2　芯片的设计理念

14.2.1　芯片结构

μ 芯片设计的根本是研究基于面向网络应用的集成电路（IC）芯片的最小尺寸。在实践中，μ 芯片阅读器连接到互联网，可以轻松地访问世界各地的 Web 数据库，并及时发送数据到数据库。因此，将只读存储器（ROM）技术运用在 μ 芯片中以存储识别号码是十分妥当的，这样一来就可以取消可擦写存储单元及其各自的擦写控制电路。μ 芯片的基本结构如图 14.3 所示。ROM 的大小是 128bit，这和IPv6 地址的长度是一样的。该设计理念并不支持第一代 μ 芯片中的防碰撞功能。这一概念电路的去除对实现超小尺寸的 μ 芯片显得至关重要。

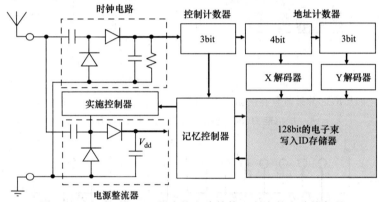

图 14.3　超小型 RFID 芯片的电路结构，所有的电路块都是
由完全集成的 CMOS 模拟电路和数字电路组成的

14.2.2　机械耐久性

图 14.4 说明，如果要实现更可靠的 IC 芯片，就需要进行微型化。为了在使用 IC 芯片时不必考虑其承载材料的特性，如纸等材质，IC 芯片必须有足够的抵抗应力能力。在许多测量抵抗应力的方法中，机械冲击强度试验是最有效的方法之一。很明显，当 IC 芯片小于 0.5mm×0.5mm 时，机械强度较高。因此，对 μ 芯片的微型化处理使我们可以开发出更经济、更可靠的无线识别装置。

14.2.3　高可靠性的电子束写入 ID 存储器

图 14.5 显示了 128 位电子束写入存储器电路的结构细节。每个存储单元由一个晶体管组成，每个晶体管有一个电子束（EB）编程连接终端。通过一个简单的预充电和放电机制检测连接信息。在存储单元中，NMOS 晶体管的所有通路都采用

普通连接且通过一个 PMOS 晶体管存储预充电电子，其由存储器控制电路控制。EB 编程采用开路或短路的方式将每个 NMOS 晶体管的源极和一根普通连接线连接起来，该线与 Y 解码器选择晶体管相连接。

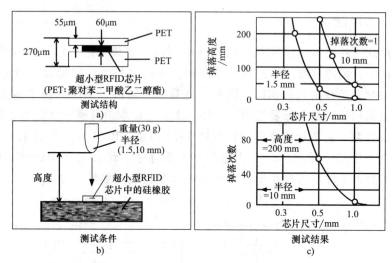

图 14.4　超小型 RFID 芯片的机械抵抗能力

（当 IC 芯片被放置在例如纸这样的软介质上时，它必须拥有一定的
抵抗能力和在使用过程中抗破损的能力）

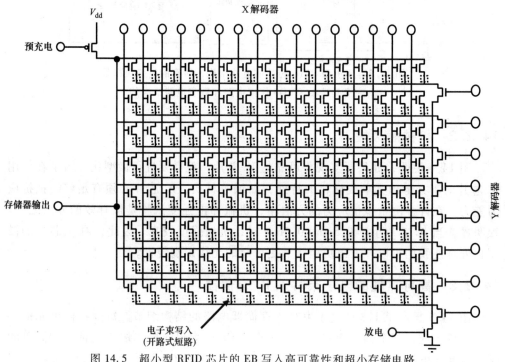

图 14.5　超小型 RFID 芯片的 EB 写入高可靠性和超小存储电路

这种 EB 写入的存储器结构与其他存储技术相比有以下几个优点。第一，它适用于小型 RFID 器件，这类器件使用了更为精细的生产工艺，其中的存储器电路包含了超小型晶体管，因此无需具备耐高压能力就可进行存储单元写入操作。第二，RFID 设备在各种情况下如暴露于较高的温度（例如 300℃），机械应力或辐射下时，可靠性相当优秀。第三，保持较高的安全生产性，可有效地控制 ID 号码以保持大批量产品中编码的唯一性，因为 ID 号码的批量 EB 写入可以在晶圆制造过程中实现。最后，在不使用一次性玻璃掩膜的情况下，EB 技术就可以生成唯一的 ID 模式。

当对超小型 RFID 芯片使用 EB 写入技术时，我们有必要考虑其制造生产性能。图 14.6 展示了芯片组的 EB 写入情况。芯片组 EB 写入可以大幅增加制造效率。芯片组的规模可以达到 10000 个芯片/单次 EB 光束注入。和单个写入方式相比，利用群组操作，EB 写入的时间减少为 1/50。每个芯片中的 ID 号码是由高度安全的服务器系统控制。ID 号码模式与 RFID 芯片的外围电路进行整合，并移至 EB 设备中。之后，每个芯片直接用组 EB 写入，效果就好像针对单一的大芯片进行写入，这种做法十分高效。

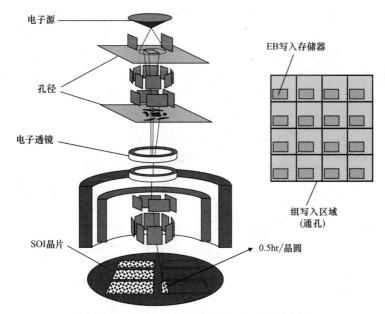

图 14.6 组写入方式实现高效 EB 存储器写入

14.3 天线的设计理念

14.3.1 嵌入式天线

在 RFID 芯片上嵌入天线是一种降低 RFID 设备的尺寸和成本的理想方法。嵌入式大线的形状类似于一个线圈，因为芯片接收到的感应电磁能比阅读器天线附近的辐射更大。通过微波频段，这种天线可以被设计得很小。图 14.2 显示了一个在 μ 芯片上 0.4mm×0.4 mm 的小型天线。由于天线寄生电容的作用，没有必要再设计额外的谐振电容。该天线由黄金制成，镀在半导体晶片上。装备嵌入式天线的 RFID 芯片内部电路设计与外置天线芯片的设计完全相同的。最大通信距离约为 1.2mm，但是可以实现稳定的区域直径为 2.3mm 的水平通信，这也被认为是紧密耦合 RFID 设备的实际可使用范围。

14.3.2 双面电极芯片上的外部天线

由于 RFID 装置通常由芯片和外部天线组成，用以扩展通信范围，如果在超小芯片上安装外部天线使得成本变得更高，那么识别设备的总成本也将增加。把双表面电极[4,5]应用到超薄 RFID 芯片上，就可以降低生产小芯片的难度并降低 RFID 天线的成本。当小型芯片使用传统的单面电极方法进行制造时，会产生两个技术问题。其一是如何精确定位外部天线金属末端上的表面小凸点，其二是构造窄空间的精确天线模式。使用小型双面芯片可以解决这些问题。由于是双面，表面连接电极可以使用简易的连接结构天线材料相连。此外，芯片不需要在水平方向进行规则的安装，可以上下自由定位，如图 14.7 所示。我们所以无需担忧安装定位问题。这也使得处理大量芯片成为可能。双面连接的另一个优点，是每个连接区域可以被设计成和芯片表面一样大，以减少连接阻抗并提高连接可靠性。

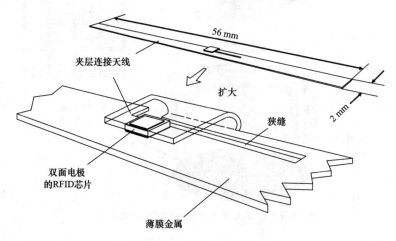

图 14.7 超小型 RFID 芯片的天线连接技术

（双面电极的 RFID 芯片可以很容易地连接到天线上而不需要精确的定位）

如图 14.8 所示，该电路是一个基于电容器和二极管组合的双电压整流电路，其类似于动态随机存取存储器大规模集成（LSI）中的传统反偏压电路。电容器是用 N 型衬底、P 沟道，靠空穴的流动运送电流的 MOS 管（PMOS）器件进行结构设计的。芯片的连接结构被简化，因为每个芯片的表面只有一个连接电极端口。研发这类这种结构其原则是，一个 RFID 芯片至少需要两个端口来连接天线终端。这种简单的电路和设备结构，使得实现更小的芯片尺寸成为可能。

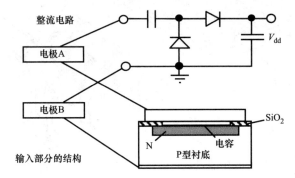

图 14.8　超小型 RFID 芯片装置（这种芯片的衬底电极能够连接到外部天线终端上）

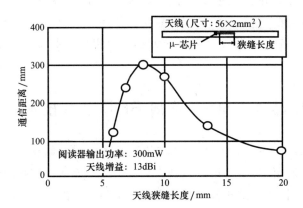

图 14.9　超小 RFID 芯片的通信特性，通信距离取决于狭缝长度

芯片的输入阻抗较小，在 60Ω 左右，通过调节阻抗匹配狭缝长度来实现芯片和天线间的阻抗匹配。图 14.9 显示了通信距离与狭缝长度之间的关系。在 8mm 的长度上，当阅读器的输出功率为 300mW 时，最大通信距离可以达到为 300mm，天线增益为 13 dBi。连接在 μ 芯片上的简易直外接天线既小又薄。超薄 μ 芯片（60μm 厚）被连接到使用各向异性导电膜（ACF）[6] 制成的薄天线上。使用 ACF 的薄型应答器（0.15mm）可以利用常规引线键合工艺被生产出来。外部天线的优化长度是微波波长 56mm 的一半。

图 14.10 显示了连接小芯片与天线的批量安装方法。大量的芯片，例如在一个 4×4 矩阵上的 16 个芯片，可以先粗略地放置在一个定位板上。利用振动每个芯片都缓慢下降到各个吸收孔中，并使用真空法固定。定位板旋转的同

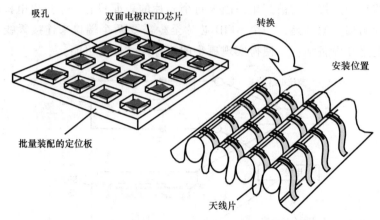

图 14.10   超小型 RFID 芯片的组装技术（该双电极芯片适用于批量组装，
从而降低了 RFID 装置的成本）

时，将各个芯片安装在天线座上，该天线座已经被折叠起来，用来保证各个芯片间的间距相互匹配。这种灵活的安装系统，使得我们能够在一个基板的薄膜上将若干个芯片同时安装若干天线。矩阵的大小也可以轻松扩展，比如扩展到 50×50 甚至更多。

14.4   绝缘体硅片（SOI）超薄 RFID 芯片技术

图 14.11 比较了 SOI CMOS[7] 设备与传统设备的前端结构。当 RFID 芯片靠近阅读器天线时，输入信号电平可以达到 2 V 或更高。因此，传统的装置需要一个双向或三向保护环结构，以防止源和基板之间发生闩锁现象。与之相反，在 SOI 设备

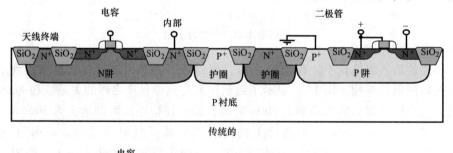

图 14.11   RF 前端设备结构的比较

中电容器和二极管被氧化物隔离开，使芯片的 RF 器件可以实现紧密安装。在传统的电容器中，天线的输入端不能被直接连接到该装置的 N 阱上，以防止闩锁现象，这就使变容二极管的结构不再实用。然而，SOI CMOS 器件就可以使用电容器结构，这是制作一个小型装置的理想结构。并且，电容器 N 阱和衬底之间的 SOI 寄生电容是很小，从而使动态漏电流降低。降低二极管的正向压降是提高整流电路效率的有效途径。因此，SOI CMOS 的主动体接触技术可以降低正向电压而无需特殊设备的参与，如肖特基二极管。

图 14.12 所示为一个经过改良的芯片微缩照片，其表面的电极图案已经去除，该芯片设计有三个金属化层。

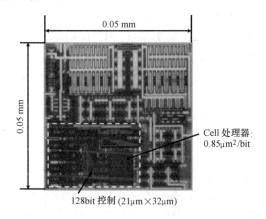

图 14.12　超小型 RFID 芯片微缩照片（顶部和底部的表面都经过金属化，并用黄金连接到外部天线上）

图 14.13 显示了天线与芯片连接处的一部分横截面。薄 ACF 接合技术也被用于制造 RFID 的输入口，其厚度小于 $50\mu m$，适用于较薄介质媒体如纸上的各类的个人识别应用。该输入口保留有该设备的中间制造单元，该单元是由芯片和天线[8]组成的。

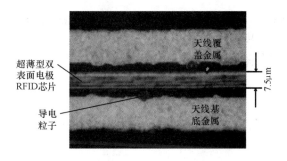

图 14.13　超薄型双面电极芯片连接天线的部分横截面

14.5　结论

　　超小型 RFID 芯片有望在未来用于产品的大批量生产应用当中，如条码更换等领域。想要在此刻准确了解 RFID 在世界范围内的发展是不容易的。然而，半导体和无线电路技术的进步必然将在未来的某一天克服 RFID 芯片在功能和成本上的难题。

　　致谢：笔者想要特别感谢日立公司的 S. Asai，R. Imura 和 A. Isobe 对笔者在研究上的鼓励。同时，也要感谢 Y. Tsunemi，K. Takaragi，C. Okamoto，A. Nakano，H. Hayakawa，F. Murai，H. Takase，I. Sakama，T. Ookuma，O. Horiuchi，T. Sasaki，K. Ootsuka，T. Ishige，H. Ishizaka，K. Tasaki，H. Matsuzaka，N. Matsuzaka，T. Satou，Y. Hara，M. Ashizawa，H. Tanabe，A. Sato，T. Iwamatsu，and S. Maegawa 为本研究和开发工作做出的巨大贡献。

参考文献

1. U. Kaiser et al., A low-power transponder ic for high-performance identification systems. IEEE J. Solid-State Circuits. **30**(3), 306–310 (Mar 1995)
2. D. Friedman et al., A low-power cmos integrated circuit for field-powered radio frequency identification tags. ISSCC Digest of Technical Papers, Feb 1997, pp. 294, 295
3. K. Takaragi et al., An ultra small individual recognition security chip. IEEE micro. **21**(6), 43–49 (Nov/Dec 2001)
4. M. Usami et al., Powder LSI: an ultra small rf identification chip for individual recognition applications. ISSCC Digest of Technical Papers, Feb 2003, pp. 398, 399
5. S. Briole et al., AC-Only RFID tags for barcode replacement. ISSCC Digest of Technical Papers, Feb 2004, pp. 438–439
6. M. Usami, Thin silicon chips and ACF connection technology for contactless IC cards. Proceedings of IMAPS 32nd International Symposium on Microelectronics, Oct 1999, pp. 309–312
7. Y. Hirano et al., Impact of 0.10 μm SOI CMOS with body-tied hybrid trench isolation structure to break through the scaling crisis of silicon technology. IEDM Technical Digest, Dec 2000, pp. 467–470
8. M. Usami et al., An SOI-Based 7.5 μm-Thick $0.15 \times 0.15 \ mm^2$ RFID Chip. ISSCC Digest of Technical Papers, Feb 2006, pp. 308, 309

第15章　RF 和 RFID 的低功耗模拟设计

Raymond Barnett

15.1　引言

如图 15.1 所示，RFID 系统配备一个主阅读器，可以与一个或多个 RFID 标签进行数据通信和采集。

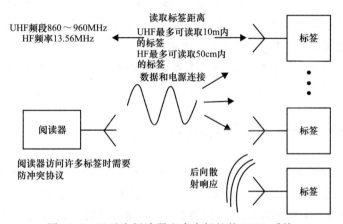

图 15.1　显示主阅读器和多个标签的 RFID 系统

标签被连接至要追踪的物品条目上，还可用于标识在许多不同应用中的物品条目[1]。阅读器和标签的通信为半双工，由主控器控制。RFID 标签可以为主动式或无源式。主动式标签需要电源来运行，而无源标签通过 RF 链路接收功率和数据。两个典型的使用频段是 HF 或 13.56 MHz 磁场供能，或 900 MHz 的 UHF 频段，电磁场供能。一些 RFID 应用对成本是非常敏感的；例如用于条形码替换的 RFID 标签的目标是小于 0.05 美元。无源 HF 标签通常工作距离为几十厘米，而超高频标签可以达到 10m 以外的范围。无源标签集成电路往往需要几个子模块[2,6]，如图 15.2 所示。

整流器是用来把输入的射频（RF）场转换成直流（DC）电源的一种器件，直流源用来运行标签处理电路。由于 RF 场的强度变化会相差几个数量级，所以需要用 RF 限制器、DC 限制器和 DC 稳压器来产生稳定的直流电源 VDD。标签通常以幅移键控（ASK）对输入数据命令进行解调和解码。标签必须对数据进行翻译并发送一个适时的响应，这一过程通常是用一种存储在非易失性存储器（NVM）中的

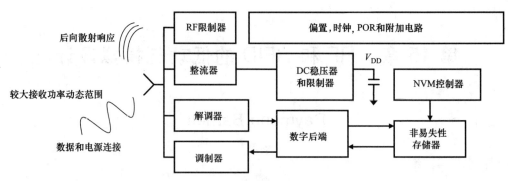

图 15.2 RFID 标签集成电路和各种子块

一个 ID 号码来回应的。当阅读器"听"到回应时，它会发送一个未经调制的连续的 RF 功率信号来进行回应。标签响应则通过使用一个天线调制器发送的连续功率信号的智能反射来进行。在有关文献中这种方式被称为后向散射传输、负载调制、天线失配或阻抗调制。IC 上其他支持电路还包括时钟发生器、上电复位（POR）、偏置、非易失性存储器和数字后端状态器。本文讨论了一些主要的 RF 电路和模拟电路。

15.2 UHF 和 HF RFID 标签整流器

IC 应答器需要使用直流电源，所以要利用整流器来将输入的 RF 信号转换成直流电源。整流器必须能够产生足够的直流输出电压来运行该集成电路，电压通常在 1 V 左右。在最小电压工作时，整流器必须尽可能发挥作用，以最大限度地提高通信距离。在高频射频识别（HF RFID）的情况下，通过由接收线圈天线和高频整流器将交流电压转换成一个直流的输出电压，可以得到磁近场。对于超高频来说，射频电磁波远场则由天线接收，并由 RF 整流器转换为直流电压。这一节将主要涉及高频和超高频整流器的设计。

15.2.1 通用整流器的拓扑结构

图 15.3 从标记"a"到标记"e"，显示了各种整流器的拓扑结构。图"a"是最基本的整流拓扑结构，它是一种二极管整流器，由一个二极管和电容器组成。天线连接到交流端口 AC 和 GND。零负载电流从直流口流出，直流端口的最大输出电压由输入交流峰值电压摆动减去二极管打开时电压 V_D 决定。图 15.3 的波形展示了这一现象。增加负载电流会使输出电压从最大值处减小。通过降低二极管的压降可以提高效率，所以低导通电压肖特基二极管是二极管整流器的首选器件。对于二极管整流器的改进主要是二极管倍频器和多级整流器，分别示于图"b"和图"c"。理想的二极管倍频器可在单二极管整流器中产生两倍的直流输出电压。在负的交流

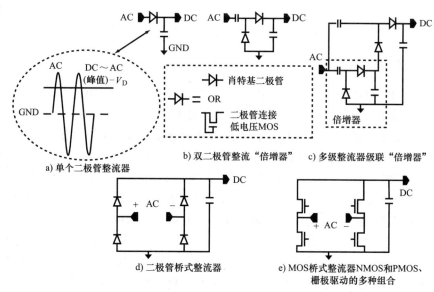

图 15.3　HF 和 UHF RFID 标签中所使用的整流拓扑

周期中，电荷存储在输入耦合电容器中。在正周期中，所存储的电荷转移到负载，并将两倍的峰值交流电压传递到直流端口。从而对二极管倍频器来说，与单二极管整流器相比，直流电压端可以输出两倍的电压。以增加射频损耗和直流输出阻抗为代价，可以对二极管倍频器进行级联，构建多级整流器进一步倍增输出电压[3]。多级整流器的详细设计和分析，可以在参考文献[7，8]中找到，且在下一节中我们将总结参考文献[8]的成果。同样要注意的是，当生产过程中无法使用肖特基二极管时，整流器中所使用的二极管可以用低电压或零电压 MOS 器件取代。在常用的 RFID 接收功率和负载下，即使是一个精心设计的肖特基二极管也有将近 100~200 mV 的前向电压。MOS 器件正试图效仿 "零导通" 电压设备，或参考文献[5]和[9]介绍的低正向压降的 "理想二极管"。

　　图 "d" 和图 "e" 所示的整流器通常用于不需要电压倍增的高频应用中。图 "d" 是一个二极管全波桥式整流器。该型直流输出类似于图 "a"，除了正向和负向峰值都会向负载电容器中传输电荷。因此，直流负载电容器的循环充电损耗会由于负载电流的原因而小于单二极管整流器。另一种表述是直流侧戴维南输出等效阻抗是单二极管整流器的 1/2 倍。图 "e" 显示的是全波整流 MOS 版本。栅极连接方式图中并未提及，因为有多种实现方法。其中一部分方法将在 15.2.3 节中讨论。利用 MOS 器件的基本思路是控制栅极电压，以此将 MOS 器件可模拟为理想二极管。通过感应正向电流状况，并打开 MOS 器件来使前向导通就可以实现上述过程。当电流反向时，MOS 器件将被关闭。利用二极管构建 MOS 器件的优点是它可以被控制并如同二极管一样工作，前向压降更低。这一优势可以获得更高的输出电压以及更高的效率。而在实现同步整流的过程中，遇到的困难主要在于如何确定打开

MOS 器件的时机，从而实现对于二极管的模拟。15.2.3 节中将会讨论一些实现方法。接下来的两节将分别讨论超高频和高频整流器。

15.2.2　超高频（UHF）整流器设计

UHF RFID 阅读器的发射功率被有关规定所限定，因此在 10m 的传输距离内接收电压一般在几百 mV。因此，如果希望扩大最大读取范围，UHF 的设计中就需要添加多级整流器来将 RF 信号从几百毫伏倍增到直流 0.8~1V。本节将简要回顾参考文献[8]给出的多级整流器的相关分析，这些分析是对过去 Dickson 电荷泵理论分析[10]的扩展。由此产生的方程解决了整流器的直流输出，来自天线可用功率与 V_{DC} 的关系，天线的辐射电阻，整流器的二极管数量，耦合电容值，寄生电容损耗，寄生电阻损耗，二极管的物理特性和负载电流等方面的问题。当多级整流器通过匹配电路连接到一个天线上，这单个方程就可以用来快速分析该整流器的电路。为计算直流输出电压，该分析方法将一个处理 RF 和 DC 信号的非线性电路抽象化为一个方程，该方程中包含了整流器所有主要参数的增益和损耗。由方程产生的直流输出电压与非线性时域模拟的结果匹配度在 5%~10%。该方程还在设计参数权衡等方面提供了直观的指导。一个主要洞见是无限制地增加天线的辐射电阻并不会得到相应增高的整流直流输出电压。另外就是无限制地增加整流器中的二极管的数目也不会无限制得到增加的输出电压。接下来我们将对 Dickson 方程进行一个回顾，随后是对参考文献[8]的扩展分析综述。

在 RFID 的出版物中，Dickson 的分析公式总是被广泛引用，因为它对整流器中二极管的数量、运行频率、输入交流电压摆幅和负载电流的变化的影响做了一个直观的分析。这个方程最初是在低频下开发的，其中的交流输入电压较大，二极管接通电压可以被视为一个固定的电压。然而在 UHF 频段，它就不能再对 RF 到 DC 的转换做出很好的预测，这里面有诸如低输入电压波动、天线阻抗的影响、负载电流下的二极管压降变化和成分的损失等方面的原因。参考文献[8]着重讨论了这些问题。它以一个直观的方式解释了非线性二极管的压降，确定了不同参数下非线性整流器的基模输入阻抗，这些参数包括负载电流和二极管的数量；它还解释重要的 RF 损耗因素，然后解出了可用 RF 功率转换为直流输出电压的传递函数方程。在得到最终解之前需要进行三个步骤的分析。对完整推导感兴趣的读者可参考文献[8]。分析的第一步是将二极管非线性压降看作 DC 负载电流的函数。然后在 Dickson 方程中使用这一函数来代替固定不变的二极管压降。这一步的结果在图 15.4 中进行了总结和说明。

图 15.4 的最上方显示的是两个方程，针对峰值二极管前向压降 V_{DPEAK} 的方程和改进后的 Dickson 方程（V_{DPEAK} 取代固定的二极管压降）。交流输入电流的峰值 I_{DPEAK} 约等于经验系数 χ，与直流负载电流 I_{LOAD} 的相乘值。在最低灵敏度的典型 RFID 负载电流下经验系数被证明保持相对恒定，而此时高效率是最重要的指标。

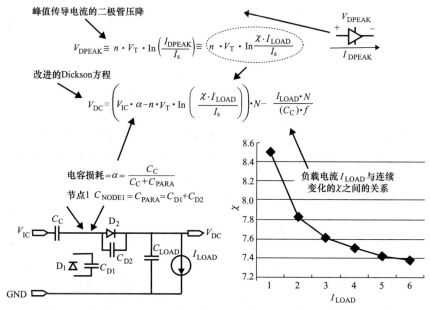

图 15.4　Dickson 方程中的非线性二极管压降计算

χ 和负载电流的关系也在上图中展现了出来。图 15.4 还展现了一个二极管倍频器示意图，多级整流器的基本构建块显示了决定直流输出电压 V_{DC} 的重要因素。在 Dickson 方程中，V_{DC} 是在稳定状态下的直流输出电压，V_{IC} 为整流器输入端零值到交流电压峰值的差值，C_C 是耦合电容器，C_{PARA} 是寄生二极管电容 C_{D1} 与 C_{D2} 之和，I_S 是二极管饱和电流，V_t 是热电压，其等同于 kT/q，I_{LOAD} 是电流，f 是载波频率，N 是二极管的总数，2 为倍增系数。Dickson 方程由电荷守恒分析推导而来，同时还要考虑 I_{LOAD} 在每个交流周期产生的电荷损失。由于假定 C_{LOAD} 远大于 C_C，所以 C_{LOAD} 不会出现在最终的交流-直流稳态方程中。然而，C_{LOAD} 的确可以优化充电至稳态时的时间。修改后的 Dickson 计算结果解释如下。交流输入电压 V_{IC} 乘以电容损失项 α，并减去负载可变二极管中的前向电压。由此产生的"电压"乘以多级整流器中的二极管的数量 N。最后，损失项与负载电流 I_{LOAD} 成正比，二极管数量 N 从结果中减去以得到最终的输出电压 V_{DC}。

损耗项和 I_{LOAD} 成正比，可看做戴维南输出"阻抗"。在戴维南"阻抗"下，负载电流越大产生的压降越大，且直流输出电压越小。此损耗项是电荷守恒分析的直接结论，并和开关电容电阻具有相同的形式，比如频率 f 与"阻抗"成反比，"开关电容器"为 C_C。

分析的第二步是确定整流器输入并联电阻 R_{IC}，和输入并联电容 C_{IC}。这些参数被用来搞清楚如何将开路电路天线电压转换为整流输入电压。一旦整流器输入电压已知，利用修改后的 Dickson 方程就可以确定最终的直流输出电压。图 15.5 显示了一个偶极子天线、匹配电感和 IC 输入模型，以及用于确定 R_{IC} 的重要信号。天

线是利用 V_{ANT}，R_{ANT} 和 C_{ANT} 建模，其中，V_{ANT} 是天线的开电路电压，R_{ANT} 是天线的辐射电阻，C_{ANT} 是天线的并联电容。下式中，V_{ANT} 可表示为天线辐射电阻 R_{ANT} 和可用功率 P_{avail} 的函数。

$$V_{ANT} = \sqrt{P_{avail} \cdot R_{ANT} \cdot 8} \qquad (15.1)$$

对于给定的天线可用功率，V_{ANT} 增加会导致 R_{ANT} 也增加，而增加 V_{ANT} 可以抵抗整流器中二极管的阈值电压。如前面所述，这种分析的最终结果表明，尽管开路天线电压随 R_{ANT} 增加线性增大，但整流器的直流输出不会无限制持续增加。

电感 L_{EXT} 是用来与天线的总电容（C_{ANT}、IC 和 C_{IC}）产生振荡的（谐振频率在 900MHz 频段附近）。因此，在谐振频率下分析图 15.5 的电路，无功元件将被取消并从电路中去掉。P_{avail} 与 IC 终端电压 V_{IC} 之间的传递函数可以表示为：

$$V_{IC} = \sqrt{P_{avail} \cdot R_{ANT} \cdot 8} \cdot \frac{G_{ANT}}{G_{ANT} + G_{IC}} \qquad (15.2)$$

从上式可看出，V_{IC} 随着 G_{ANT} 的增加而增加，然而当 G_{ANT} 和 G_{IC} 相等时，最大传输功率才出现。我们应当记住，当与天线相连接时，阻抗匹配十分重要，因为使天线传来的能量最大化，即使 V_{IC} 并没有达到最大。这与 V_{IC} 作为低阻抗交流电压源时的情况相反，因为在此时只有使 V_{IC} 达到最大，才能使整流器输出电压达到最大。为了确定 R_{IC}，我们对在射频输入频率运行的二极管等效基波阻抗进行了推导。由于前端是一个调谐电路且"谐波阻抗"被调谐网络已经过滤掉，所以基波阻抗是一个十分重要的量。图 15.5 中的波形显示了输入交流电流的高阶分量是如何在电感和电容谐振时被滤掉的。R_{IC} 和 C_{IC} 的完整推导过程在参考文献[8]中给出，但是 R_{IC} 大致的推导概念如下所示。

整流器输入电压在低灵敏度工作区域呈现的是正弦曲线。这里低灵敏度的定义是该区域没有发生 RF 或 DC 限制行为；大约在 $P_{avail} < 0dBm$ 区域上。当功率为 $-14dBm$ 到 $-16dBm$ 时，我们希望优化整流器，因此我们有理由假设此工作区为一个正弦电压。然而目前在 B 点的电路是非线性的。这是因为在每个周期中，二极管会在峰值电压出现时传导电流，并在峰值电压出现之后迅速减小传导电流。这一现象可以通过电流波形中出现的一个尖峰脉冲来证明，这也被称为小的导通角电流脉冲，如图 15.5 所示。只要导通角小，脉冲的实际形状不重要。这成为了分析的关键，因为电流的形状是相当复杂的，在不使用贝塞尔函数和最终的数值计算的情况下是无法解出的。这个形状之所以不重要，因为在 A 点的电流是 B 点非线性电流的基波分量，通过使用余弦傅里叶变换（具体概述在参考文献［8］中），曲线下的面积才至关重要的。其结果是每个二极管的非线性电流的基波分量是直流负载电流的两倍，如图 15.5 所示。值得注意的是，即使在 B 点的电流脉冲的形状是不可知，且整流器的输出电压也不可知的情况下，只要知道负载电路、电压摆幅以及二极管数量，在点 A 的二极管的基波电阻还是可以通过计算轻松得到。

在解出全部传递函数方程前需要完成的第三步即最后一步是考虑适当的损耗因

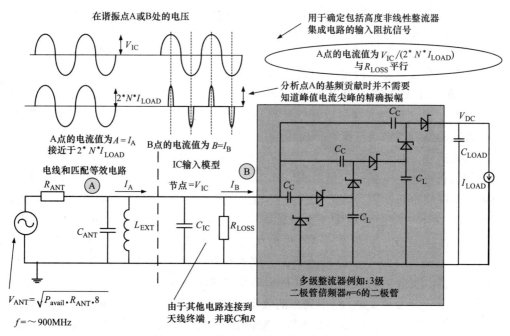

图 15.5　天线和整流器阻抗的简化模型

素。读者可以参考文献[8]中的细节对损耗因素进行考虑，并推导出 P_{avail} 到 V_{DC} 的传递函数（由式（15.3）给出）：

$$V_{\text{OUT}} \cong$$

    Ⓐ　　　　　　　　　　　　Ⓑ　　　　　　　　　　　　　Ⓒ

$$\sqrt{P_{\text{avail}} \cdot R_{\text{ANT}} \cdot 8} \cdot \alpha \cdot N \quad - \quad \sqrt{P_{\text{avail}} \cdot R_{\text{ANT}} \cdot 8} \cdot \alpha \cdot N \cdot \frac{G_{\text{LOSSFIX}}}{G_{\text{ANT}}} \quad - \quad \sqrt{P_{\text{avail}} \cdot R_{\text{ANT}} \cdot 8} \cdot \alpha \cdot N^2 \cdot \frac{G_{\text{LOSSN}}}{G_{\text{ANT}}}$$

    Ⓓ　　　　　　　　　　　　Ⓔ　　　　　　　　　　　　　Ⓕ

$$-2N^2 \cdot (I_{\text{LOAD}} \cdot R_{\text{ANT}}) \quad + \quad 2N^2 \cdot (I_{\text{LOAD}} \cdot R_{\text{ANT}}) \cdot \frac{G_{\text{LOSSFIX}}}{G_{\text{ANT}}} \quad + \quad 2N^3 \cdot (I_{\text{LOAD}} \cdot R_{\text{ANT}}) \cdot \frac{G_{\text{LOSSN}}}{G_{\text{ANT}}}$$

    Ⓖ　　　　　　　　　　　　Ⓗ

$$-n \cdot V_{\text{T}} \cdot \ln\left(\frac{\chi \cdot I_{\text{LOAD}}}{I_{\text{s}}}\right) \cdot N \quad - \quad \frac{I_{\text{LOAD}} \cdot N}{(C_{\text{C}}) \cdot f}$$

$$(15.3)$$

方程的每一个步解释如下：算式"A"表示整流器的最大增益。由输入电压计算得出，解为 $\sqrt{P_{\text{avail}} \cdot R_{\text{ANT}} \cdot 8}$，乘以二极管数 N 和电容损失项 α，该值通常在 $0.8 \sim 1$ 之间。算式"H"为通过 Dickson 分析得出的输出阻抗，通常可以在设计 UHF 整流器中忽略该量，因为其他输出损耗相比于该量更大。算式"G"包括了二极管的非线性正向压降的结果。算式"B"和算式"C"是额外损耗项，它们与负载电流 I_{LOAD} 相独立。当内部整流器损耗转化为输入时，这些都可以看作输入电压分压器的损耗。最后，算式"D"、算式"E"和算式"F"的结果取决于输出负载电流，因此可以被看作是额外的非线性输出阻抗计算式。算式"D"是一个重要的损耗项，而算式"E"和算式"F"实际上被计算到输出电压中去。然而，算式"E"和算式"F"是相对微不足道的损耗值。我们注意到这些算式都包括 N^2 和 N^3 因数，并且是对整流器的输入阻抗分析后的结果。实际上，算式"D"、"E"和"F"将输出负载电流和源电阻 R_{ANT} 联系到一起。因此，输出压降或损耗项与 $I_{LOAD} * R_{ANT}$ 是正比的，这可以看作是整流器的输出直流负载电流在通过天线辐射阻抗造成的整流器输出直流电压损耗。

如前所述，对多级整流器进行一阶分析，我们可以得出结论：增加 N 和 R_{ANT} 可以增加直流输出电压，但是由式（15.3）所得出的结果是增大 N 并不会使得输出电压无限制增长，因为高阶损耗与 N 相关。第二个结论是即使不考虑 R_F 损耗，增加 R_{ANT} 也不一定会增加输出电压。这个结果也可在算式"D"的损耗项看出，且它和 R_{ANT} 成正比，但算式"A"中的增益项是和 R_{ANT} 的二次方根成正比的。另外，除了上面式（15.3）得出的结论，该方程还可以根据 N 的变化来进行分析，即找到所需二极管的最优数量，以最大限度地提高输出电压。此外，式（15.3）还可以用来评判参考文献[8]中列出的效率。综上所述，应该指出的是只有结合根据整流器负载所要求的最小输出电压，整流器效率这一概念在 RFID 中才具有实际意义。此最小输出电压是电源电压运行 RFID 处理电路所必需的。接下来，我们将讨论 HF 整流器拓扑结构。

15.2.3 高频整流器设计

高频射频识别（HF RFID）读取的最大范围目标为几十厘米，因此，接收到的电压电平最低通常为几伏。所以增大输入电压的手段就不再需要了。因此，HF 的设计可以使用单二极管或两二极管整流器，并产生足够的电压来运行集成（IC）电路。图 15.3a 中的单二极管整流器或图 15.3d 中的二极管桥式整流器都是 HF 整流器设计中较为普遍的选择。桥式整流器的传递函数类似于单二极管整流器，但是，其直流输出阻抗较低且输出电压中含有较低的纹波电压。与由单二极管整流器得到的半波整流电压不同，这是全波整流的特点。在许多 CMOS 工艺中，为实现更为高效的整流器，人们可能会使用 MOS 晶体管作为同步开关来代替二极管。例如图 15.3e 所示的 MOS 版本，它可以用来克服二极管正向电压损耗。对 MOS 版本来说，有着许多 PMOS/NMOS 和栅极驱动的组合。栅极驱动可以和二极管连接，并且可以和二极管电桥一样工作；或者一些栅极被控制起来以便 MOS 器件将其作为开关使用，降低压降，从而提高效率。图 15.6 显示了 MOS 桥式整流器结构的实例。

图 15.6a 显示了一个"二极管连接"的 MOS 桥式整流器。结构配置与图 15.3d 的二极管桥式整流器相同，但区别是它使用 MOS 器件代替了二极管。MOS 器件包含了若干同向的寄生二极管作为标准的二极管整流器。MOS 器件由"二极

管连接"到栅极，关联到漏极或源极（注意对称的 MOS 器件的漏极和源极术语是可以互换的），由此"二极管连接"的 MOS 是和寄生二极管平行的。如果使用低阈值电压（V_{th}）的 MOS 器件，MOS 器件在寄生二极管前传导电流。因此，图 15.6 中的 V_{th} 显示为装置的压降而不是寄生二极管的压降 V_D。标记为"AC"的端口之间的电压是线圈电压。线圈电压是所接收的信号，该电压取决于阅读器发送的功率、距离、线圈的几何形状等。线圈的峰值电压转换为直流输出电压 V_{DC}。在稳态空载电流下，直流输出约为 $V_{AC} \sim 2V_{th}$，V_{th} 与 MOS 工艺相关，范围通常从 0.3V 到 0.7 V。输出电压和效率可以通过采用最低阈值 V_{th} 的方法进行改进。图 15.6b 所示的电路利用交叉耦合连接取代了"二极管连接"的 PMOS 器件。PMOS 器件作为开关进行运行，当传导器件中的压降比 V_{th} 小时，效率也会随之改善。压降标记为 V_{on}，它由 FET 上的阻抗 R_{on} 与通过器件中的电流相乘得到。该装置的 R_{on} 与器件大小、栅极驱动电平和 MOS 技术参数呈函数关系。典型的 RFID 标签中参数 V_{on} 是小于 100mV 的。图 15.6 显示了两个基于 MOS 的基础设计，还有一些其他的有效结构，如交叉耦合 PMOS、NMOS 以及其他组合。当应用中不需要电压倍增时，本节所展现的整流器是有一定意义的。如果接收到的峰值电压大于集成电路所需的电源电压时，应用就不需要电压倍增。这些应用包括 LF（$\sim$100kHz）设计、HF、小范围 UHF 等。整流器的功能是将输入的射频峰值电压转换为直流电源电压。由于接收的功率电平可以有几个数量级的变化，受损的电压电平可能会出现在集成电路中。因此，当可用功率过大时，需要额外的电路来转移射频功率并调节整流器所产生的直流电源，以保护集成电路过压。下一节将简要介绍了电源管理架构和 RFID 设计。

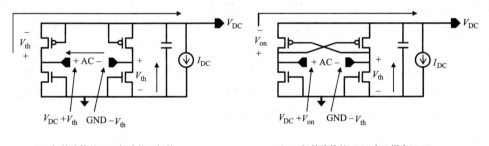

a) 二极管连接的MOS桥式体二极管，
MOS二极管的体二极管未画出

b) 二极管连接的NFET交叉耦合PFET

图 15.6　基于高频整流器的 MOS 器件例子

15.3　射频识别的电源管理设计

在一个射频识别（RFID）系统中，由于从天线传入的射频功率具有较大的变化，且需要结合使用低电压集成电路技术，对于功率电平管理是一项具有挑战性的工作。一方面，标签到阅读器的距离较长，有时会接收到一个微弱的射频信号，且需要高效率地将射频功率转换为直流电源。另一方面，集成电路可能非常接近阅读器，由于高射频场导致高电压。因此，场功率常常出现几个数量级的变化。如图15.7 所示的这类 UHF 功率采集器，会使用多个步骤来管理高射频功率电平。

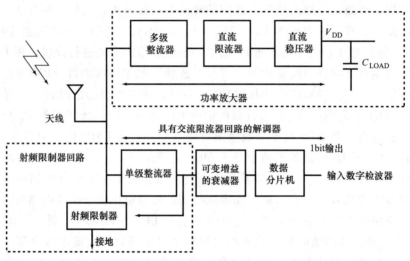

图 15.7　射频识别中的功率和数据接收器显示功率放大路径和射频限制器回路

图 15.7 显示了连接到功率放大器路径、数据接收器或解调器路径上的天线。功率采集器包括多级整流器、直流限流器和直流稳压器，稳压器产生的 V_{DD} 被加到到内部电容 C_{LOAD} 上。射频限制器是功率管理块的子电路。在微弱的射频场中，射频限制器不工作，C_{rude} 直流限流器也是无效的，整流器的输出电压转移到 V_{DD} 端，使电压损失尽可能小。随着磁场强度的增加，开始有必要限制集成电路中的电压和转移功率。对抗强射频场的第一道防线是利用射频限制器来反射天线的入射功率。由于过程所需，限幅器使用了一个反馈回路以保持天线电压低于某一特定的阈值。峰值通常是在 1.5~3.6V 范围内，这取决于所使用的集成电路技术。第二道防线是直流限流器，它会无规则地降低整流器的直流输出电压。最后的调节步骤是将输出电压精细控制到一个可以被集成电路技术接受的水平。此功能是由直流稳压器控制的。下一个小节将概述射频限制器、直流限流器和直流稳压器的架构。

15.3.1　射频限制器设计

为了使电路工作在尽可能低的电源电压下，人们在标签中使用了亚微米技术，如果允许高电压电平出现在输入端，集成电路就可能会损坏。因此，射频限制器的作用是减少在天线终端的交流电压电平。高频设计是通过对输入的谐振网络去谐来完成的，而对于超高频设计则是由阻抗失配的天线来完成的。执行此功能的电路通常使用一个 MOS 器件作为开关，用电阻或电容器等进行去匹配或去谐操作。限制器的一个重要原则是当输入功率是较低情况时，它必须停止限制电压，否则就必须在灵敏度和减小阅读范围上做出妥协。限制图 15.8 显示了限制电路的一个实例。

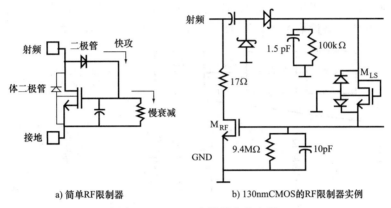

a) 简单RF限制器　　　　　b) 130nmCMOS的RF限制器实例

图 15.8　RFID 中限制电路实例

图 15.8a 显示的是一个简单的 RF 限制器。在漏极和体效应之间的体二极管会限制射频信号，其负偏移约为 0.7V。而对于主动式射频电压偏移，NMOS 器件通过提供一个接地的低阻抗路径来减少输入电压电平。二极管连接 NMOS 晶体管的漏极和栅极，当 RF 垫片电压超过 NMOS 阈值电压加上二极管开启电压时，即 $VT_{NMOS} + V_D \sim 0.7 + 0.7 = 1.4V$ 时，它会产生一个快速攻击并开启 NMOS 器件。这会发生在一些中间输入功率电平中。对于最大输入功率来说，NMOS 器件的 V_{GS} 升高了，对于上文中给定的设计其值约为 1.2V。所以，RF 垫片的最大的正电压偏移是 $V_{GS} + V_D \sim 1.2 + 0.7 = 1.9V$ 。对于 130nm 的 CMOS 器件来说，图 15.8a 的电路是不合适的，因为最大偏移电压太大。一种经过改进的适用于 130 nmCMOS 器件的 RF 限制器版本可见图 15.8b 所示[11]。单级 Schottky 二极管整流器与 MOS 二极管、M_{LS} 和限制器 M_{RF} 一起工作。在限制晶体管 M_{RF} 开启时，输入端 RF 峰值电压大约可以表示为

$$2(V_{in,peak} - V_d) = V_{GS,MRF} + V_{GS,MLS} \tag{15.4}$$

对 V_d 和 V_{GS} 采用典型值，限制作用开启时的 RF 的峰值电压值约为 1V，而限制作用较强时的值约为 1.25V。因此，从开始限制到限制控制变强时，电压范围变化超过 0.25V。这个工作电压范围适用于 130nm 的 CMOS 器件，关于限制器的额外细节在参考文献[11]有详细叙述。在保护高 RF 功率下使集成电路免受过电压的危害，RF 限制器是第一道防线。下一道防线就是直流限流器。

15.3.2　直流限流器设计

直流限流器用于整流器的输出端，通过将过高的整流器输出电流接地，将整流电压限制到一个适当的水平。在一些技术中限流器的设计可以和钳位齐纳二极管一

样简单。在现在最为先进的低电压 CMOS 工艺技术中，限制器的设计可以说是相当具有挑战性的，因为它要在一个很窄的输出电压范围内工作，否则过大的电流将从整流器中流出，并且工作温度范围通常是从 $-40 \sim 85℃$。这类限制器非常复杂，其受到多方面的约束，当出现较低的 RF 可用功率时，限制器不能转移电流，或者它会影响灵敏度和缩短读取范围。图 15.9 显示了几种直流限流器的架构。

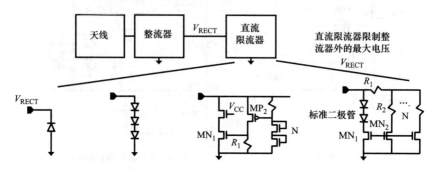

a) 齐纳二极管　　b) 多正向偏置二极管　　c) 基于参考文献[2]的LF晶体管的设计　　d) 基于设计的低电压UHF

图 15.9　RFID 中的直流限流器

图 15.9a 展现了最简单的直流限流器，即齐纳二极管。如果随后的稳压器可以处理其自身输入端的大电压，这一类型的限流器就可以使用。齐纳二极管的典型钳位电压是 5V 左右，对于大多数的深亚微米技术来说，之后的稳压器难以承受这么高的电压。图 15.9b 显示了由一系列二极管组成的限制钳位。这种结构在某些技术中是可以采用的，但是温度和钳位电流的变化，会导致钳位电压的大幅变化，且使用的二极管数量越多，变化幅度越大。二极管数量的最小值在选择时主要考虑标签最小运行电压、最高温度（保证二极管开启电压最低）、最大饱和电流（强电流二极管模型）和最大的可接受截止电流。这些条件是用来确定在微弱的 RF 功率情况下，需要多少二极管的钳位关闭。使用最小数量的二极管，如果最大的 RF 功率出现，输出电平仍可以被钳位于之后的稳流器所能承受的电平，该二极管串直流限制器就可胜任这项工作了。在某些情况下，二极管串可能不符合这些条件，因此需要一个更复杂的直流限流器。图 15.9c 显示了参考文献[2]提出的直流限流器。开启电压设置为由 MP_2 的阈值加上 N 个"二极管连接"的 NMOS 排的阈值总和。一旦输入超过该阈值的总和，MP_2 的漏极电流乘以电阻 R_1，从而产生一个栅极电压来打开 MN_1。MN_1 打开时将输入节点的电流强制转移，一旦到达导通电压时将会产生强大直流限制操作。其他直流限流器也遵循类似的原则[6]。图 15.9d 展现了参考文献[12,13]中使用的简单电路结构。这种结构将一个二极管串放入一个 MOS 镜像中，并使电阻阵列达到饱和点。镜像 MN_2、R_2 等串列，逐步打开饱和电流源。漏电阻 R_2 被用于使流出 MN_2 的电流饱和，因此电流并不会随着镜像输入电流的增长而一直增长。使用这种方法时，可以保证在输入电流增加时，输出电压一直保持

较为平稳的状态。对低电压过程来说该方法是有效的，因为低压过程需要严格控制输出电压，且不希望采用过于复杂的稳压方案。直流限流器的目标就是是粗略地稳定整流器的直流输出电压。在直流限流器之后发挥作用的就是精密电压稳压器，这部分内容将在下一小节进行讨论。

15.3.3　稳压器的设计

在大多数的 RFID 应用程序中，我们总是希望使用尽可能低的电源电压来运行标签电路。若使用最低的电源电压，则对于给定的阅读器功率和集成电路电流消耗，可以实现最高的灵敏度或最长的读取范围。在当前最先进的标签技术中，已经可以实现约为 0.8~1V 的稳压输出。串联稳压器需要配备一些种类的设备，从而在稳压器的输入到输出中产生直流压降。并联稳压器也可以实现这一过程，在这种情况下，从输入到输出没有发生电压损失。然而，目前对于并联稳压器设计的挑战在于稳定性，并可能需要从整流器和直流限流器中获取额外的电流。无论如何电压或电流都会发生损失，在选择半导体技术时应当权衡各方面因素。图 15.10 对参考文献 [13] 中的串联稳压器详细介绍进行了总结。串联传输装置 Mpass 可作为一个输入电压小于 1.45V 的开关使用。误差放大器是由一个伪带隙基准电压源组成的，该基准电压源利用偏置 MOS 器件在亚阈值下运行。一个 PTAT 电压利用反馈回路强制加在 R_3 上，反馈回路中使用 4：1 比率的 MOS 器件、MN$_1$ 和 MN$_2$，并在亚阈值下运行。PTAT 电压乘以电阻 R_2 和 R_1 并加上适当权重的衬底 PNP "二极管"电压，从而达到接近零的 TC 输出电压，即接近带隙电压。

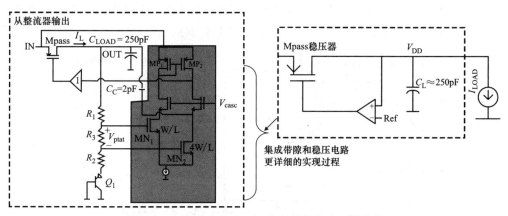

图 15.10　参考文献 [13] 中所使用的稳压器结构

在这个设计中的输出电压实际上是被设置成高于带隙电压的，通常为 1.2V，以允许在更高的电压下进行稳压。在这种情况下，输出被稳压至 1.45V。这将在输出稳压电压上产生一个较小的正 TC，并由集成电路处理电路承受。$C_C = 2pF$ 的共源共栅补偿被用于在很宽的输入电压和负载电流范围下保证环路的稳定性，这里还有使用一个 250pF 片上负载电容。更多关于稳压电路的细节可参见文献 [13]。

15.4 射频识别数据接收机设计和附属支持电路

在 RFID 阅读器到标签的调制方式中，幅度调制得到了最广泛的使用。幅移键控（ASK）被广泛使用，是因为和其他的调制方式相比，其接收器电路易实现。针对标准的 ASK 方式，还有其他的衍生形式，如相位反转 ASK（PR-ASK）或在其他的各类应用[1,14]中使用的开关键控（OOK）。在 UHF RFID 系统中，天线终端的最小电压电平大约是几百毫伏。考虑到 ASK 的不同方法和调制深度，在逻辑"1"和"0"的振幅电平上接收到的信号包络线可能只有 20mV 的差别。接收器必须能够从低振幅包络线信号中恢复出数字信号，而对于 RFID 一个主要的挑战是如何尽可能减小功率消耗，通常要求完成接收功能所需的功率要小于 1μW。接收电路包括解调器或包络提取电路、数据分片器，接收电路将解调后的波形转化为单比特数据流，并交予之后的数字处理器处理。在高频（HF）设计中，通常从 13.56MHz 的输入载波中提取系统时钟。超高频（UHF）系统则包括一个专用的系统振荡器，为接收机、发射机和数字处理器产生合适的时钟信号。这一节将详细地叙述 UHF RFID 数据接收机的设计。

15.4.1 数据接收机的设计

ASK 信号的简单解调过程，主要为包络提取、阈值估计和包络阈值比较三个步骤。将所得的单比特数字数据流发送到数字数据检测器，用于恢复经过编码的数据位。图 15.11 显示了参考文献[11]中使用的射频识别接收电路。

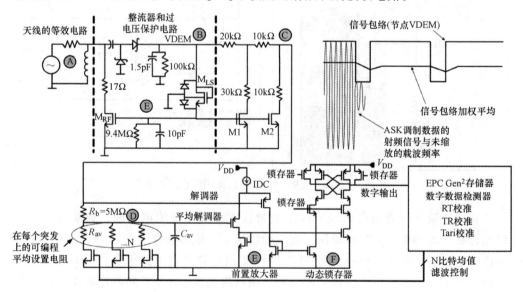

图 15.11　参考文献［11］中的 RFID ASK 接收电路

图中显示了天线等效电路、用于包络提取的二极管倍频器、增益可变衰减器、加权平均电路（Rb、Rav、Cav）和由前置放大器、动态锁存器组成的数据分割器。可变衰减器的输入是节点 B 的解调信号。RF 的宽动态范围是由前文描述的 RF 限流器环限制的。衰减器会对动态范围进行进一步处理以降低数据限幅器的共模输入电压。之所以这样做，是因为限幅器结构使用了直流耦合输入，且比较器不能承受较大的共模输入电压。加权平均电路则用来代替典型平均滤波器。图 15.11 中的典型平均滤波器 Rav 被删除，由 Rb 和 Cav 组成的低通滤波器来估计阈值。这种方法适用于无直流分量编码，如曼彻斯特编码数据，且在高电平或低电平时的解调波形相同。由于 EPC Gen2 协议不是无直流分量的，所以使用加权平均来估计阈值电压。数据限幅器将解调包络，节点 C 与由 Rb、Rav 和 Cav 组成的加权平均以及节点 D 进行比较。设置 Rav 的目的是在长时间的高电平的解调数据出现时（如 EPC Gen 2 PR-ASK 生成的数据）使其加权平均值趋向于零。在数据前导序列传输时，Rav 是一个可调节的数字电阻器，具体实现过程可参见文献 [11]。

15.4.2　数据分割器的设计

分割器采用过采样 1.28 MHz 的时钟频率将解调后的模拟信号转换成单个比特的数据流。因此，由于采样时钟的自由运行，最终的数字输出数据与 RF 信号包络相比会伴随有小的时间偏移。参考文献 [11] 中提出的电路采用预放大、动态锁存器取代了标准高增益模拟比较器，这种锁存器与许多其他应用中用到的 A/D 转换器类似。小的输入差分电压被预放大后，接着利用锁存信号和强正向反馈，再次被放大至全 CMOS 电平。图 15.12 显示了预放大、动态锁存器的示意图及构造。

由 M0、M1、M2、M3 和 M4 组成的预放大结构需要减小 M5 到 M14 之间动态锁存器中的大输入参考补偿电压。动态锁存器的优点是它无静态功耗，可以使用强大的正反馈来实现非常大的增益。预放大器不断由电流源 M0 供电的，而锁存器则在解析时得到动态供电。锁存器的功能是监测从 M3 到 M6 通过的由前预放大器和电流镜像产生的小电流差，并消除与全 CMOS 电平的相差的电流。参考图 15.12c，当锁存逻辑信号较低时，两输出电压被设置成高电平。由于锁存逻辑信号转换为高电压，解析周期开始。这一过程被称为"高电流解析时代"。在这段时间两个输出都转换为共模电压，M5 和 M6 输出的三角接法电流在输出端产生一个小的三角电压。强正反馈则驱使输出向期望的方向上转换，从而产生最终的数字输出值。单比特数字数据流由随后的全数字时钟和数据恢复电路解码。

15.4.3　附带 RFID 电路

附带的一些重要 RFID 电路包括振荡器系统[6,15]、上电复位（POR）电路[6]、EEPROM 控制器[16]和随机数发生器[17]。由于本文的篇幅有限，读者可参考有关正规出版物。查找关于这些电路实现的详细信息。

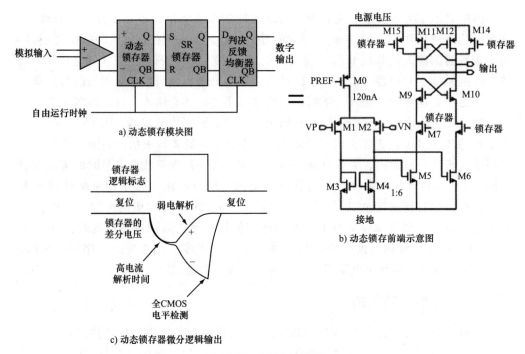

a) 动态锁存模块图

b) 动态锁存前端示意图

c) 动态锁存器微分逻辑输出

图 15.12　RFID 解调器

15.5　柔性有机半导体 RFID 标签

在许多应用中人们都希望所使用的射频识别标签是柔性的。在大多数情况下，使用硅集成电路的射频识别标签是柔性的，但是芯片基板本身不是柔性的，因为机械应力可以很轻易地将其损坏。目前人们正在研究针对对 RFID 电路应用的柔性有机半导体技术。除了柔软的特性，因为在更换条形码的 RFID 标签时，成本是主要的限制因素，这项技术在成本上可能也极具效益。本节从电路设计的角度简要叙述了几个关于有机半导体 RFID 标签设计的问题。

在有机半导体应用中，并五苯是最为广泛使用的材料，与之相对应的器件是 P 型有机薄膜晶体管（TFT）[18,19]。随着研究的进行，并五苯的迁移率得到了改善，但仍在 $1cm^2/V \cdot s$ 以下，比硅的迁移率低几个数量级。较低的迁移率可能会造成较低的运行频率，在某些 TFT 应用中出现潜在的问题。同时电路拓扑只能使用 PMOS，这对于制作低功耗逻辑电路构成了挑战。与之相反，利用 CMOS 逻辑电路则可以实现接近于零的静态电流。图 15.13 显示了一些已发布的有机电子标签中所使用的一些电路。图 15.13a 显示了参考文献［18］所使用的一个整流器的拓扑结构，这是第一批在文献中首次提出完整有机标签的实现方法之一。其结构相对来说比较简单，因为标签仅使用低成本的 PMOS 技术。整流器采用用二极管连接的 PMOS，类似于图 15.3a 中的单二极管结构。参考文献［19］提出的双半波整流器如图 15.13b 所示，它提供了近两倍的输出电压。在该方法的工艺中，使用了垂直二极管，其性能比二极管连接的 PMOS 更好。其他的一些方法还包括基于整流器的垂直二极管，如参考文献［20］中的简易单二极管整流器。

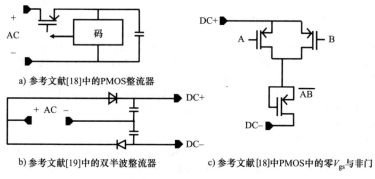

a) 参考文献[18]中的PMOS整流器

b) 参考文献[19]中的双半波整流器

c) 参考文献[18]中PMOS中的零V_{gs}与非门

图 15.13 有机 RFID 电路

PMOS 的设计中只要求使用专门的逻辑门[18]，如图 15.13c 所示的与非门。负载在这种情况下等于 V_{gs} 为零并与 PMOS 相连，作用如同高阻抗负载。由于 PMOS 器件永远不会被关闭，所以在零 V_{gs} 时存在着明显的泄漏。因此，将该装置作为负载的做法，类似于早期应用于硅电路逻辑设计中的全 NMOS 耗尽型/增强型逻辑电路，该电路在 CMOS 出现之前十分流行。事实上，许多早期用于 NMOS 设计中的技术到了有机 PMOS 设计中都不再成为必须使用的技术。许多其他的模拟电路方法已在 PMOS 有机技术中被提出。在过去的几年中，整个标签行业都证明在仅用 PMOS 技术时可以产生较好的效果。现今业界仍在继续研究 PMOS 设备的电路设计。此外，现今的研究发现在柔性有机电路中添加 NMOS 是减少成本的一种有效途径，可保证成本最低。利用有机 CMOS 技术进行设计使其在低成本有机标签方法与它的同类——硅电路设计越来越相似。但是在有机标签的处理方面许多仍然存在挑战。今天，TFT 电路制造中的一个主要问题是电气稳定性；器件会随着时间的推移以及使用逐渐老化。鉴于这些挑战，我们仍需要进行大量的研究，使基于有机技术的柔性电子标签成为一个为市场所认可的技术。需要继续进行的研究包括寻找新型柔性半导体材料，以及支持 P 型和 N 型的晶体管材料，探寻增加迁移率的方法以及利用廉价现成的技术开发出新型电路技术等。

15.6 结论

无源 RFID 标签由一根天线和无源集成电路组成。该集成模拟电路的基本功能器件包括整流器、射频和直流电源管理、数据接收器、后向散射调制器、非易失性存储器控制器和额外的子电路。本文讨论了 RFID 中的射频和模拟前端电路中几个方面的内容。

参考文献

1. K. Finkenzelle, *RFID Handbook: Radio Frequency Identification Fundamentals and Applications*. (Wiley, New York, 1999)
2. U. Kaiser, W. Steinhagen, IEEE J. Solid-State Circuits. **30**(3), 306–310 (1995)
3. U. Karthaus, M. Fischer, IEEE J. Solid-State Circuits. **38**(10), 1602–1608 (2003)
4. M. Usami, in *IEEE RFIC Symposium Digest* of Papers, Jun 2004, pp. 241–244
5. R. Glidden, C. Bockorick, S. Cooper, C. Diorio, D. Dressler, V. Gutnik, C. Hagen, D. Hara, T. Hass, T. Humes, J. Hyde, R. Oliver, O. Onen, A. Pesavento, K. Sundstrom and M. Thomas, IEEE Communications Magazine. **42**, 140–151 (2004)
6. J-P Curty, N. Joehl, C. Dehollain, M. Declercq, IEEE J. Solid-State Circuits. **40**(11), 1602–1608 (2005)
7. G. De Vita, G. Iannaccone, IEEE Trans. Microw. Theory Tech. **53**(9), 2978–2990 (2005)
8. R. Barnett, J. Liu, S. Lazar, IEEE J. Solid-State Circuits. **4**(2), 354–370 (2009)
9. T. Umeda, H. Yoshida, S. Sekine, Y. Fujita, T. Suzuki, S. Otaka, IEEE J. Solid-State Circuits. **41**(1), 35–41 (2006)
10. J.F. Dickson, IEEE J. Solid-State Circuits. **SC-11**(3), 374–378 (1976)
11. G. Balachandran, R. Barnett, in *CICC 2009 Proceedings*, Sept 2009, pp. 383–386
12. R. Barnett, G. Balachandran, S. Lazar, B. Kramer, G. Konnail, S. Rajasekhar, V. Drobny, in *Proceedings of ISSCC*, San Francisco, Feb 2007, pp. 582, 583
13. G. Balachandran, R. Barnett, IEEE J. Solid-State Circuits. **41**(9), 2019–2028 (2006)
14. EPC class 1 generation 2 UHF air interface protocol standard version 1.0.9. (2005), http://www.epcglobalinc.org/standards_technology/specifications.html
15. R. Barnett, J. Liu, in *CICC 2006 Proceedings*, 10–13 Sept 2006, pp. 769–772
16. R. Barnett, J. Liu, in *Proceedings of IEEE CICC*, Sept 2007, pp. 393–396
17. G. Balachandran, R. Barnett, IEEE Circuits. Sys. I. **55**, 3723–3732 (2009)
18. E. Cantatore, T.C.T. Geuns, G.H. Gelinck, E. van Veenendaal, A.F.A. Gruijthuijsen, L. Schrijnemakers, S. Drews, D.M. de Leeuw, IEEE J. Solid-State Circuits. **42**(1), 84–92 (2007)
19. K. Myny, S. van Winckel, S. Steudel, P. Vicca, S. De Jonge, M.J. Beenhakkers, C.W. Sele, N.A.J.M. van Aerle, G.H. Gelinck, J. Genoe, P. Heremans, *ISSCC Digest Technical Papers*, Feb 2008, pp. 290, 291
20. Y. Ai, S. Gowrisanker, H. Jia, I. Trachtenberg, E. Vogel, R.M. Wallace, B.E. Gnade, R. Barnett, H. Stiegler, H. Edwards, Appl. Phys. Lett. **90**, 262105 (2007)

第 16 章　一种双频带综合射频识别标签

Albert Missoni，Günter Hofer 和 Wolfgang Pribyl

16.1　引言

在各种 ISM 频段中都有射频识别（RFID）系统参与。这些系统可以用最大操作距离、应答器或阅读器的开销、通信速度或安全功能等指标[1]进行区分。现今经过改善的应答器应该能够在周围还有其他接近它的应答器范围中实现精确的转发。产品初始化阶段与应答器销售阶段应紧密耦合。当商品稀疏放置在调色板上时或标记的服装衣架需要检测库存时，综合应答器也应该提供一个稳定的非接触式通信。为了满足这些先决条件，实现技术应支持超过数米的远场通信。一般来说，应答器必须完成两个应用目标。第一是所谓的项目识别，另一个则称为运输和包装。如今这两个方面在射频识别频率和通信协议上都有不同的标准。

根据 IDTechEX 研究组的信息，以标记托盘和箱子等形式的包装和运输服务在 2009 年产生了 2 亿 2500 万的市场收入。运输和包装服务的首选非接触式通信标准是 ISO18000-6 UHF 标准。在不久的将来，这一标准将被 UHF EPC Gen2 规范[2]拆分。第二应用目标阶段必须支持项目识别，相应的 HF ISO 15693 标准已建立。

最后我们决定支持 UHF EPC Gen2 和 EPC HF 标准[3]的预发布版本。特别是因为在数字处理单元的协同作用下，在数字处理单元的工作协同上，两个协议标准已被选择用来指导非接触式通信。用一个简单的固件更新现代 ISO 15693 阅读器，就可与 EPC 高频应答器进行通信。

一般来说，电子产品代码（EPC）可以利用无处不在且是全球唯一的编码对每个对象进行识别。在与全球网络与以及相应兼容的软件设施（即所谓的全球数据同步 GDS）连接后，每个 EPC 对象的外观都可以写入数据库，对象信息也可从数据库中读取[4]。

图 16.1 显示了与 ISM 射频频带相关的市场份额。阅读器和应答器之间的低频和高频带耦合依赖于磁场（电感耦合）。磁场强度由磁场强度 H 表示。在 UHF 频段的耦合取决于辐射场（电磁耦合），利用发射功率 PERP 来描述强度。在 UHF 频段的多中心频率，运行带宽和发射功率电平都在全球范围内进行了规定。人们必须采取特别的天线设计措施才能够保证应答器的品质因数 Q 在 RFID UHF 非常宽的频带内达到较高的水平。

应答器的操作距离是指在高频近场中，阅读器天线的直径为 30cm 时能实现约

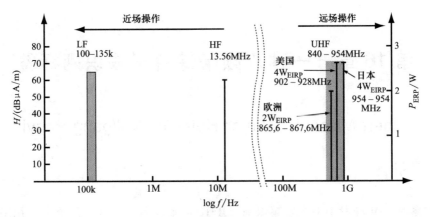

图 16.1　用于射频识别应用的相关频段

为半米的通信。典型的超高频低功耗标签是专为远场操作而设计的，所能达到的距离约 5m。当在非接触式操作过程中需要满足隐私性要求时，较大的距离可能是一个弱点。当在超高频系统中必须保证可靠的短距离运行时，人们就需要使用昂贵的屏蔽方法或配备距离估计功能的多阅读器系统。辐射波的材料敏感性也可能成为人们选择超高频或高频 RFID 系统的一个因素。

　　一个应答器可以分为两部分，天线和芯片。这些元素的简化电路如图 16.2 所示。无源线圈或天线组件和非线性芯片阻抗集中在一个电感和一个电容中。

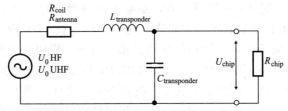

图 16.2　超高频和高频等效谐振电路

　　下面的方程[1,6,7]将简要叙述在高频和超高频领域中人们是如何计算处于 HF 场或 UHF 场中芯片输入电压 U_{chip} 的，该电压值可以用国际标准单位磁场强度 H（A / M）来描述，也可用发射功率（dBm）来描述，具体可见图 16.1。

　　电感和电容耦合通常是应用于近场中的供电方法。毕奥-萨伐尔定律可以用来描述由阅读器发出的磁场：

$$\vec{H}(\vec{x}) = \frac{i_1}{4\pi} \cdot \oint_S \frac{\vec{dl} \times \vec{x}}{|x|^3} \qquad (16.1)$$

　　方程（16.1）中的磁场强度由通过电流环 S 的电流 i_1 和环与观测点之间的距离 x 定义的。引用（洛伊希特曼）：从毕奥-萨伐尔定律的表达式中可以看出，磁场强度衰减与 x^3 成正比，也可以表示为每 10 倍距离强度下降 60dB。利用方程（16.2）中的磁感应强度 B，应答器线圈的感应电压可以被定义为如方程（16.3）所示的：

$$B = \mu_0 \cdot \mu_r \cdot H \tag{16.2}$$

$$u_{0\,HF} = N_2 \cdot \frac{d}{dt} \int_A B dA \tag{16.3}$$

N_2 代表了应答器线圈的匝数，A 代表了平均线圈面积。作为一个谐振电路，感应电压 $U_{0\,HF}$ 将由品质因数 Q 改善而激增。一般品质因数的表达如方程（16.4）所示。

$$Q(\omega) = \frac{1}{2\pi} \cdot \frac{\text{存储的能量}}{\text{消耗的能量}} = \frac{1}{2\pi} \cdot \frac{E_{\text{magnetic}} - E_{\text{electric}}}{E_{\text{loss per cycle}}} \tag{16.4}$$

通过品质因数 Q，可以得出感应电压和芯片输入电压之间的关系。

$$u_{\text{chip}} = u_{0HF} \cdot Q_{\text{transponder}} = u_{0HF} \cdot \frac{\omega_r \cdot L_{\text{transponder}}}{R_{\text{transponder}}} \tag{16.5}$$

应答器阻抗 $R_{\text{transponder}}$ 包括线圈阻抗 R_{coil} 或天线阻抗 R_{antenna} 和非线性线圈阻抗 R_{chip}。

在超高频系统中，最大功率电平 P_{ERP} 或 P_{EIRP} 在每个国家均有自己的定义。以下简化的方程显示了如何从一个指定的功率电平中得到相关的芯片输入电压。电磁场的辐射密度 S 由方程（16.7）中的坡印亭矢量定义为一个电场和磁场矢量的积。

$$\vec{S} = \vec{E} \times \vec{H} \tag{16.6}$$

利用方程（16.7）的各向同性辐射密度，功率电平 P_{EIRP} 与电场强度 E 的相关性可由方程（16.8）给出。

$$S = \frac{P_{\text{EIRP}}}{4\pi x^2} \tag{16.7}$$

$$E = \sqrt{S \cdot Z_F} \quad \text{特性波阻抗 } Z_F = 377\Omega \tag{16.8}$$

和磁场强度下降 60dB／十倍距离的 HF 系统相比，从方程（16.9）中我们可以看出远场操作 UHF 系统的最大优势。远场的电场下降值与距离 x 成正比，对应的损失为每十倍距离下降 20dB。

$$E \approx \frac{\sqrt{30 \cdot P_{\text{EIRP}}}}{x} \tag{16.9}$$

在匹配后的辐射天线参数中，其中一个参数为有效长度 l_0。利用方程（16.11），我们可以对开路电压，$u_{0\,UHF}$ 进行估计。

$$u_{0\,UHF} = \int_l E \, dl \approx l_0 \cdot E \tag{16.10}$$

这一典型的小电压 $u_{0\,UHF}$ 要乘以 UHF 应答器的品质因数，然后得到芯片的输入电压 u_{chip}。

$$u_{\text{chip}} = u_{0\,UHF} \cdot Q_{\text{transponder}} = u_{0\,UHF} \cdot \frac{\omega_r \cdot L_{\text{transponder}}}{R_{\text{transponder}}} \tag{16.11}$$

16.1.1　应答器的结构

超高频阅读器或高频阅读器均可以通过选择性应答器天线向芯片传递能量。在两个阅读器间同时切换，内部频带的决策单元将优化 13.56MHz 的功率产生单元。高频是首选的，因为它能可靠的减少最大通信距离。消费者必须把应答器贴近阅读器，而且消费者可以直接与阅读器进行通信。该应答器和模拟前端的结构如图 16.3 所示。为了实现天线与芯片输入间的良好匹配，就需要使用未集成的无源元件，甚至额外的外部元件。但是像阻断超高频天线的大高频线圈电感和寄生电容这样的工作就可以由双频选择天线[8]来解决。

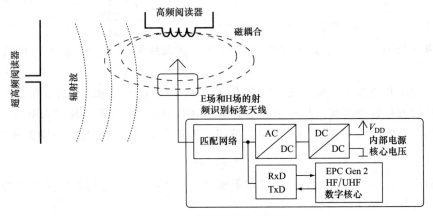

图 16.3　综合应答器的结构

该芯片上的匹配网络包括寄生电容和等效电阻芯片负载。交流正弦波形由一个 AC/DC 转换器进行整流，整流后的信号由一个 27.12MHz 的纹波和一个既不太大又不太小的平均电压电平组成。一个 DC/DC 转换器将此信号转换成正确的电源电压电平 VDD。

并行于电源单元，通信模块被连接到天线上。其中使用了两个分离的 $R×D$ 模块来接收阅读器的信息。$T×D$ 单元包括一种在所有频率下运行的分流晶体管，且频带被改变时它只需要进行小的修改。一个数字的 EPC 编码器、解码器和模拟接口的控制单元都组成了芯片的一部分。

16.2　单天线端口上的高频和超高频功率生成

一个典型的超高频（UHF）整流器由一个低电压单端（非平衡）Dickson 或 Greinacher 电荷泵[9-11]组成。在图 16.4 中，一个天线节点连接到芯片的 VSS 端，这等效于基板（VSS 是负电源）和另一个天线结点与一个电容式多级电荷泵相连。为了得到良好的整流效率，人们通常使用肖特基二极管和 MIM（金属-隔离器-金

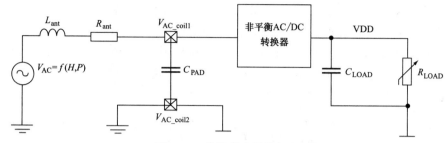

图 16.4　单端整流器的概念

属）或金属-金属电容器。

　　针对这一整流方法，人们使用了 MOS 晶体管，并利用电容器对芯片输入级以及正弦天线电压进行去耦。天线振幅与 VSS 相对称。负振幅会触发反向二极管，甚至会触发具有中等电流放大系数的寄生双极晶体管。

　　在超高频产品中，图 16.5 中的去耦电容值 C_{AC} 一般低于 1pF。在 900MHz 附近时，耦合电容器的阻抗是较低的，且整流器的峰值-峰值电压类似于天线节点的振幅。寄生 PN 结二极管或 MOS 晶体管 Mn2 利用正向电压来定义负电压水平。晶体管 Mn1 则充当倍压整流电路的整流二极管。

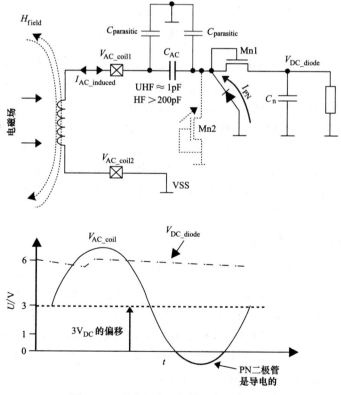

图 16.5　具有反向二极管的单端整流器

如果将这个概念也应用在 13.56MHz 的高频近场中，电容值就应设置为几百个 pF。除了较大的电荷泵电容 C_{AC}，损坏芯片基板也会产生额外的寄生电容 $C_{parasitic}$。电压放大系数 Q 和整流效率将会降低。对于高频射频识别谐振电路中使用的典型电感来说，芯片等效的电容值太大。方程（16.12）说明了对共轭匹配输入芯片电路的芯片输入电压的影响，该工作频段为 UHF 频段[12]。

$$\frac{u_{chip}}{u_{0UHF}} \approx \frac{1}{2\omega \cdot C_{chip\ serial} \cdot R_{chip\ serial}} \tag{16.12}$$

如果等效串行芯片电阻 $R_{chip\ serial}$ 假设为 30Ω，串行芯片电容 $C_{chip\ serial}$ 为 UHF 产品中典型取值 500fF，可以预测振幅放大系数将达到 6。由于在高频下运行，如果电容值激增至 $C_{AC} = 300pF$，且 VSS 的寄生耦合电容值可以达到 $C_{parasitic} = 30pF$，那么相反我们会得到一个等于 10 的电压阻尼系数。由此可得出的结论是：当应答器也工作在 HF RFID 频段时，我们不能使用交流耦合电容器的整流器结构。

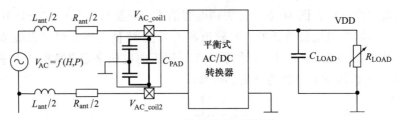

图 16.6　不平衡的整流器结构

无交流耦合的输入结构被用于典型的 HF 无源 RFID 输入电路。图 16.6 展示了一个配有对称天线终端的平衡整流器。交叉耦合 NMOS 晶体管将线圈电压提高至高于 VSS（见图 16.10）。这样一来，就不会发生负电压现象。

无寄生反向 PN 节出现，二极管将会导通，且不再需要交流耦合电容器。以上概念的一个缺点是模拟前端产生的一个直流电压，且通常低于输入电压峰值[12,22]，这会导致一个低效的整流器。为了代替天线到芯片接口[13,14]之间的不平衡 UHF RF 电荷泵，我们需要一种低压降的整流器和低电压的直流升压转换器，这些会在下面的章节中介绍。

16.2.1　功率产生的结构

在图 16.7 中展示了功率产生的结构[15]。在平衡整流器结构中，交叉耦合 NMOS 晶体管对——Mn1 和 Mn2 产生内部的 VSS 电位。天线的节点 V_{AC_coil1} 和 V_{AC_coil2} 可能有时会在极短的时间内被短路至 VSS 电位，这保证了在两个天线节点之间的最小电压约为 -150mV。NMOS 晶体管应导通良好，因为在低功耗 UHF 模式下若负值电压小于 VSS，就可能使正向峰值电压降低，造成功率生成单元效率降低。与交流天线节点相连的是整流 PMOS 晶体管 Mp1 和 Mp2。当使用 HF 和 UHF 场时，这些晶体管将以不同的方式被控制。两个二级低功率电荷泵也安置在整流器中。它们用来提供可靠的输出电流，可高达 100nA。在这些二级电荷泵的帮助下，即使在输入电压小于 0.6V 时，两个 DC/DC 转换器也可以运行，且实现了高效率。当使用 HF 或 UHF 场且处于启动阶段时，电源旁路模式被激活，为内部电源 VDD 充电。

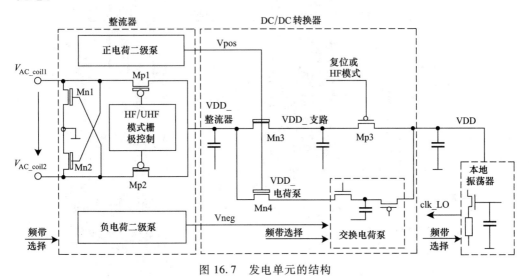

图 16.7　发电单元的结构

16.2.2　多频整流器

一种双频率整流器如图 16.8 所示。在超高频模式中，整流器中的 PMOS 晶体管 Mp1 和 Mp2 由电容耦合 C_1 和 C_2 控制。因为天线节点的电压都是 180°相移的，所以在 V_{AC_coil1} 和 V_{AC_coil2} 的正和负峰值电压相位上，Mp1 和 Mp2 上将会产生最大幅值。开关 S1 和 S2 在 UHF 模式是永久关闭的。因此，当相关的线圈电压终端高于阈值与过载电压（约 200mV）之和时，两个 NMOS 晶体管 Mn5 和 Mn6 将决定电容节点至 VSS 之间的高阻抗。当正线圈电压在节点 V_{AC_coil2} 到达峰值时，Mp1 的栅极电位由 Mn6 至 VSS 来定义。在下一阶段，V_{AC_coil2} 电位将下降至接近于 VSS，该节点的电位 V_{AC_coil1} 将会增加至其正向峰值电压。如果线圈电压 V_{AC_coil2} 仅略高于 Mn6 的阈值电压，耦合效果强于 Mn6 的电阻部分。电容器 C_2 的高阻抗节点被连接到一个与 Mn6 的阈值电压相近的负电位上。另一方面，更高的正线圈电压电位使整流器晶体管 Mp1 进入到导通状态。电流将从天线节点输送到内部整流器节点 VDD_rectifier 上。

在高频模式中的线圈电压稳定在 $4V_{peak}$，以支持 ISO10373 中定义的边带电压要求。由于这一要求，我们无法使用低电压超高频控制模式。在中等强度条件下，线圈电压将被整流器钳位在一个很低的电压电平下，约为 $1.8V_{peak}$。为了转变为高频模式，必须打开开关 S1/S2 且关闭 S3/S4。现在将整流 PMOS 晶体管 Mp1 和 Mp2

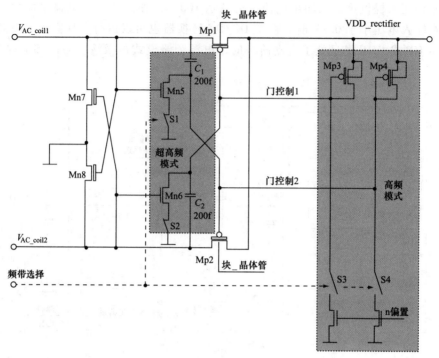

图 16.8　双频整流器

的栅极终端和两个 PMOS 二极管 Mp3 和 Mp4[16]连接起来。由于节点 VDD_ rectifier 是稳定的直流电压，控制电压 gate_ control1 和 gate_ control2 也是稳定的直流电位。Mp1 和 Mp2 只有在正线圈峰值电压附近才能很好的工作，且此时也不会存在无电流夹钳机制。

　　在启动阶段，信号 band_ select 的功率处于复位值。在这种情况下，整流器设置为超高频模式。线圈电压被钳位在这种模式下，约为 $1.5V_{peak}$，已经足够进行功率检测并决定信号 band_ select 了。

16.2.3　降压型 DC/DC 转换器

　　在高频模式中，必须使用两个降压型 DC/DC 转换器来降低整流器 VDD_ rectifier 的电压，即从 3.5V 降到 VDD 电源电压 1.4 V，这对现在的 120 nm 逻辑拓扑也是必要的。另一方面，在超高频模式下，使用降压转换器是没有必要的，并且其压降应尽可能小。在图 16.7 的体系结构概述中，这些调节器由 NMOS 晶体管 Mn3 和 Mn4 代表。

　　在图 16.9 中的 DC/DC 转换器以一个 NMOS 管源极跟随器电路的形式展现。在 HF 模式中，由电容 C_1 和 PMOS 晶体管 Mp1 定义的正电荷泵会将已经很高的线圈电位加倍到约 7V。30fF 的电容 C_1 在 13.56MHz 的载波频率下阻抗是相当小的，我

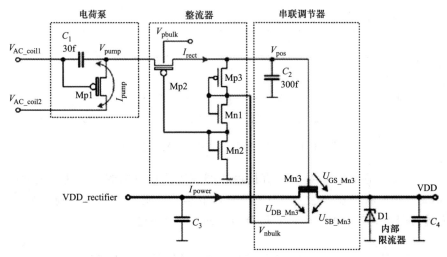

图 16.9　高电压阻断器作为降压型 DC/DC 转换器

们在线圈节点和整流二极管 Mp2 之间得到了一个弱串联电阻，而不是一个强大的电压倍增器。只有当 V_{pump} 电位高于 Mn2 和 Mp3 的阈值电压时，电荷将通过 Mp2 到 Mn3 的串口调节门限节点进行转移。V_{pos} 被 300fF 的电容 C_2 稳定下来，并由三个晶体管 Mp3、Mn1 和 Mn2 的阈值电压决定。典型的 V_{pos} 大小为 2.5V，这可从图 16.10 中得到。使用 NMOS 晶体管的一大优势是可以在很低的功率下实现很好的电源抑制比（PSRR）。

电流 I_{rect} 随着线圈电压的变化而变化，并且在 $4V_{peak}$ 下可达到 150nA 的平均值。在 UHF 模式下，不管是一个弱正电荷泵还是一个弱负电荷泵，V_{neg} 均由整流器传递。

图 16.11 显示了从 VDD_ rectifier 到 VDD_ chpump 串行器的小压降。

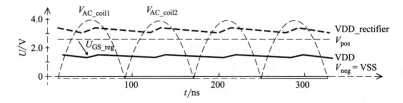

图 16.10　HF 模式下功率路径的瞬态响应

16.2.4　升压型 DC/DC 转换器

在 UHF 远场，整流器的功率每单位距离下降 20dB，解码比 HF 近场更平滑。在功率产生优化阶段人们的另一个努力方向是如何显著增加远场操作的距离。通常

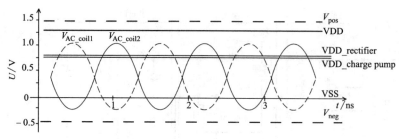

图 16.11　UHF 模式下功率路径的瞬态响应

情况下，电荷泵是在 UHF 频率下直接由线圈天线节点供电的。在这个过程中，低压降整流器和串联稳压器发送 VDD_ chpump 电位。此外，弱负电荷泵发送 -400 mV 来提高图 16.12 中 MN1_ gate 和 MP1_ gate 的控制电压电位。

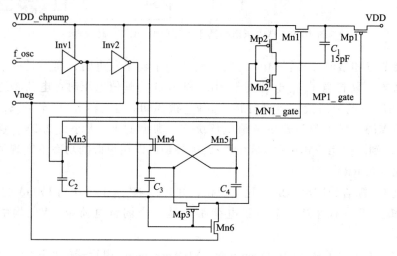

图 16.12　充电泵作为 UHF 升压型 DC/DC 转换器

这种低电压的电荷泵可以在 550 mV 输入电压下运行，在内部电压节点 VDD 平均负载为 8μA 时，能效可到达 69%。由于主电源电荷泵被 Mn1 和 Mp1 所代替，电容值为 50fF 的电容器 $C_2 \sim C_4$ 是产生控制信号的部分器件。我们预计在整流器端会得到 -10 dBm 的输入功率，这足以产生 600mV 的 VDD_ chpump 电压。在 Mn1 的开启阶段，栅极所加电位为 1.3V。这可以保证 Mn1 上的压降是最小的，且保证 C_1 的电位是在充电相位结束后的电位接近于 VDD_ chpump。只有在借助负二级电荷泵时，才能到达此电压电平，否则我们只能在 Mn1 的栅极达到 0.95V。第二阶段（由输入时钟 f_ osc 定义），Mn1 门限减至 VDD_ chpump 电位，Mn1 不导电，C_1 的底部节点被推至 VDD 电平且驱动 Mp1 栅极与 V_{neg} 电位导通。生成控制信号需消耗约平均 50nA 的电流，这来自于 600mV 的 VDD_ chpump 电位。二级电荷泵 V_ neg 的平均功耗低于 20nA。

16.3　本地振荡器

在 HF 操作模式下，本地时钟可以从 13.56MHz 的载波中提取出来。这种 HF 时钟发生器的功耗通常低于 500nW。在约为 900MHz 时，提取这样的场时钟所需的功率会比芯片的其余部分所需的功率都大。这就是在无源 UHF 应答器芯片中使用本地振荡器的原因。非接触式通信 UHF 协议肯定这一做法。图 16.13 显示了本文提出的再生一阶振荡器结构[17,18]。

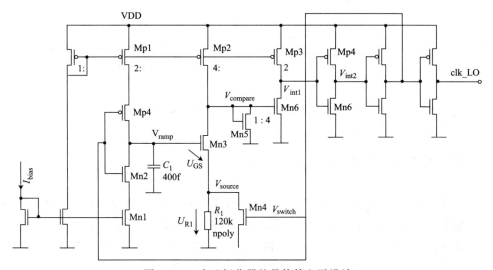

图 16.13　本地振荡器的晶体管电平设计

本地振荡器的规范最为严格，要求振荡器的频率需大于 1.92MHz[19]，最低工作电压为 550mV、功耗低于 500nW。在图 16.14 所示的瞬态响应中，V_{switch} 的正边缘将在输入阶段开始切换变频器。

电容器 C_1 一直处于放电状态，直到在电阻 R_1 上的压降和产生的电流小于由 PMOS 电流源 Mp2 输送的电流时停止。

$$\Delta V_{ramp} = \frac{I_{Mp1/Mp2} \cdot t}{C_1} \approx I_{Mp2} \cdot R_1 \tag{16.13}$$

在方程（16.13）中，积分器节点 V_{ramp} 与 R_1 上的最大电压相关，其中振荡器将切换到二级状态。如果通过 R_1 的电流大于由 Mp2 传导的恒定电流，$V_{compare}$ 的电压电位会下降并且变频器 Mn6/Mp3 将进行切换。二极管 Mn5 将电平钳位至 U_{GS}，这会降低该电路的电压相关性。处于第一阶的最后一个振荡器周期 T 只取决于无源分量的值。

$$T \approx 2nR_1 C_1 \tag{16.14}$$

在第二阶段，NMOS 开关 Mn4 会绕过 R_1，并且 Mn3 与 VSS 之间会第一时刻出现人奇生电流。直到 Mn3 的 U_{GS} 不再吸收 Mp2 传递的电流，V_{ramp} 积分完毕，节点 $V_{compare}$ 将增强且振荡器再次回到初始状态。

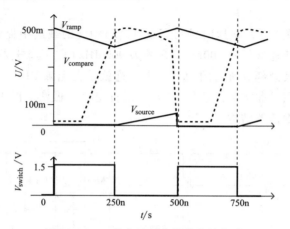

图 16.14　一些本地振荡器节点的定时

16.4　非接触式通信单元

阅读器到应答器之间的通信被称为下行链路或 $R{\times}D$。ASK 被同时用在两种 EPC 标准中，但两者的调制指数是不同的。EPC HF 的调制指数规定为 10% ~ 30%，而 EPC UHF 为 100%ASK。其结果是两种优化 $R{\times}D$ 单元的实现——HF 解调器比较敏感、精确，而 UHF 解调器功耗非常低。随后的解调器概念有一个先决条件，即恒定的芯片输入阻抗。在这个恒定的阻抗下，线圈电压将与由阅读器产生的场强度成正比变化。

16.4.1　HF $R{x}D$ 单元

在指数为 10% 的场强度差下，线圈电压从 $4V_{peak}$ 下降到约 $3.4V_{peak}$。还应当指出的是，上升和下降沿的斜率是有限的，这是因为当谐振电路的带宽较窄时需要较高的品质因数 Q。此外，芯片阻抗并不是恒定的，当线圈电压降低时出现的典型的结果是调制指数的减小。

HF $R{\times}D$ 单元的结构[20]能够检测到的最小调制指数为 4%，它可以由窗口生成模块进行良好的调整（图 16.15）。窗口生成器三个输出信号中的两个可快速地跟踪载波信号。两个信号间的电压电位由一个 $9mV/\mu s$ 的缓慢积分器定义，此溢出速度和两个最小斜率为 $33.6mV/\mu s$ 的外信号相比较慢。两个比较器将检测较慢内信号与较快外部信号之间的交叉部分，且会设置一个附加的触发器。

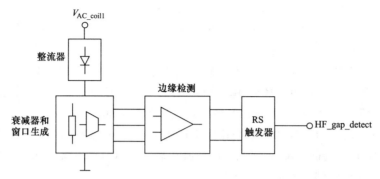

图 16.15 HF 窗口比较器结构

16.4.2 UHF 接收单元

因为在 -6dBm 的输入功率电平下线圈电压低于 $1V_{\text{peak}}$，有 MOS 整流二极管的峰值检测结构[21]便不能再使用了。图 16.16 所示的 UHF 接收单元中，提出了三个重要概念：天线电压的交流耦合、直流工作点的偏置和附加的比较器。

$R×D$ 单元的详细的晶体管电平原理如图 16.17 所示。

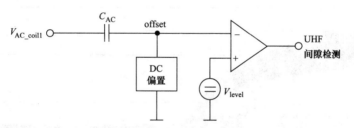

图 16.16 UHF 解调器结构

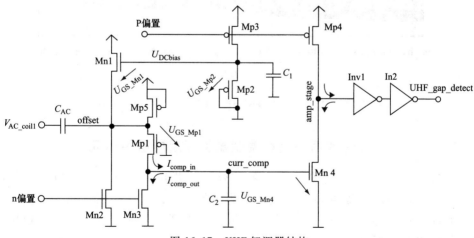

图 16.17 UHF 解调器结构

U_{AC} 被用来耦合天线峰值电压信息，其内部节点 offset 的动态范围为 0.7~1.5V。Mn1 是源极跟随器，它根据栅极电位 U_{DCbias} 决定了节点 offset 的最低峰值电位。Mn1 和 Mp2 晶体管则被用来决定 110mV 附近的最小低电位。为了避免在正电压峰值出现时造成氧化损伤，二极管 Mp5 被用来将节点 offset 钳位到一个高于 VDD 的二极管电压。比较器由晶体管 Mp1 和 Mn3 代替。有时候节点 offset 的电压降到低于 Mp1 的阈值，节点 curr_ comp 也会下降，比较器 amp_ stage 的第二级会利用输出节点 UHF_ gap_ detect 的一个高位电平产生一个 UHF 差频信号。晶体管 Mp1 的阈值和由 Mn1 定义的 110 mV 之间的差值代表了小 UHF 线圈电压，在该电压下 UHF 接收单元检测到该差值。

在图 16.18 中显示了内部解调器信号间的功率差间隙的出现阶段。在芯片阻抗不变这个先决条件下，线圈电压 $V_{AC\_ coil1}$ 与功率间隙成比例下降，该间隙已经由阅读器进行初始化。由于寄生电容的存在，图 16.18 中的节点 offset 在 868MHz 振荡，振幅降低 20%。节点 offset 的较低峰值电压电位略低于 90mV（而不是 110mV）。当信号 offset 的高电位低于晶体管 Mp1 的阈值电压 450mV 时，低通滤波比较器的输出信号 amp_ stage 的电位变高并通知数字状态机一个场间隙的开始出现。

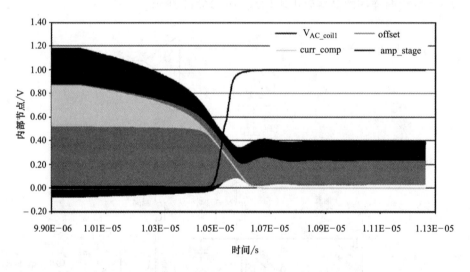

图 16.18   当产生一个场间隙时 UHF 解调器的瞬态响应

16.4.3   分流，发送数据—负载调制器和反后向散射单元

方程（16.12）显示了仅一个小的等效串行芯片输入阻抗就可以保证足够大的线圈电压为芯片提供功率。但在高功率条件下，特别是在高磁场强度条件下且并联稳压不存在时，大线圈电压会损坏线圈到芯片的接口。与并联稳压装置平行的串行数据通信单元必须进行负载调制和散射操作。图 16.19 显示了一

个单电源晶体管解决方案[22]，其中包括一个全新的快速调节环路用来进行
HF 负载调制，这对典型的无源 RFID 芯片来说是一种并不常见的方式。采用单
NMOS 晶体管这种解决方案，寄生结电容会被降低到最低限度。在所有的 HF
RFID 标准中，都定义了一种同步的半双工通信链路。为了在通信过程中保持
同步，有必要实现实时的载波时钟提取。所以 $700\,\mathrm{mV_{peak}}$ 的线圈电压在负载调
制中是必要的。

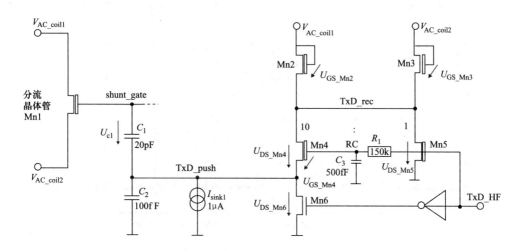

图 16.19　分流和数据发送单元

在节点 shunt_ gate，配有两个稳压速度状态的线圈电压稳压环被连接起来了。
作为稳压设备，积分器将 C_1 作为它的输出电容。其中的一个速度状态是闭环调节
的，而另一个是开环调节的，调节点在电容 C_1 的 U_{C1} 电压下冻结。在 HF 模式下，
线圈电压通过分流晶体管 Mn1 调节至 $4V_{\mathrm{peak}}$。如图 16.20 所示，负载调制在节点
TxD_ HF 的上升沿开始。晶体管 Mn5 将线圈节点 $V_{\mathrm{AC\_node}}$ 轻微下降至 1/2 倍处并开
始释放存储在节点 TxD_ rec 上的寄生电荷。延迟几纳秒后，Mn4 开始工作且电荷
会被转移到调稳压底部节点 TxD_ push 上。如图 16.20 所示，几百 mV 的交流电压
足以用来降低线圈电压。当 UDS_ Mn4 接近 VSS 时充电阶段停止。结果是产生一
个稳定的线圈电压：

$$V_{\mathrm{AC\_coil1/2peak}} = U_{\mathrm{GS\_Mn2}} + U_{\mathrm{DS\_Mn4}} + \Delta U_{\mathrm{GS\_Mn1}}$$

在一个强度为 1.5A/m 的磁场中，负载调制中的峰值电压下降至 1.2V（见图
16.20）。

在异步 UHF 模式中，PMOS 晶体管会将节点 TxD_ push 拉升至 VDD 电位，此
时线圈电压接近于零，且得到了良好的后向散射信息。天线电压的动态变化与在
HF 频带中的负载调制相比已经显得不那么至关重要了[23]。

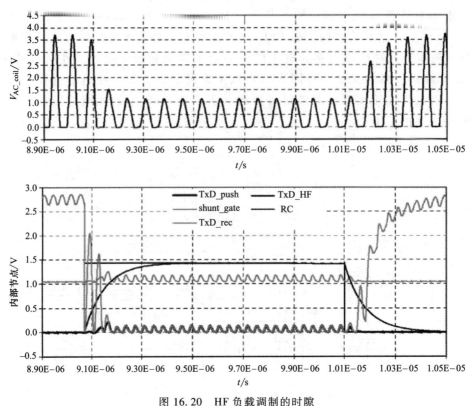

图 16.20　HF 负载调制的时隙

16.5　结论

本部分工作已经展示了一个种可支持 EPCglobal HF 和 UHF 标准的模拟前端。我们提出并讨论了一种平衡的天线到芯片的接口，其中包含一个整流器、两个二级电荷泵和两个 DC/DC 转换器。本文还展示了一种紧凑的、具备低功耗和低电压特性的 2MHz 松弛本地振荡器，其具有良好的电源性能和偏置抑制性能。本文还提出一种紧凑的 UHF 接收单元和一种具备良好控制性能的 TxD HF 负载调制器，其中仅包含单个分流/调制器晶体管，该方法成为了频率综合模拟前端领域的一颗新星。

参考文献

1. K. Finkenzeller, RFID-Handbuch, Grundlagen und praktische Anwendung induktiver Funkanlagen, Transponder und kontaktloser Chipkarten, Hanser Fachbuchverlag, 4th edn. (2006). ISBN 3-446-40398-1
2. GS1 EPCglobal, EPC Radio-Frequency Identity Protocols Class-1 Generation-2 UHF RFID, Protocoll for Communications at 860–960 MHz Version 1.2.0, edition 1.2.0. (EPCglobal Inc., 2007)

3. GS1 EPCglobal, *EPC Radio-Frequency Identity Protocols HF Version 2*, edition 0.3. (EPC-global Inc., 2007)

4. D. Engels, A Comparison of the Electronic Product Code Identification Scheme and the Internet Protocol Address Identification Scheme, (Technical memo: Auto-ID Center, Cambridge, 2002)

5. R. Herschmann, M. Camp, H. Eul, Design und Analyse elektrisch kleiner Antennen für den Einsatz in UHF RFID Transpondern. Adv. Radio Sci. **4**, 93–98 (2006)

6. P. Leuchtmann, *Einführung in die elektromagnetische Feldtheorie*, (Pearson Education, 2005), ISBN 3-8273-7144-9

7. R. Collin, S. Rothschild, Evaluation of antenna Q, IEEE Trans. Antenn. Prop. **12**(1), 23–27 (1964)

8. L. Mayer, A. Scholtz, A Dual-band HF/UHF Antenna for RFID Tags, *Vehicular Technology Conference, 2008*. VTC 2008-Fall. IEEE 68th, 21–24 September 2008, Calgary

9. J. Curty, M. Declercq, C. Dehollain, N. Joehl, Design and optimization of passive UHF RFID systems, 1st edn. (Springer, 2007), ISBN 0-387-35274-0

10. U. Karthaus, M. Fischer, Fully integrated passive UHF RFID transponder IC with 16.7 µW minimum RF input power, IEEE J. Solid-State Circuits, **38**(10), 1602–1608 (2003)

11. U. Friedric, U. Karthaus, S. Furic, H. Saeppa, The Palomar project, Funded by the European commission within the IST program D7, 2002

12. D.M. Dobkin, The RF in RFID—passive UHF RFID in practice, in *Newnes Communication Engineering Series*, 1st edn. (2007), ISBN 978-0750682091

13. E. Bergeret, J. Gaubert, P. Pannier, Standard CMOS voltage multipliers architectures for UHF RFID applications: study and implementation, in *IEEE International Conference on RFID*, 2007

14. A. Facen, A. Boni, A CMOS analog frontend for a passive UHF RFID tag, low power electronics and design, in *ISLPED '06. Proceedings of the 2006 International Symposium on Low power electronics and design*, 2006

15. A. Missoni, C. Klapf, W. Pribyl. G. Hofer G. Holweg, A triple-band passive RFID Tag, in *ISSCC* 2008, Session 15.2, San Francisco, USA

16. T. Umeda, H. Yoshida, A 950-MHz rectifier circuit for sensor network tags with 10-m distance. IEEE J Solid State Circuits. **41**(1), 35–41 (2006)

17. C. Klapf, A. Missoni, W. Pribyl, G. Hofer, G. Holweg, Analyses and design of low power clock generators for RFID TAGs, in *IEEE PRIME* 2008, Istanbul

18. S.L.J. Gierkink, Control linearity and jitter of relaxation oscillators, in *Proefschrift (Dissertation)*, ISBN: 90-36513170

19. C. Diorio, Watching the clock—a tag's clock frequency is critically important to tag performance. RFID J., (2006)

20. A. Missoni, Circuit arrangement for the analog-digital conversion of a voltage (ASK-) modulated by modifying the amplitude between a low level and a high level WIPO international patent, Pub.Nr.: WO/2004/036860, 2004

21. Z. Zhu, B. Jamali, P. Cole, An HF/UHF RFID analogue front-end design and analysis, Autoidlabs-WP-HARDWARE-012, Sept. 2005, white paper series/edition 1

22. Magellan, Shunt Regulator, International Patent WO89/07295, 1989

23. P. Nikitin, K. Rao, in *IEEE Antennas and Propagation Society International Symposium 2006*, 9–14 July 2006, pp. 1011–1014

第 17 章 印刷电子学——电路、产品和路线图的首次提出

Jürgen Krumm 和 Wolfgang Clemens

17.1 介绍

随着可溶性半导体和导体的问世，对于印刷电子领域的开拓成为可能。人们通常将印刷电子学与有机电子学联系到一起，其特点是在设备和电路的基本部分使用有机材料。这两个领域在许多方面都存在重叠。在印刷电子学方面，虽然它不依赖于有机材料，但它是通过低成本、大面积和大批量印刷方法[1]生产得到的。因此，有如报纸一样每日可以大量生产的电子产品，为射频识别（RFID）标签取代光学条码、智能包装、处理和显示信息的智能包装与智能对象和柔性显示器等应用领域带来了更大机遇。

印刷电子的主要优点是它的易用性，而不是印刷电路所改进的电气性能。大量的有机和无机材料可以在溶液中沉积，这使得使用例如高速和高吞吐量的印刷方法得以广泛应用。随着制造速度和生产量的增加，与传统的制造技术相比，人们可以将印刷电路的成本降到更低。目前，低成本印刷电子仍处于开发和设备/工艺优化的早期阶段。人们对各种材料和制造工艺进行了探索和优化。印刷电子的一个主要议题是电子墨水的发展，它可以在印刷过程中使用，同时仍然保持其半导体或导体性质。此外，印刷电子制造的产品仍处于早期阶段。本文对印刷电子领域，RFID相关电子电路的最新进展、最新产品的设计以及未来发展趋势进行了简要概述。

17.2 印刷电子学

对于印刷电子学，可分为印刷技术和柔版印刷、凹版印刷、丝网印刷或喷墨印刷等技术。电子电路印刷大大增加了制造量和吞吐量，同时也大大降低了制造成本。这些是印刷电子的独特优势。印刷电子的一个关键概念是滚动式制造技术，在制造过程印刷基板被送入印刷机，并从一个轧辊传输到另一个轧辊上。

较为常用的滚动式制造技术是凹印，其工作原理如图 17.1 所示。在凹版印刷中，柔软的印刷箔不断在轧辊上展开，然后从旋转凹版滚筒和压印滚筒之间通过，最后重绕到另一个轧辊上。旋转的凹版滚筒由喷墨池中的墨水淋湿。液体由刮刀刮去，从而使定量凹槽内的液体进入到滚筒内。然后当滚筒穿过打印基板时，剩余的

油墨被移到目标位置。

在传统的印刷中，油墨通常使印刷基板变成彩色，因此会产生一个视觉印象。在印刷电子中，人们使用"电子墨水"在后续的印刷步骤中来实现电子电路的功能层（电极、半导体和绝缘体）。

印刷电路的一个典型的层设置[3]如图 17.2 所示。其中所描述的设置包括基板和四个功能层。这些功能层指的是下电极、半导体、绝缘体和上电极。

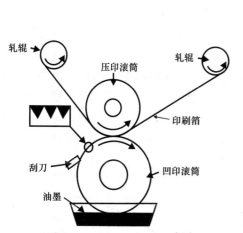

图 17.1　凹印的工作原理[2]

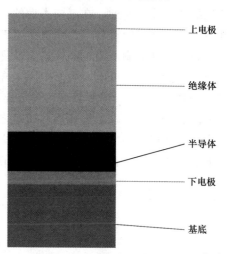

图 17.2　一个典型的打印过程的层设置[3]

在整个制造过程中，基板携带着随后覆盖的沉积层，在电路中它通常没有电功能。然而，在制造过程中它需要提合适的机械弹性。人们往往使用诸如聚对苯二甲酸乙二醇酯（PET）这类材料。四个功能层依次层叠在衬底的顶部，以实现集成电路结构。

第一个功能层是下电极层。作为第一个互连层并为下一层的半导体器件如晶体管、二极管或电容器的电极打下基础。电极材料可以是金属，如银、铜[3]等，或金属有机材料如 PEDOT-PSS[4]。

堆叠在下电极顶部的是半导体层，通常为一个有机半导体如聚（3-烷基噻吩）（P3AT）[3]，聚三芳胺（PTAA）[4]，聚芴（F8T2）[5]或无机半导体如碳纳米管等[6]。

半导体的上面一层是绝缘体层。绝缘体将半导体层和上电极层隔开。

最上面的一层是上电极层。它和下电极层相似，用于布线和作为器件的电极材料，如晶体管、二极管或电容器。

图 17.2 所示的四层设置提供了基本集成电路中所需要使用的所有类型设备。在大多数电路中，晶体管是主要的构建模块。薄膜晶体管（TFTs）通常应用于印刷电子当中。上述的这些设备还包括一个源极/漏极层（四层电极设置中的下电极层），半导体材料的薄膜，一个绝缘体和一个栅极电极（四层设置的上电极层）。

图 17.3a 显示了根据图 17.2 的四层设置中实现的一个印刷 TFT 的总体设计。在图中，G 表示上电极层的门电极和下电极层的源极/漏极电极 S/D。印刷薄膜晶体管的输出特性与常规的 MOSFETs（图 17.3b 展现了一种使用一枚 p 型 P3HT 晶体管的典型例子）在形状上具有可比性，但对芯片设计师来说，对于晶体管参数设计而言，如阈值电压或电荷的载流子迁移率等，比传统的硅晶体管更为繁复。例如，印刷薄膜晶体管的载流子迁移率通常低于 $0.1cm^2/Vs$ 而非 $500cm^2/Vs$，但高于常规的硅晶体。此外，在不同类型的印刷 TFT 之间，其器件参数可能会非常不同，因为器件所选择的材料以及制造技术都会有各种各样的差别。

为了实现印刷薄膜电晶体这类器件的生产，其制造过程必须符合一定的要求。例如，在漏极和源极电极生产中因采样流水线结构，且应满足特征尺寸在微米范围内（$\geqslant 15\mu m^{[3]}$），以提供合理的电路性能指标。半导体和绝缘体相互堆叠时必须保证薄、均匀和无缺陷。在器件使用之前，每一个生产步骤的实施都不能对前面的工序成果造成损害。此外，上电极层必须精确沉积附着在指定的位置，即准确的对准下层上的结构。在这个过程中使用的所有材料都必须与其制造步骤相兼容。

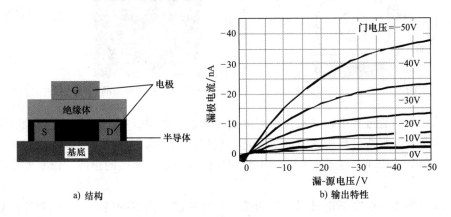

图 17.3　印刷薄膜晶体管

17.3　第一个印刷电路

通过使用可溶性材料，人们首次实现了有着高达 2000 个晶体管复杂性的原型电路[7]。而涉及 RFID 应用的里程碑电路是将由并五苯[7,8]制成的 64/128bit RFID 应答器和一个有聚（3-己基噻吩）[9,10]的 64bit 应答器作为半导体材料。这些电路使用洁净室技术进行制造。由于其低成本、高产量的制造技术，目前的印制电路还无法实现这样的复杂性，并且在性能方面比如开关速度或堆积密度上存在落后。在印刷电子领域，第一个完全意义的印刷 RFID 应答器在 2007 年实现[11]。这种应答器提供振荡信号，但没有提供具体的 ID 代码。在复杂逻辑电路方法，目前最新的技术是 4-比特编码器（RFID 应答器）[3,6]。参考文献［6］中的电路由使用碳纳米管作为半导体材料的凹印刷晶体管实现，但其时钟频率被限制为 1Hz，且有外部生成器产生。参考文献［3］中的印刷电路包含了所有必要的模块，比如曼彻斯特编码的 RFID 应答器（整流器、时钟发生器、数据发生器、调制晶体管）。总之，该应答器将在后续的测试中得到验证。为了增强大家对于最近已经在印刷晶体管实现的最快开关速度的印象，本文将会对参考文献［3］中讨论的一种印刷环型振荡器进行简要地说明。之后，代码生成器芯片的结果也将给出。

17.3.1　印刷环形振荡器

环形振荡器是基于印刷晶体管技术的一个基本类型电路。该电路包括奇数个逆变器链，每个逆变器的输出与连接的下一个逆变器的输入端相连，最后一个逆变器的输出反馈回第一个逆变器的输入端。环形振荡器经常被用来作为基准电路，以确定半导体技术的转换速度和逻辑能力。采用环形振荡器来分析晶体管的可行性以及其逻辑电路几何设计十分简单。只要环形振荡器产生一个振荡，逆变器的链路就能够再生输入信号。这种再生属性是逻辑电路的一个重要的先决条件[12,13]。

参考文献［3］展示了一个配备 15 个逆变器的印刷环形振荡器。该电路在 6 V 的电源电压下开始振荡，并在 15V 的电源电压下可达到 107Hz 的振荡频率。图 17.4 显示了详细的原理图，此时为在 15V 的电源电压下测得的振荡信号。晶体管基于 P3HT，是一种半导体材料。

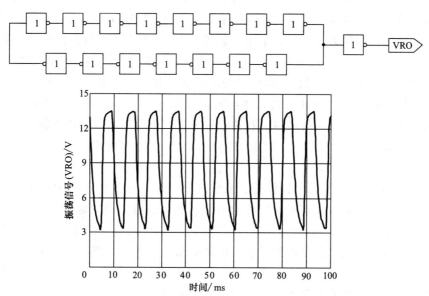

图 17.4　一个工作频率为 15V 的 15 级印刷环形振荡器的示意图和测得的振荡信号[3]

17.3.2　印刷 4bit 的曼彻斯特芯片

虽然环形振荡器在测试晶体管的性能方面可以发挥作用，但更为复杂的包含众多构建模块的电路则需要合理的应用电路参与。参考文献［3］中提出了这样的一个例子：基于 RFID 应用的一个印刷 4bit 代码生成芯片。该芯片由许多构建模块组成：一个整流器，一个 15 阶的环形振荡器作为时钟发生器，一个配备 3 个触发器的计数器，一个曼彻斯特编码数据信号协议发生器和一个只读存储器。图 17.5 展示了代码生成芯片的框图，它由大约 200 个独立的器件组成。

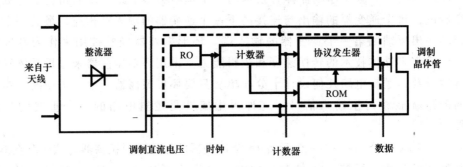

图 17.5　一个印刷 4bit 的代码生成芯片的原理框图（由参考文献［3］改编）

该芯片被设计用于在一个无源应答器下工作，它从一个 RFID 阅读器的射频场中汲取能量。在整流器中，应答器天线的频率为 13.56MHz，感应交流电压被整流并产生直流电源电压为芯片的其余组件供电。图 17.5 中的逻辑组件生成曼彻斯特编码数据流。该数据流由一个带时隙的启动序列、起始位和 4 bits 的数据序列组成。这种 RFID 阅读器通过该启动序列与时钟速率和相位同步。该数据序列被馈送回调制晶体管的栅极。当这种调制晶体管被打开（开状态）时，应答器电路从阅读器的射频场中汲取一定的能量。在关断状态下，当调制晶体管被关闭时，应答器电路只会消耗掉在开状态下的能量的一小部分。该能量消耗用于给应答器传输信息。

图 17.6 显示了测得的时钟信号、最后（第三个）一个触发器的输出信号、代码发生器的数据序列以及整流器的输出电压。芯片经过编程，输出一段为 1-0-0-1 的曼彻斯特编码数据序列。它由一个函数发生器进行测量，该函数发生器被连接到整流器的输入。在这个测量的设置中，由调制晶体管产生的调制过程通过监测整流器的输出直流电压的变化可被检测到。在关断状态下，整流器提供一定的直流电压。在开状态下，当调制晶体管吸收更多的电流时，该电源电压会下降一定值。直流电源电压的变化需进行监测，用以监测调制过程。

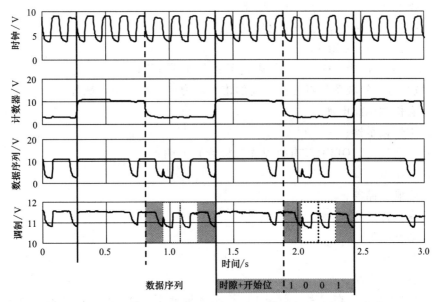

图 17.6 在 4bit 代码发生器中测得的电压（数据来自于参考文献［3］）

17.4 首个印刷电子产品及其蓝图

由于印刷电子材料的大量涌现，使得人们在不同的产品中使用印刷电子器件成为可能。这方面的例子有：智能包装、柔性显示屏、可穿戴的电子服装或基于 EPC（电子产品代码）应用的印刷 RFID 应答器。这些应用中的大多数仍处于早期阶段，对于诸如材料或制造技术上的一些问题仍需要进行沟通协调。在有机电子和印刷电子领域，本文编制了一个蓝图来讨论主要的应用及其需求。随后我们将讨论该蓝图。

17.4.1 有机电子的蓝图

在标准的半导体工艺中，"国际半导体技术蓝图"（ITRS[14]）已被制定出来并得到了定期的更新，以此来建立对于未来行业发展的共识，并协调有关涉及到的商业公司以及研究团体之间的合作。在有机电子和印刷电子领域，也有一个类似的蓝图，其标题为"有机电子和印刷电子的 OE-A 蓝图"[1]。这个蓝图是由有机电子协会（OE-A[15]）发起和维护的，该机构为德国工程协会 VDMA[16]中的一个工作组。OE-A 成立于 2004 年，已经有超过 120 名成员[16]（2009 年的数据）。这些成员来自于欧洲、美国、加拿大、澳大利亚、中国台湾、韩国和日本的工业及科学机构。OE-A 支持有机电子学中的所有相关活动，特别是在以下领域的发展：

1）材料（基底、半导体、导体等）；

2）技术（印刷、机器、制造技能）；

3）器件（晶体管、电路、有机光伏器件等）；

4）产品、应用、市场。

在他们的蓝图中，OE-A 成员确定了 9 个有关有机电子和印刷电子产品的主要应用领域，这些领域预计将会有最高的市场潜力。这些应用领域包括：

1）有机太阳能电池；

2）柔性显示器；

3）电致发光，OLED（有机发光二极管）照明；

4）印刷 RFID；

5）印刷存储器；

6）有机传感器；

7）柔性电池；

8）智能对象；

9）智能纺织品。

对于这些领域，在参考文献 [1] 给出的框架下，OE-A 制定了各个领域的子蓝图。这些具有特定应用的子蓝图规定了商业产品的短期、中期、和长期的预期性能潜力。此外，对关键性能参数的讨论也是一个至关重要的挑战。

相对于现有的基于传统电子的解决方案，上述所有的领域都有其特定的优势和局限性。但是，几乎所有应用领域的有机电子和印刷电子的主要优点都包括：低厚度、高灵活性和低成本的高容量生产力，因此，这些优势使有机印刷电子技术产品具备了现有传统电子中难以实现的性能潜力。然而，它们也有一些局限性，其通常是由于材料（如导电性、电荷的载流子迁移率、寿命）和工艺（印刷与洁净室工艺）的电子性能较弱。因此在大多数情况下，有机电子和印刷电子还是无法取代标准的电子产品，但我们也将开拓新的应用领域，其中印刷电子产品可以发挥其显著优势。

表 17.1　随着时间的推移主要应用领域的性能演变[1]

应用领域	估计的可用性/演化		
	短期（2009—2012）	中期（2012—2017）	长期（2018 年及以后）
有机太阳电池	消费者和最早的离网应用	离网动力，建筑一体化	并网发电
柔性显示器	价格标签,电子阅读器	高分辨率的彩色电子阅读器,电子海报机	电子墙纸,可卷曲的 OLED 电视
OLED/EL 照明	智能灯具、设计和装饰应用	轻质砖,工节/建筑照明	柔性照明元件
印刷 RFID	商标保护,电子客票	物流和自动化	物品级标签,EPC,识别

（续）

应用领域	估计的可用性/演化		
	短期（2009—2012）	中期（2012—2017）	长期（2018 年及以后）
印刷存储器	商标保护、识别、游戏	高端商标保护高级游戏	电子,多媒体
有机传感器	光电二极管、温度压力、化学	阵列传感器	智能传感器,嵌入式系统
柔性电池	低容量、不连续使用	高容量,连续使用	直接集成到包,系统
智能对象	贺卡、动画标志	智能门票,初始智能包装	复杂的智能包装
智能纺织品	服装集成键盘、传感器、光影响	服装综合显示,太阳能发电	燃料电池,具有集成传感器的光纤

　　表 17.1 对 9 个应用领域的性能潜力预期演变进行了简要总结。目前，只有少数产品可盈利前景的市场中被商业化，例如印刷有机太阳能电池[17,18]的应用。许多产品预计在不久的将来被推出，并在中期和长期中带来显著的效益。

　　读者可参考文献［1］对表中的条目进行更详细的学习。在本文中，我们依照图 17-7，只对印刷 RFID 子蓝图进行细化。

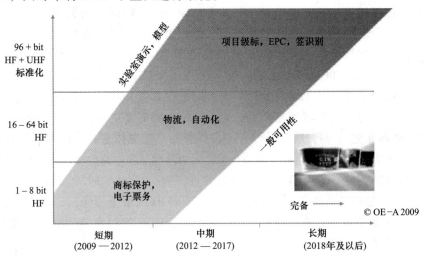

图 17.7　随着时间的推移，印刷 RFID 的性能潜力的演变[1]。（感谢 OE-A 的提供）

17.4.2　印刷 RFID 蓝图

　　对于印刷射频识别，预计短期内，基本的产品如商标保护和电子票务会进入市场。在这些应用中，HF 频率范围上具有 1~8bit 复杂性的标签已经可以实现。正如性能会随着时间的推移而发展，我们的目标是实现在物流和自动化应用中标签复杂性能达到 16~64bit。如第 17.3 节所述，基于有机电子技术的所有复杂度水平的电路都已经被提出。更复杂的原型电路则由洁净室设施负责生产。因此，对于工作于 HF 和 UHF 频率范围且具有项目级标签和产品识别功能的实际印刷产品，大多使用 96bits 的标签复杂性，这类产品预计在长期内可以实现，即 2018 年或之后。

印刷 RFID 的子蓝图确定了应用层面上的一些关键参数。这些参数确定了印刷 RFID 应答器的潜在应用。虽然商标保护和电子票务可以用基本的需求来满足，但对于物流和自动化的应用则依赖于更成熟的性能特性，这些参数如下：

1）ID 的比特数；

2）标签和阅读器之间的读写距离；

3）读写频率，其决定了使用 UHF 系统的可行性；

4）每个标签的花费；

5）大量读写：阅读器关于多标签防碰撞检测的读写范围。

我们可以直接将应用层面上的关键参数转换成设备层面上的相关技术参数。这些技术上的关键参数由印刷 RFID 的子蓝图命名为：

1）半导体的电荷载流子迁移率：定义可达到的电路速度；

2）开关速度：定义 ID 比特读出时间的一个因素；该参数受载流子迁移率和印刷分辨率影响；

3）整流器的工作频率：定义读写频率，即 HF 和 UHF 系统的可行性；

4）印刷分辨率：定义电路的产出率，即每个标签的成本和开关速度；

5）晶体管的数量：定义电路的复杂性，即 ID 的比特数以及更复杂结构的可行性，如批量读写，以及每个标签的成本（通过收益率）。

根据 OE-A 的蓝图，印刷 RFID 的关键问题（在蓝图中被称为红色砖墙）是：

1）制造效益与应答器的复杂度：更复杂的电路需要更高的功能性效益。

2）CMOS 工艺的可行性：目前，n 型晶体管和 P 型晶体管在印刷电路中的集成较为困难。然而，CMOS 工艺仍是可取的技术，因为其能增强电路鲁棒性并降低功耗。

3）可写的存储器：可编程的存储器的可行性（一对多的写周期），对于物流这类应用而言是理想的性能，因此会增大印刷 RFID 的市场份额。

4）UHF 频率范围：在标准的 RFID 应用中，UHF 的频率范围被广泛使用，以达到比 HF 应答器系统更长的读写距离。印刷 UHF 应答器的可行性将再次推动印刷 RFID 市场份额的增长。

17.4.3 首个 RFID 产品

首个原型电路已经在 2007 年／2008 年出现，与传统的电子产品相比，其复杂性降低。例如，在两个会议中，利用印刷有机芯片建立的射频应答器都成功通过了印刷标签计划（见参考文献［19］）的测试。在 2007 年 9 月的有机电子学会议会展上（OEC07，法兰克福，德国）总共发布了约 400 个应答器，而在 2008 年 5 月的 MEDIATECH 世博会议（法兰克福，德国）上则发布了 4000 枚转发器。这些应答器由印刷聚合物芯片和传统的天线[20]组成。它们在 13.56MHz 的读写频率下工作，但不产生 ID 代码。这种标签被用于对会议区域的入口进行控制并对访问者计数。图 17.8 显示了一个完整组装的应答器。

为了增强其功能，印刷 RFID 应答器可配备交互式光学标签或传感器，用以跟踪环境条件，如温度或湿度或某些化学物质的存在；还可以添加其他组件，如存储器、扬声器或电池组，以建立印刷"智能对象"。智能对象背后的思想是将多个电子设备融入到

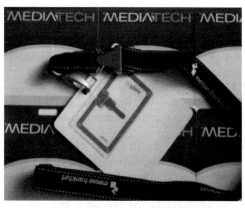

图 17.8　在 2008 年的 MEDIA-TECH 博览会上试验的包含印刷有机芯片[20]的射频应答器

应用中，范围可以从简单的动画图案到智能传感器[16]。

17.5　结论

印刷电子是一种新型平台技术，它可以使许多应用领域享受到低成本、轻薄、灵活以及高产量的电子产品。其最突出的应用有有机太阳能电池、平板显示器和 RFID 等。该技术仍处于早期阶段，由于不完善的材料和工艺参数使得其进一步的应用仍存在一些限制。在特殊应用中，第一类产品目前正在进入市场。高容量产品预计将在未来几年内推出。印刷电子并不会替代传统电子产品，但可以在传统解决方案无法满足其在制造成本或组成因素上的严格要求时发挥自身的价值。

参考文献

1. Organic Electronics Association, OE—a roadmap for organic and printed electronics (Dec, 2009), available online at http://www.vdma.org/wps/portal/Home/en/Branchen/O/OEA/OEA_News_StK_20091211_WhitePaper?WCM_GLOBAL_CONTEXT=/wps/wcm/connect/vdma/Home/en/Branchen/O/OEA/OEA_News_StK_20091211_WhitePaper. Accessed 9 Feb 2010
2. J. Krumm, Circuit analysis methodology for organic transistors, Dissertation, University of Erlangen-Nuremberg, Germany, 2008
3. W. Fix, R2R Printed Electronics. Presentation at Lope-C Conference, Frankfurt, Germany, June 23–25 (2009)
4. D. Zielke, A.C. Hübler, U. Hahn, N. Brandt, M. Bartzsch, U. Fügmann, T. Fischer, J. Veres, S. Ogier, Polymer-based organic field-effect transistor using offset printed source/drain structures. App. Phys. Lett. **87**, 123508 (2005)
5. G. Klink, E. Hammerl, A. Drost, D. Hemmetzberger, K. Bock, Reel-to-reel fabrication of integrated circuits based on soluble polymer semiconductor. Presentation at IEEE Polytronic (2005)

6. M. Jung, K. Jung, S.-Y. Lim, K. Lee, D.-A. Kim, J. Kim, J.M. Tour, G. Cho, All R2R Printable 4-Bits Digital Signal Processor for Printed RFID Using SWNT-TFTs, ICFPE, Jeju Island, Korea, Nov 11–13 (2009)

7. E. Cantatore, T. Geuns, A. Gruijthuijsen, G.H. Gelinck, S. Drews, D.M. de Leeuw, A 13.56 MHz RFID system based on organic transponders. IEEE ISSCC, 272, 273 (2006)

8. K. Myny, M.J. Beenhakkers, N.A.J.M. van Aerle, G.H. Gelinck, J. Genoe, W. Dehaene, P. Heremans, A 128b organic RFID transponder chip, including Manchester encoding and ALOHA anti-collision protocol, operating with a data rate of 1529b/s. IEEE ISSCC, 206, 207 (2009)

9. A. Ullmann, M. Böhm, J. Krumm, W. Fix, Polymer Multi-Bit RFID Transponder, ICOE Conference, Eindhoven, The Netherlands, 2007

10. W. Fix, A. Ullmann, R. Blache, K. Schmidt, Organic Transistors as Basis for Printed Electronics, in Physical and Chemical Aspects of Organic Electronics, ed. by C. Wöll, (Wiley-VCH, Weinheim, 2009), pp. 3–13

11. W. Fix, Polymer based 13 MHz RFID transponders, Organic Electronics Conference, Frankfurt, Germany, Sept 24–26 (2007)

12. C. F. Hill, Noise margin and noise immunity in logic circuits. Microelectronics. 1, 16–21, April (1968)

13. S. De Vusser, J. Genoe, P. Heremans, Influence of transistor parameters on the noise margin of organic digital circuits. IEEE Trans. Electron Devices. 53(4), 601–610, April (2006)

14. Homepage of International Technology Roadmap for Semiconductors, www.itrs.net

15. Homepage of Organic Electronics Association, www.oe-a.org

16. Organic Electronics Association, Organic and Printed Electronics, 3rd edn, (VDMA Verlag, Frankfurt, 2009)

17. E.C. Zeira, PV as a Market entry for printed electronics, presentation at the OEA Meeting, San Jose, USA, Dec (2008)

18. Konarka Technologies, Inc., Konarka opens world's largest roll-to-roll thin film solar manufacturing facility with one gigawatt nameplate capacity. Press release (Nov 24 2009), available online at http://www.konarka.com/index.php/site/pressreleasedetail/konarka_opens_worlds_largest_roll_to_roll_thin_film_solar_manufacturing_fac. Accessed 12 Feb 2010

19. Homepage of Printed Smart Labels (PRISMA) project, www.prisma-projekt.de

20. J. Krumm, Printed Electronics—From Vision to First Products, RFID Systech, 4th European Workshop on RFID Systems and Technologies, Freiburg, Germany, June 10, 11 (2008)

第18章 EPC兼容有机RFID标签

Kris Myny，Soeren Steudel，Peter Vicca，Steve Smout，
Monique J. Beenhakkers，Nick A. J. M. van Aerle，François
Furthner，Bas van der Putten，Ashutosh K. Tripathi，Gerwin
H. Gelinck，Jan Genoe，Wim Dehaene 和 Paul Heremans

18.1 引言

在过去的十年中，人们对低温薄膜晶体管（TFT）展现了极大的兴趣。其瞄准的目标主要是柔性显示器的背板和无源射频识别标签（RFID）。人们对柔性显示器的关注点主要在于建立一个灵活、较低重量和不易碎的媒介来实现用户友好性，而对射频识别标签的关注则在如何使简单的标签较传统的硅芯片标签实现更低的价格。这些成就将成为实现广泛愿景——"物联网"中的一大步，因为目前经济方面因素使得这一技术发展缓慢。

在这个领域几种薄膜技术相互竞争。一方面，已经提出的一些薄膜技术，如无定形硅或多晶硅技术，其主要的努力方向是降低工艺温度或以其他方式开发转移技术。另一方面，新型半导体材料也已经被提出，如金属氧化物、有机半导体、碳纳米管或硫族化合物。其中受到相当大的关注是基于共轭有机分子的材料。这些有机半导体实现了与非晶硅类似的迁移率，但这是在室温条件下生产的结果。这些有机材料可以广泛的使用沉积和制像技术，这些技术来自从传统板基制造，包括光刻技术到新型沉积技术，如印刷的图案化技术等各个领域。

这一章中将介绍我们在实现复杂芯片（例如，应答器芯片）和完整包含有机半导体的 RFID 标签方面的进展。

18.2 有机 RFID 标签

近年来，一些研究小组已经研究和发表了关于有机 RFID 系统的一些研究成果。在 2007 年，Cantatore 等人提出了一种电容耦合 RFID 系统，能够在 125kHz 的载波频率下读取出一个 64bit 的代码[1]。在 30V 的电源电压下，64bit 的代码发生器可实现全部功能。在这一开创性的工作中，较低比特的发生器（最高为 6bit）可以被基本载波频率为 13.56MHz 的电容性天线读出。Ullmann 等人证明了 64bit 标签

的工作比特率可以超过 100bit/s，这是在基本载波频率为 13.56MHz[2] 下通过电感耦合实现的。在这一章中，我们回顾了当前在数字应答器芯片和有机 RFID 标签的模拟前端上的进步，并论证了如下结论：有机电子可以实现一种标签，其具备可实现的代码长度、比特率，以及合理的读取距离和允许的场强度[3,5] 下的距离。

　　本文介绍的有机 RFID 标签的基本原理图如图 18.1 所示。有机 RFID 标签由四个不同的模块组成：天线线圈、HF 电容器、整流器和一个包含集成负载调制器的应答器芯片。来自于 LC 谐振的线圈和 HF 电容器在 13.56MHz 的 HF 谐振频率下谐振，这为 AC 电压为 13.56MHz 的有机整流器提供能量。整流器为 64bit 有机应答器芯片提供 DC 电源电压，其利用 64bit 的编码序列驱动调制晶体管于开状态/关状态之间。负载调制可在两种不同的模式下获得，其取决于负载调制晶体管在 RFID 电路中的位置，如图 18.1 所示。调制晶体管被放置在整流器的前端，交流负载调制设置对有机薄膜晶体管（OTFT）提出了要求，因为交流负载调制要能够在高频操作。因为 OTFT 的载流子迁移率是受限的，对于并五苯这种有机半导体材料，其载流子迁移率为 0.1~1cm²/Vs，可见并不明显。因此，位于整流器（直流负载调制）输出端的负载调制技术是 RFID 识别标签的首选技术。在后一种模式中，OTFT 不需要在高频下运行。本章中的有机 RFID 标签在 DC 负载调制模式下运行。然而，在交流负载调制模式下运行的有机 RFID 标签也已经实现了[4]。

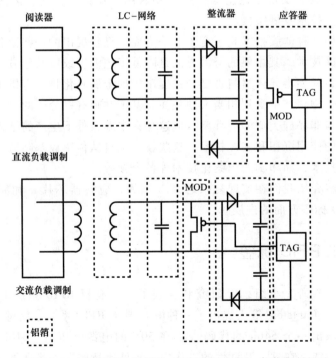

图 18.1　采用直流（顶部）和交流（底部）负载调制的
电感耦合有机 RFID 标签

18.2.1　技术

在这一节中，我们描述了用于构建高性能机 RFID 标签的技术[4]。如前文所述，标签由四个柔性金属薄片组成，并包含以下组件：一个电感线圈、一个电容器、一个整流器和一个应答器。线圈是由 Hueck Folien GmbH 公司利用蚀刻铜铝箔制造的。

高频电容器由一个金属-绝缘体-金属（MIM）层堆叠组成，在 200μm 厚的柔性聚萘二甲酸乙二醇酯（PEN）箔上进行加工（Teonex Q65A，杜邦-帝人薄膜）。电容器中使用的绝缘材料为聚对二甲苯 diX SR。

整流器由两个垂直的肖特基二极管，和两个被称为双半波架构[3]的电容器组成。整流器的示意图如图 18.7 所示，整流器的照片可见图 18.2。制造整流器的基板厚度为 200μm，柔性 PEN 铝箔厚度为 150mm，铝箔上堆叠的第一层是金属-绝缘体-金属（MIM）层，其作为电路中的电容器。金属层为厚度 30nm 的金箔（Au），绝缘体为聚对二甲苯 diX SR，其相对介电常数 ε_r 为 3，厚度为 400 nm。传统的光刻技术用来定义 MIM 堆层中的电容器。MIM 堆层顶部的 Au 层作为垂直二极管的阳极。一个厚度为 350nm 的并五苯层，即有机半导体，通过高压沉积法经遮罩蒸发。最后，铝（Al）阴极通过二次遮罩蒸得以制成。

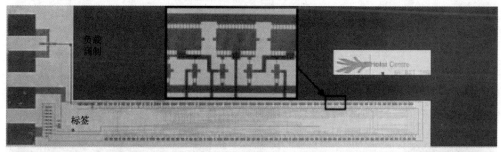

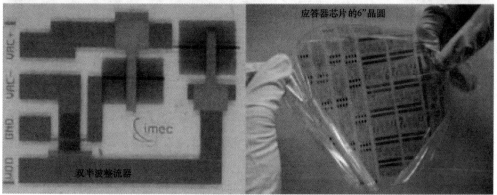

图 18.2　应答器铝箔和负载调制器铝箔（顶部），双半波整流铝箔（左下）和占满应答器芯片（右下角）的 150mm 的柔性晶圆图片

有机 64bit 的应答器芯片是在一个 $25\mu m$ 薄的塑料基板上安装有机底栅薄膜晶体管来制成的。现在所使用的有机电子技术，由柔性显示器生产商 Polymer Vision 开发，该公司将其用于可卷曲有源矩阵显示器的商业化，具体可参见参考文献[6]。绝缘体层和半导体层都是从溶液中处理得到的有机材料。一个具有典型沟道长度为 $5\mu m$ 的晶体管，能够实现 $0.15cm^2/Vs$ 的平均饱和迁移率。64bit 应答器芯片和 150mm 的晶圆的显微镜图片可见图 18.2。

18.2.2　RFID 测量装置

通过正确互连四层箔层上的触点，我们可以得到完整的标签，在一个实验性的装置中我们实现了该标签，做法是将单个铝箔插入到插座中，如图 18.3 所示。另外，我们也通过层箔压层实现了标签，其中的导电胶水被用来互连单个箔层上的不同触点。

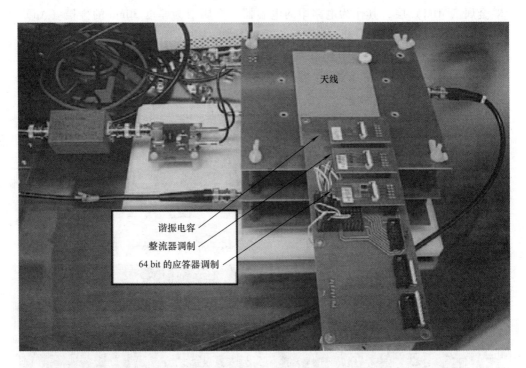

图 18.3　阅读器和 RFID 标签的测量装置的概述。铝箔被放置在插座上以方便操作

阅读器设置符合 ECMA-356 标准中的"射频接口测试方法"。它包括一个生成场的天线和两个平行的感应线圈（图 18.3），两者相匹配以消除发射的场。通过这种方法，只有由 RFID 标签发送的信号可在阅读器端被读取。检测到的信号再通过一个简单的包络检波解调（一个跟随电容和电阻的二极管，可见图 18.9 的插页），并在示波器上显示。

18.2.3　有机应答器芯片

对于单极性、单阈值电压逻辑设计，可能的逻辑门结构一般为耗尽型逻辑或增强型逻辑[1]。本文的有机 RFID 应答器芯片所用的门电路使用的是以前被称为 ze-rovgs 逻辑设计的一种逻辑类型。使用这种类型的逻辑电路是因为：本文所使用的 OTFT 呈现为常开型或耗尽型特征。有机应答器标签芯片的最终设计只使用了非门和与非门，两者都是用 zerovgs 逻辑实现的。在 10V 和 20 V 的电源电压下，该非门在跳闸点的增益分别是 1.75 和 2.25。当使用 10V 电源电压时，非门的 19 级环形振荡器工作在 627Hz 的频率上，而使用 20V 电源电压时为 692Hz。

应答器芯片的示意图如图 18.4 所示。当电源供电时，19 级环形振荡器会产生时钟信号。这个时钟信号为输出寄存器、3bit 二进制计数器和 8bit 选择器提供时序控制。8bit 线路选择器内部有一个 3bit 二进制计数器和一个 3-8bit 解码器。此模块在编码中选择 8bit 为一行的代码。3bit 二进制计数器驱动 8：1 复用器，同时在编码矩阵中选择 8bit 的一列代码。激活的行和列交叉处的数据位通过一个 8：1 复用器传输到输出寄存器处，即将时钟上升沿上的数据位发送到调制晶体管上。当一行中的所有 8bit 传输完之后，在 8bit 选择器中所使用的 3-bit 二进制计数器中，再抽取 3bit 数据，在将 8bit 的数据列传送完毕后，再选择新的一列数据。

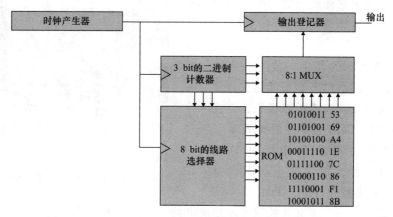

图 18.4　64bit 的应答器芯片的数字逻辑部分的原理图概述

64bit 应答器箔层中仅包含 414 个 OTFT。图 18.2 显示了一个应答器的箔层显微图像。在 14V 的电源电压下，64bit 应答器箔层在数据速率为 752bit/s 下可以生成正确的代码，如图 18.5 所示。除了 64bit 应答器箔层，我们还设计了一个 8bit 应答器铝层。两个设计中的主要区别在于线路选择的复杂性的不同。

18.2.4　有机整流器

在 RFID 标签中整流器的作用是从交流电压中检测到、并由目标基载波频率为

13.56MHz 的大线建立一个直流电压。选择这个频率是因为它在硅基 RFID 标签中是一个标准频率，因此 13.56MHz 这个频率，可以与已安装的阅读器系统部分兼容。关于有机 RFID 标签的一个重要问题是整流器的效率。一个更有效的整流过程能够从一个较小的交流输入电压产生所需的直流电压。这就意味着 RFID 标签可在更远的读取距离下运行[3,4]。

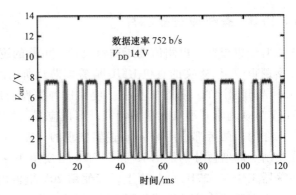

图 18.5　64bit 的应答器芯片在 14V 的电源电压下的测量编码

　　整流器由二极管和电容器组成。对于有机二极管存在两种不同的拓扑结构：一个垂直肖特基二极管[7,8]或一个栅极与漏极短接的晶体管。栅漏极节点短接的晶体管往往被认为是最有利的拓扑结构，因为其工艺流程与 RFID 标签数字电路中所使用的晶体管相同。我们选择使用垂直二极管的结构，因为它在更高的频率下与被用作二极管[9]的晶体管相比具有更好的内在性能。

　　图 18.6 所示的是将一枚垂直有机二极管用于整流器的结构图。正如前文所述，我们制作了仅有空穴的有机二极管，并在一个 150mm 的 PEN 铝箔上将一层并五苯层（作为有机半导体）夹在 Au 电极和 Al 电极之间。由于其工作性能，Al 电极阻碍空穴的注入，而 Au 电极允许空穴的注入。

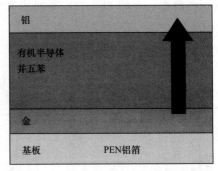

图 18.6　一种垂直的，有机的基于半导体的肖特基二极管的结构

　　我们制作了一个更有效的双半波整流电路。该整流器包括两个二极管，每个后面都连接一个电容器[3]。图 18.7a 显示了该电路的原理图。这两个电容都为 20pF。二极管的有效区面积为 $500 \times 200 \mu m$。

　　一个双半波整流电路由两个单半波整流器组成，它们的连接节点与二极管连接的节点相同，如图 18.7a 所示。两个单半波整流器交流输入电压进行整流：一个单半波整流器对交流输入电压的上半周期进行整流，另一个对输入电压的下半周期整流。图 18.7b 对该过程进行了描绘。RFID 标签的数字逻辑电路的电源和接地电压都从两个整流信号之间获得（图 18.7a、b）。因此，与一个单半波整流器相比，双半波整流器能够生成约两倍的整流电压。

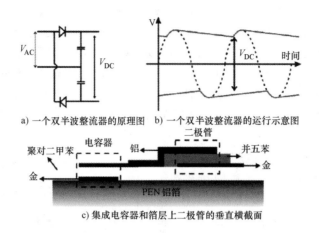

a) 一个双半波整流器的原理图　b) 一个双半波整流器的运行示意图

c) 集成电容器和箔层上二极管的垂直横截面

图 18.7

18.2.5　使用直流负载调制的有机 RFID 标签

有机 RFID 应答器箔层、天线线圈、高频电容器和箔层上的整流器连接在一起，组成有机 RFID 标签。在 DC 负载调制方式中，调制晶体管（$W/L = 5040\mu m/5\mu m$）被放置在整流器的后面，如图 18.1 所示。所有的箔层都放置在插座中并被连接起来，如图 18.3 所示。RFID 阅读器为一个 7.5cm 半径的天线，它在 13.56MHz 的基载波频率下发射电磁场。在图 18.8 中所示的这种有机 RFID 标签中，双半波整流器产生的内部整流电压被描绘出来，用来表示由阅读器产生的场的功能，标签天线被放置在阅读器天线的近场，在距离线圈约 4cm 的位置阅读器能够产生 13.56MHz 的射频场。在图中可以看出，在 13.56MHz 下，10 V 的整流电压由约等于 0.9A/m 的电磁场得到，在 1.26 A/m 下可以得到 14V。后者是目前 64bit 有机应答器芯片所需要的电压。国际标准化组织 14443 标准规定，RFID 标签应在最低为 1.5A/m 的射频磁场强度下运行。因此，本文所提出的双半波整流电路满足这一标准。对测量数据进行外推后，在 1.5A/m 的场中我们可以实现 17.4V 的直流电压。如果只使用一个单半波整流器，则整流电压将被限制在 8 ~ 9V，这对目前的有机技术来说还是太低了。

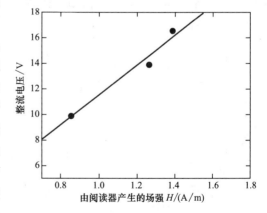

图 18.8　有机 RFID 标签中双半波整流器
产生的内部整流电压与由阅读器
产生的 13.56MHz 磁场间的相互关系

所得到的 14V 的整流电压将驱动应答器芯片，即发送编码到调制晶体管中。由完全集成-塑料标签发送的信号由阅读器接收，并随后经过一个没有放大作用的简易包络检波器对信号进行可视化。在阅读器端测得的信号可见图 18.9。图中展现了具有完全功能的 64bitRFID 标签，其使用一种电感耦合 13.56MHz 的 RFID 架构，数据速率为 787bit/s。随着阅读器（包络检波器）上出现一个 0.7V 的二极管压降，负载调制（调制深度 $h = 1.4\%$）消耗 30mV，我们实现了一个约等于 1.1V 的标签产生信号。

在 13.56MHz 的基载波频率下，有两种阅读器标准：接近式阅读器（ISO 14443）和短距离阅读器（ISO 15693）。它们之间的主要区别是线圈半径，接近式阅读器为 7.5cm，短距离阅读器为 55cm。这使得接近式阅读器的最大读取距离为 10cm，而短距离阅读器的最大读取距离为 1m。如前面所述，标准（ISO14443）还指出，标签应在 1.5A/m 的射频磁场下运行，该值明显低于 7.5A/m 的最大允许的射频磁场。我们可以计算天线中心所

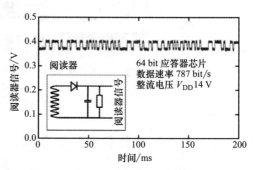

图 18.9　64bitRFID 标签在阅读器中测得的信号（无放大的阅读器信号），插图中显示了阅读器的包络检波器

需的磁场，以获得运行标签所需的场。在我们的例子中，对于一个 8bit 有机 RFID 标签，其所需的场强为 0.97A/m，如图 18.10 所示。对于场生成天线，图中的点显示了距离为 3.75，8.75 和 13.75cm 时的试验数据。此图表明，对于接近式阅读器，在最大允许的射频磁场中，即使在最大读取距离下依然可以对 8bit 有机 RFID 标签进行供能。在相同的实验下，由阅读器检测到的信号可见图 18.11，其相对于感应线圈距离为 5cm 和 10cm。

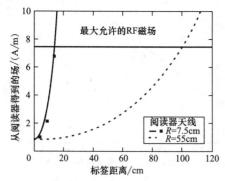

图 18.10　位于阅读器侧，在所要求的射频磁场下获得的计算数据和实验数据与标签距离的关系，此举是为了求得标签运行情况下所需的射频磁场强度

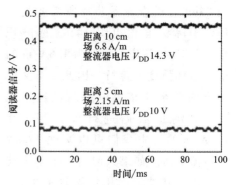

图 18.11　在距离为 5cm 和 10cm 的 DC 负载调制方式下，8bitRFID 标签在阅读器上测得的信号（未放大的阅读器信号）

18.3　增加数字电路鲁棒性的方法

关于有机 RFID 应答器芯片的实现方法已经讨论的很多了[1,2,4]，其中应用最广泛的技术只有单 V_{Tp} 型。这种技术在集成更大的电路方面存在内在的限制，如参数的可变性。向有机互补技术[10,11]方面发展是实现有机电路[12]鲁棒性的最佳途径，第一个利用有机互补技术[10]制成的 4bit 标签已经问世。然而这其中需要实现 n 型材料和器件性能之间的匹配且已被证明是一条充满困难复杂之路。这里我们提出了一种替代方法来提高有机电路的鲁棒性[13]。它基于配备双栅极的 p 型有机晶体管[14,16]。额外的栅极被用来区分不同的 V_T，从而引申出一个双 V_{Tp} 型技术。双栅晶体管结构允许对逻辑门电路的拓扑结构进行创新。我们展示了一种增益和噪声容限上得到巨大提高的反转器拓扑结构。最后，针对两种不同的反转器拓扑结构，我们展示了一种 64bit 有机 RFID 应答器芯片，该芯片基于双栅极有机薄膜晶体管（OTFTs）。

另一个阈值电压的存在对数字电路构建模块的特性大有裨益，其类似于 20 世纪 80 年代的硅 n-MOS 逻辑。通过增加一个栅极的方法，可以实现多阈值电压。本文所使用的双栅有机 TFT 技术在参考文献［17］中有详细的介绍。有机绝缘层和 p 型并五苯半导体都是从溶液中处理得到。晶体管有的典型的沟道长度为 $5\mu m$，平均饱和迁移率为 $0.15cm^2/Vs$。图 18.12 显示了箔层中的一个横截面图像和一个经过测量的典型双栅 OTFT 结构。第二个栅极，或称为背栅，沟道之间的耦合作用小于与栅极的耦合作用，因此将它作为 V_T 控制门。通过在 $-30\sim30V$ 范围内改变背栅的电压，晶体管的阈值电压就可以实现控制，从耗尽型曲线转换为增强型曲线，这与先前的发表成果[18,19]相一致。

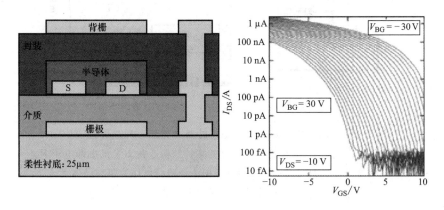

图 18.12　双栅 OTFT 技术的截面图（左）和使用背栅作为 V_T 控制门时，OTFT 一个典型的测量传输特性（右）。沟道宽度等于 $140\mu m$，长度为 $5\mu m$

数字构建模块有两种不同的拓扑结构（如反转器、与非门）：zerovgs 负荷逻辑和二极管负载逻辑。图 18.13 展示了这两种方案。两种反转器都包括一个驱动晶体管，且为 p 型逻辑上拉晶体管，以及一个负载晶体管，即下拉晶体管。在驱动和负载晶体管之间的二极管负载逻辑的比例是 10：1，然而我们发现，zerovgs 负载逻辑可被设计为 1：1 的比例，这可以显著减小芯片的面积。

zerovgs 负载和二极管负载反转器的传输曲线如图 18.13 所示。驱动晶体管的 V_T 控制门可将行程点移至 $V_{DD}/2$ 处。$V_{DD} = 20V$ 时，在这一点上 zerovgs 负载逆变器的增益超过 11，噪声容限大于 6V。更重要的是，通常低增益的二极管负载反转器只可增加到 2，而噪声幅度几乎只能达到 1.5V。

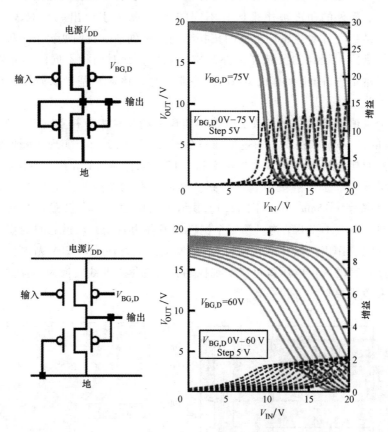

图 18.13　针对 zerovgs 负载反转器（顶部）和二极管
负载反转器（底部），双栅技术反转器的拓扑结构。在 20V 的电源电压下，
反转器的转换曲线显示在右边的图中，该曲线可作为驱动晶体管
中 V_T 控制栅极电压的函数

包含 zerovgs 负载和二极管负载的 99 级双栅环振荡器的架构已被制作出来。在图 18.14 中，我们展示了提取的与非门和反转器的阶段延迟，并将它们和同一片箔

层上的单栅 zerovgs 负载栅极进行参考比较。其中最快的是二极管负载拓扑结构，其阶段延迟为 2.27μs。由于限制下拉电流和高寄生输出电容的存在，zerovgs 负载拓扑要慢上一个数量级（$\tau_{stage} = 26\mu s$）。这种电容也存在于单栅极耗尽型负载结构中，但驱动晶体管电流现在基本上都较高，这使得单栅极变型的阶段延迟一般较小。

18.3.1　双栅有机 RFID 应答器芯片的结构

接下来，我们制作了 64bitRFID 芯片，其结构类似于早期的设计（18.2.3.2 小节），但该芯片中的时钟信号来自一个 33 级环形振荡器，以防止信号间出现竞争。对于二极管负载逻辑，驱动器和负载晶体管之间的比例是 10：1，这使得应答器芯片的面积达到了 74.48mm^2。图 18.15 显示了二极管负载拓扑的芯片输出信号，其中 $V_{DD} = 20V$，$V_{BG,D} = 45V$。数据速率为 4.3kbit/s，超过参考文献［4］所示的最快单栅应答器芯片一倍之多。我们验证了三种不同的箔层，有些芯片开始工作在低至 10V 的电压下，而其他所有的芯片均工作在 15V。

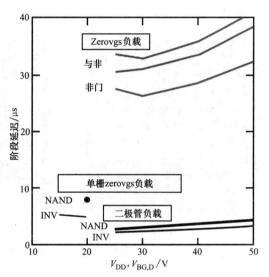

图 18.14　在电源电压为 20V 时，阶段延迟被描绘出来，制作为双栅 zerovgs 负载和二极管负载逆变器的驱动晶体管 V_T 控制电压的函数。一个单栅 zerovgs 负载逆变器的阶段延迟作为参考，其同样是在 20V 的电源电压下运行的

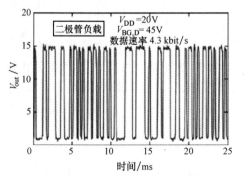

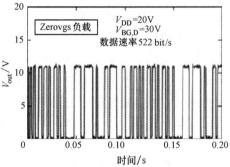

图 18.15　64bit 有机 RFID 应答器芯片的输出信号，左图为电源电压为 20V，背栅电压为 45V 时，（左）二极管的负载配置，右图为电源电压为 20V，背栅电压为 30V 时，（右）zerovgs 负载配置。对应的数据速率分别为 4.3kbit/s 和 522bit/s

由于该逻辑具有 1 : 1 的比例，使得 zerovgs 负载拓扑的 64bit 的应答器芯片的大小只有 $45.38mm^2$。在图 18.16 中，输出显示为 $V_{DD} = 20V$ 和 $V_{BG,D} = 30V$。当然，该转发器芯片已经在三个不同的箔层上经过测量。所有要测量的应答器芯片都工作在 $V_{DD} = 10\ V$。在 $V_{DD} = 20V$ 时，数据速率为 522bit/s。这些研究结果完全符合以下事实：和二极管负载拓扑相比，zerovgs 拓扑具有较高的噪声容限和较小的阶段延迟。图 18.16 显示了两个 64bit 应答器芯片的照片。

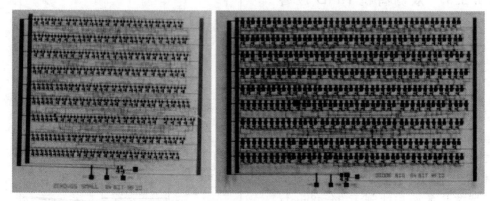

图 18.16   关于 64bit 有机 RFID 应答器芯片的照片，zerovgs
负载配置（左）和二极管负载配置（右）

18.4   商业化的前景

RFID 在物流、零售、自动化、防伪保护、识别以及其他各类领域中都是一项重要的技术。它允许一个应答器与一个阅读器之间不需要在视线范围内就可通过无线电波进行数据传输（存储器中应答器芯片的识别码）。硅基电子产品作为标准电子产品，目前是一个大市场，且分割为几个主要的应用领域。其所使用的几个无线电通信频率，从几十 kHz 跨越至约 1GHz。

在过去的几年中，一个名为产品电子代码 "EPC" [20] 的协议在大容量后勤应用领域的无线识别中得到了巨大的发展，比如零售业。目前已广泛地应用于托盘物流当中。下一步是在包装层面中使用 EPC 标签，长期目标则是在单个物品上的使用（"物品标签"）。这样的标签可能会进一步配备传感器，可以捕捉环境信息（气体、温度…）和传输对象的身份信息。这为智能标签提供了一项智能化的技术。

EPC 标签向物品级标签发展的其中一个主要限制是标签上的单硅应答器芯片的价格。标签（或 "嵌体"）的成本由硅芯片的成本决定，其次是天线的成本和装配成本。现如今，HF 标签的标准成本大约为 0.15~0.20 美元/嵌体。标准的 UHF 标签更便宜，但仍在 0.10~0.15 美元/嵌体。UHF 和 HF 标签之间的主要成本差异与天线相关联，在 HF 范围下更贵。对于低成本产品，硅应答器芯片的成本明显过高。

随着有机标签的问世，和标准标签相比，预计标签的价格将会有显著的下降。其基本原因在于，有机技术制成的应答器芯片与硅相比可以显着降低成本。事实上，有机技术应用可以在较低的温度（小能量）下运行，可以直接安装在廉价的衬底（节省包装成本）上并能够进行高速度处理（从而降低晶圆成本）。

此外，基于有机的技术可以为组装标签赋予了更为卓越的力学性能。从传统意义上讲，层压 RFID 被"嵌"到纸板，纸或薄塑料上产生的结果是，可能会导致最终产品上产生不均匀的拓扑结构，这是由于刚性硅芯片的存在，使得嵌体厚度产生变化——其限制了辊到辊的处理能力和打印性能。此外，RFID 中嵌入脆性的硅芯片和电路连接，只会造成较差的鲁棒性，特别是在辊到辊的处理中。虽然存在着更薄的硅芯片，但它们更昂贵且更脆弱，这阻碍了其在嵌体中的最终整合率。相比之下，有机 RFID 芯片十分薄且灵活，它解决了工艺和产量两者之间的问题。最后，通过大面积使用自然、有机的技术，使得 RFID 标签上由有机器件组成的集成传感器能够实现更为智能的标签。这样的性能进步将成就超出 RFID 市场上的多元化产品组合。

目前面临的挑战是如何获得与 EPC 协议实现最大相关度的有机标签。坚持标准的协议对其被认可的广泛程度至关重要。理想情况下，标签应该与已投入使用的阅读器相兼容。

在近几年，柔性标签已经达到了一些 EPC 所规定的标准，如 64bit 和 96bit 编码传输（含为冗余和破损代码增加附加位）[1,2,4]，以及 HF（13.56MHz）基载波频率的应用已经符合有关人体暴露于电磁场的规定[4]和基本的防碰撞协议[4]。在下一节中，我们将描述最近的一些发展，如更高比特率，该比特率已经向 EPC 规范要求逐渐靠近（比如最高可达 52.969kbit/s[20]）。

18.5　一个 50kHz 的 RFID 应答器芯片

影响电路速度的关键因素是晶体管的电流驱动，其由（i）载流子迁移率，（ii）栅极电介质的比电容，和（iii）沟道长度的倒数决定的。在我们的底接触器件中，汽相沉积并五苯的迁移率能够达到 $0.5 cm^2/Vs$[21]。晶体管的绝缘通过一个集成的遮罩[22]来实现，如图 18.17 所示，其能够实现一个可靠的半导体区隔离和低于 10pA 的关断电流。我们利用溅射 Al_2O_3 作为栅极介质，其比电容为 $70nF/cm^2$ 并通过自组单层三氯（苯）硅烷处理。这样做可以允许晶体管的沟道长度有一定的缩小，在此情况下是 $2\mu m$，同时在栅源电压为 0 V 时保持合适的饱和输出电阻 $R_0 = 9.75M\Omega$。这个工艺流程的横截面可见图 18.17。

通过现有的大产量辅助工具（如用于背板制造的步进电机），有机薄膜电路技术允许设计较小的叠层电容和减小晶体管的沟道长度，并将这一改良做到极限。具体来说，我们对电路中的沟道长度的减小量做了研究，长度缩减至 $20\mu m$ 和 $2\mu m$。我们也通过手指状减小源极和漏极触点（与栅极重叠）的宽度（减小量为 $5\mu m \sim 2\mu m$）来限制栅极-源极和栅极-漏极间的叠层电容。所有的设备和电路在 $25\mu m$ 厚的聚萘二甲酸乙二醇酯（PEN）箔上进行加工，在加工过程中，将箔层叠在一个 $150mm$ 的载体衬底上，在此过程完成后进行分层处理。

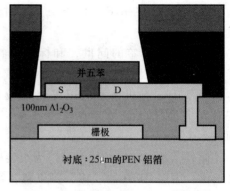

图 18.17　在铝箔 Al_2O_3 上基于有机半导体的薄膜晶体管工艺横截面，自组单层三氯（苯）硅烷作为栅介质

图 18.18 显示了在这种技术下制造的晶体管的典型传递和输出曲线，其中 L 分别为 $5\mu m$ 和 $2\mu m$。晶体管通常处于开启状态，其电荷载流子（空穴）迁移率超过 $0.5cm^2/Vs$。在 0V 的栅-源电压下，$L=5\mu m$ 时，饱和状态下的输出电阻为 $207M\Omega \pm 8M\Omega$，$L=2\mu m$ 时为 $9.8M\Omega \pm 0.2M\Omega$。

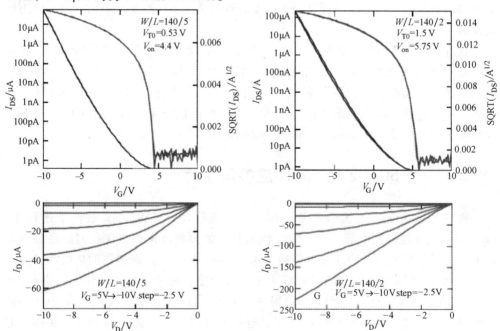

图 18.18　晶体管典型的测量（顶部）传递曲线和（底部）输出曲线，（左）$W/L=140/5$ 和（右）$W/L=140/2$。迁移率超过 $0.5cm^2/Vs$，关断电流低于 10pA

图 18.19 描述了反转器的级延迟与电源电压之间的函数关系，该关系从 19 级环形振荡器中提取出来的，晶体管的沟道长度从 20μm 变到 2μm，晶体管的栅极重叠长度从 5μm 到 2μm。级延迟低于 1μs，在 V_{DD} 低至 10V 时级延迟可低至 400ns。减少重叠电容后的效果也展示在图 18.19 中，其电路沟道长度分别为 2μm 和 5μm：重叠宽度从 5μm（实线）缩小至 2μm（虚线），此过程中级延迟因数改善了 1.5~2 倍。

我们继续进行 8bit RFID 应答器芯片的设计和实现，其中沟道长度为 2μm 和指宽为 5μm 或 2μm。图 18.20 显示了 150mm 晶圆和一个单矽片放大照片。图 18.21 描述了两种类型的应答器

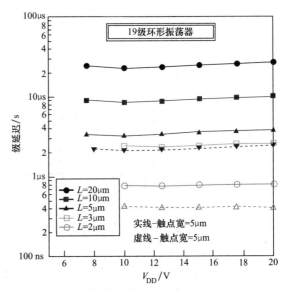

图 18.19　级延迟与电源电压之间的关系，在 19 级环形振荡器下，介于 20μm 和 2μm 之间不同的沟道长度（颜色和符号代码）下进行测量，源/漏触点大小为 5μm（实线）和 2μm（虚线）

的输出信号。2μm 触点宽时反转器级时延缩小了两倍，而应答器的数据速率也比 5μm 触点宽时快了两倍。沟道长度和触点宽度为 2μm 时，8bit 应答器获得的数据速率为 50kbit/s[5]。

图 18.20　载片上 150mm 箔层的照片，上面包括了所有测量电路（左），箔层上的 8bit RFID 应答器芯片照片（右），芯片尺寸为 24.73mm^2。该设计包括 294 个晶体管

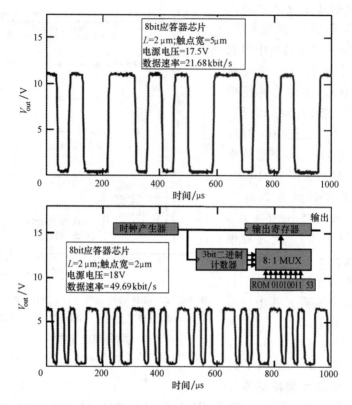

图 18.21　晶体管沟道长度为 2μm 时，8bit RFID 应答器芯片所测得的信号：（上）所有晶体管的源漏触点宽为 5m；（下）所有晶体管的源漏触点宽为 2μm。8bit 应答器芯片的电源电压分别为（上）17.5 V 和（下）18 V，数据速率分别为 21.68kbit/s 和 49.69kbit/s。下面这幅画的插图显示的是 8bit 应答器芯片数字逻辑部分的示意图

18.6　结论

在这一章中，我们提出了与电感耦合无源 64bit 有机 RFID 标签相关的技术、设计和实现方法。该标签在一个强度为 1.26A/m、13.56MHz 的磁场中可实现全部功能。该射频磁场强度低于 ISO 标准中所规定的最小射频磁场强度。64bit 应答器芯片采用 414 个 OTFT，并实现了 787bit/s 的数据速率。另外，我们还在 DC 负载调制配置下对一种 8bit 应答器芯片进行了测量，且该芯片可以在 10cm 的距离内进行读取操作，对于接近型阅读器来说这是接近卡读卡器的预期读取距离。

另外，我们还通过双栅技术实现了鲁棒性更强的应答器芯片，即通过背栅控制晶体管的阈值电压。通过双栅二极管负载拓扑，64bit 应答器芯片实现了 4.3kbit/s 的数据率。当采用双栅 zerovgs 负载应用时，电源电压可以降低至 10V。

最后，我们详细论述了一种与 EPC 数据率兼容的 8bit 应答器芯片。该应答器芯片利用薄膜晶体管技术实现，其中使用了高 k 值的 Al_2O_3 栅介质，将沟道长度减至 $2\mu m$ 并减少寄生在源 - 栅和漏 - 栅上的重叠电容。

参考文献

1. E. Cantatore, T.C.T. Geuns, G.H. Gelinck, E. van Veenendaal, A.F.A. Gruijthuijsen, L. Schrijnemakers, S. Drews, D.M. de Leeuw, A 13.56-MHz RFID system based on organic transponders. IEEE JSSC. **42**(1), 84–92 (2007)
2. A. Ullmann, M. Böhm, J. Krumm, W. Fix, Polymer Multi-Bit RFID transponder, in *International Conference on Organic Electronics (ICOE)*, Abstract 53, Eindhoven, June 4–7 2007
3. K. Myny, S. Steudel, P. Vicca, J. Genoe, P. Heremans, An integrated double half-wave organic Schottky diode rectifier on foil operating at 13.56 MHz. Appl. Phys. Lett. **93**, 093305 (2008)
4. K. Myny, S. Steudel, P. Vicca, M.J. Beenhakkers, N.A.J.M. van Aerle, G.H. Gelinck, J. Genoe, W. Dehaene, P. Heremans, Plastic circuits and tags for 13.56 MHz radio-frequency communication, Solid State Electron. **53**(12), 1220–1226 (2009)
5. K. Myny, S. Steudel, S. Smout, P. Vicca, F. Furthner, B. van der Putten, A.K. Tripathi, G.H. Gelinck, J. Genoe, W. Dehaene, P. Heremans, Organic RFID transponder chip with data rate compatible with electronic product coding, Organic Electronics **11**(7), 1176–1179 (2010) (available online)
6. H.E.A. Huitema, Rollable displays: the start of a new mobile device generation, in *7th Annual Flexible Electronics & Displays Conference USDC*, Phoenix, Arizona, January 2008
7. S. Steudel, K. Myny, V. Arkhipov, C. Deibel, S. De Vusser, J. Genoe, P. Heremans, 50 MHz rectifier based on an organic diode. Nat. Mater. **4**, 597–600 (2005)
8. B.N. Pal, J. Sun, B.J. Jung, E. Choi, A.G. Andreou, H.E. Katz, Pentacene-zinc oxide vertical diode with compatible grains and 15-MHz rectification. Adv. Mater. **20**, 1023–1028 (2008)
9. S. Steudel, S. De Vusser, K. Myny, M. Lenes, J. Genoe, P. Heremans, Comparison of organic diode structures regarding high-frequency rectification behavior in radio-frequency identification tags. J. Appl. Phys. **99**, 114519 (2006)
10. R. Blache, J. Krumm, W. Fix, Organic CMOS circuits for RFID applications, in *IEEE ISSCC Dig. Tech. Papers*, (February 2009), pp. 208, 209
11. K. Ishida, N. Masunaga, Z. Zhou, T. Yasufuku, T. Sekitani, U. Zschieschang, H. Klauk, M. Takamiya, T. Someya, T. Sakurai, A stretchable EMI measurement sheet with 8×8 coil array, 2 V organic CMOS decoder, and −70 dBm EMI detection circuits in 0.18 μm CMOS vol. 473, in *IEEE ISSCC Dig. Tech. Papers*, (February 2009), pp. 472, 473
12. D. Bode, C. Rolin, S. Schols, M. Debucquoy, S. Steudel, G.H. Gelinck, J. Genoe, P. Heremans, Noise margin analysis for organic thin film complementary technology. IEEE Trans. Electron. Dev. **57**(1), 201–208 (2010)
13. K. Myny, M.J. Beenhakkers, N.A.J.M. van Aerle, G.H. Gelinck, J. Genoe, W. Dehaene, Heremans, Robust digital design in organic electronics by dual-gate technology, in *IEEE ISSCC Dig. Tech. Papers*, (February 2010), pp. 140, 141
14. J.B. Koo, C.B. Koo, C.H. Ku, J.W. Lim, S.H. Kim, Novel organic inverters with dual-gate pentacene thin-film transistor. Org. Electron. **8**, 552–558 (2007)
15. M. Spijkman, E.C.P. Smits, P.W.M. Blom, D.M. de Leeuw, Y. Bon Saint Côme, S. Setayesh, E. Cantatore, Increasing the noise margin in organic circuits using dual gate field-effect transistors. Appl. Phys. Lett. **92**, 143304 (2008)

16. M. Takamiya, T. Sekitani, Y. Kato, H. Kawaguchi, T. Someya, T. Sakurai, An organic FET SRAM for braille sheet display with back gate to increase static noise margin, in *IEEE ISSCC Dig. Tech. Papers*, (February 2006), pp. 276, 277

17. G.H. Gelinck, H.E.A. Huitema, M. van Mil, E. van Veenendaal, P.J.G. van Lieshout, F. Touwslager, S.F. Party, S. Sohn, T.H. Whitesides, M.D. McCreary, A rollable, organic QVGA display with field-shielded pixel architecture. J. SID (Soc. Information Display). **14**, 113–118 (2006)

18. G.H. Gelinck, E. van Veenendaal, R. Coehoorn, Dual-gate organic thin-film transistors. Appl. Phys. Lett. **87**, 073508 (2005)

19. S. Iba, T. Sekitani, Y. Kato, T. Someya, H. Kawaguchi, M. Takamiya, T. Sakurai, S. Takagi, Control of threshold voltage of organic field-effect transistors with double-gate structures. Appl. Phys. Lett. **87**, 023509 (2005)

20. EPC standard, http://www.epcglobalinc.org/standards/specs/

21. C. Rolin, S. Steudel, P. Vicca, J. Genoe, P. Heremans, Functional pentacene thin films grown by in-line organic vapor phase speeds above 2 m/min. Appl. Phys. Exp. **2**, 086503 (2009)

22. S. De Vusser, S. Steudel, K. Myny, J. Genoe, P. Heremans, Integrated shadow mask method for patterning small molecule organic semiconductors. Appl. Phys. Lett. **88**, 103501 (2006)

图书在版编目（CIP）数据

模拟电路设计：鲁棒性设计、Sigma-Delta 转换器、射频识别技术/（比）赫尔曼·卡西耶等主编；娄尧林，吴晨曦，沈洋译. —北京：机械工业出版社，2017.9

（国际电气工程先进技术译丛）

书名原文：Analog Circuit Design：Robust Design，Sigma Delta Converters，RFID

ISBN 978-7-111-57517-7

Ⅰ.①模…　Ⅱ.①赫…　②娄…　③吴…　④沈…　Ⅲ.①模拟电路-电路设计　Ⅳ.①TN710.02

中国版本图书馆 CIP 数据核字（2017）第 177895 号

机械工业出版社（北京市百万庄大街 22 号　邮政编码 100037）

策划编辑：赵玲丽　责任编辑：赵玲丽　责任校对：张　征

封面设计：马精明　责任印制：李　昂

河北鹏盛贤印刷有限公司印刷

2017 年 11 月第 1 版第 1 次印刷

169mm×239mm · 19.25 印张 · 381 千字

0001—2500 册

标准书号：ISBN 978-7-111-57517-7

定价：99.00 元

凡购本书，如有缺页、倒页、脱页，由本社发行部调换

电话服务　　　　　　　　　　网络服务

服务咨询热线：010-88361066　机工官网：www.cmpbook.com

读者购书热线：010-68326294　机工官博：weibo.com/cmp1952

　　　　　　　010-88379203　金书网：www.golden-book.com

封面无防伪标均为盗版　　　教育服务网：www.cmpedu.com